中国石油科技进展丛书（2006—2015 年）

中亚含盐盆地
石油地质理论与勘探实践

主　编：郑俊章
副主编：王　震　薛良清　王燕琨

石油工业出版社

内 容 提 要

本书系统介绍了世界含盐盆地分布、中亚含盐盆地基本特征、膏盐层成因及控藏机制等石油地质勘探理论研究进展；论述了盐下构造识别、盐下储层预测等含盐盆地勘探技术，中亚含盐盆地勘探策略与勘探实践等。

本书可供油气勘探工作者、高等院校师生和相关专业人员参考。

图书在版编目（CIP）数据

中亚含盐盆地石油地质理论与勘探实践 / 郑俊章主编 .—北京：石油工业出版社，2019.7

（中国石油科技进展丛书 . 2006—2015 年）

ISBN 978-7-5183-3427-8

Ⅰ . ① 中… Ⅱ . ① 郑… Ⅲ . ① 含油气盆地 – 石油天然气地质 – 地质勘探 – 中亚 Ⅳ . ① P618.130.2

中国版本图书馆 CIP 数据核字（2019）第 098766 号

审图号：GS（2019）2796 号

出版发行：石油工业出版社

（北京安定门外安华里 2 区 1 号 100011）

网 址：www. petropub. com

编辑部：（010）64523543 图书营销中心：（010）64523633

经 销：全国新华书店

印 刷：北京中石油彩色印刷有限责任公司

2019 年 7 月第 1 版 2019 年 7 月第 1 次印刷

787×1092 毫米 开本：1/16 印张：15.5

字数：395 千字

定价：175.00 元

《中亚含盐盆地石油地质理论与勘探实践》
编写组

主　　编： 郑俊章

副 主 编： 王　震　薛良清　王燕琨

编写人员： （按姓氏笔画排序）

王红军　王春生　王素花　尹宏伟　尹继全

尹　微　邓志展　孔令洪　史卜庆　代双河

闫国钰　汤良杰　李奇艳　李建英　吴铁壮

余一欣　汪　新　张兴阳　张良杰　张明军

张　静　陈洪涛　林雅平　罗　曼　金树堂

周天伟　高书琴　郭同翠　郭建军　盛晓峰

盛善波　梁　爽　韩宇春　潘校华

序

习近平总书记指出，创新是引领发展的第一动力，是建设现代化经济体系的战略支撑，要瞄准世界科技前沿，拓展实施国家重大科技项目，突出关键共性技术、前沿引领技术、现代工程技术、颠覆性技术创新，建立以企业为主体、市场为导向、产学研深度融合的技术创新体系，加快建设创新型国家。

中国石油认真学习贯彻习近平总书记关于科技创新的一系列重要论述，把创新作为高质量发展的第一驱动力，围绕建设世界一流综合性国际能源公司的战略目标，坚持国家"自主创新、重点跨越、支撑发展、引领未来"的科技工作指导方针，贯彻公司"业务主导、自主创新、强化激励、开放共享"的科技发展理念，全力实施"优势领域持续保持领先、赶超领域跨越式提升、储备领域占领技术制高点"的科技创新三大工程。

"十一五"以来，尤其是"十二五"期间，中国石油坚持"主营业务战略驱动、发展目标导向、顶层设计"的科技工作思路，以国家科技重大专项为龙头、公司重大科技专项为抓手，取得一大批标志性成果，一批新技术实现规模化应用，一批超前储备技术获重要进展，创新能力大幅提升。为了全面系统总结这一时期中国石油在国家和公司层面形成的重大科研创新成果，强化成果的传承、宣传和推广，我们组织编写了《中国石油科技进展丛书（2006—2015年）》（以下简称《丛书》）。

《丛书》是中国石油重大科技成果的集中展示。近些年来，世界能源市场特别是油气市场供需格局发生了深刻变革，企业间围绕资源、市场、技术的竞争日趋激烈。油气资源勘探开发领域不断向低渗透、深层、海洋、非常规扩展，炼油加工资源劣质化、多元化趋势明显，化工新材料、新产品需求持续增长。国际社会更加关注气候变化，各国对生态环境保护、节能减排等方面的监管日益严格，对能源生产和消费的绿色清洁要求不断提高。面对新形势新挑战，能源企业必须将科技创新作为发展战略支点，持续提升自主创新能力，加快构筑竞争新优势。"十一五"以来，中国石油突破了一批制约主营业务发展的关键技术，多项重要技术与产品填补空白，多项重大装备与软件满足国内外生产急需。截至 2015 年底，共获得国家科技奖励 30 项、获得授权专利 17813 项。《丛书》全面系统地梳理了中国石油"十一五""十二五"期间各专业领域基础研究、技术开发、技术应用中取得的主要创新性成果，总结了中国石油科技创新的成功经验。

《丛书》是中国石油科技发展辉煌历史的高度凝练。中国石油的发展史，就是一部创业创新的历史。建国初期，我国石油工业基础十分薄弱，20 世纪 50 年代以来，随着陆相生油理论和勘探技术的突破，成功发现和开发建设了大庆油田，使我国一举甩掉贫油的帽子；此后随着海相碳酸盐岩、岩性地层理论的创新发展和开发技术的进步，又陆续发现和建成了一批大中型油气田。在炼油化工方面，"五朵金花"炼化技术的开发成功打破了国外技术封锁，相继建成了一个又一个炼化企业，实现了炼化业务的不断发展壮大。重组改制后特别是"十二五"以来，我们将"创新"纳入公司总体发展战略，着力强化创新引领，这是中国石油在深入贯彻落实中央精神、系统总结"十二五"发展经验基础上、根据形势变化和公司发展需要作出的重要战略决策，意义重大而深远。《丛书》从石油地质、物探、测井、钻完井、采油、油气藏工程、提高采收率、地面工程、井下作业、油气储运、石油炼制、石油化工、安全环保、海外油气勘探开发和非常规油气勘探开发等 15 个方面，记述了中国石油艰难曲折的理论创新、科技进步、推广应用的历史。它的出版真实反映了一个时期中国石油科技工作者百折不挠、顽强拼搏、敢于创新的科学精神，弘扬了中国石油科技人员秉承"我为祖国献石油"的核心价值观和"三老四严"的工作作风。

《丛书》是广大科技工作者的交流平台。创新驱动的实质是人才驱动，人才是创新的第一资源。中国石油拥有 21 名院士、3 万多名科研人员和 1.6 万名信息技术人员，星光璀璨，人文荟萃、成果斐然。这是我们宝贵的人才资源。我们始终致力于抓好人才培养、引进、使用三个关键环节，打造一支数量充足、结构合理、素质优良的创新型人才队伍。《丛书》的出版搭建了一个展示交流的有形化平台，丰富了中国石油科技知识共享体系，对于科技管理人员系统掌握科技发展情况，做出科学规划和决策具有重要参考价值。同时，便于科研工作者全面把握本领域技术进展现状，准确了解学科前沿技术，明确学科发展方向，更好地指导生产与科研工作，对于提高中国石油科技创新的整体水平，加强科技成果宣传和推广，也具有十分重要的意义。

掩卷沉思，深感创新艰难、良作难得。《丛书》的编写出版是一项规模宏大的科技创新历史编纂工程，参与编写的单位有60多家，参加编写的科技人员有1000多人，参加审稿的专家学者有200多人次。自编写工作启动以来，中国石油党组对这项浩大的出版工程始终非常重视和关注。我高兴地看到，两年来，在各编写单位的精心组织下，在广大科研人员的辛勤付出下，《丛书》得以高质量出版。在此，我真诚地感谢所有参与《丛书》组织、研究、编写、出版工作的广大科技工作者和参编人员，真切地希望这套《丛书》能成为广大科技管理人员和科研工作者的案头必备图书，为中国石油整体科技创新水平的提升发挥应有的作用。我们要以习近平新时代中国特色社会主义思想为指引，认真贯彻落实党中央、国务院的决策部署，坚定信心、改革攻坚，以奋发有为的精神状态、卓有成效的创新成果，不断开创中国石油稳健发展新局面，高质量建设世界一流综合性国际能源公司，为国家推动能源革命和全面建成小康社会作出新贡献。

2018 年 12 月

丛书前言

石油工业的发展史，就是一部科技创新史。"十一五"以来尤其是"十二五"期间，中国石油进一步加大理论创新和各类新技术、新材料的研发与应用，科技贡献率进一步提高，引领和推动了可持续跨越发展。

十余年来，中国石油以国家科技发展规划为统领，坚持国家"自主创新、重点跨越、支撑发展、引领未来"的科技工作指导方针，贯彻公司"主营业务战略驱动、发展目标导向、顶层设计"的科技工作思路，实施"优势领域持续保持领先、赶超领域跨越式提升、储备领域占领技术制高点"科技创新三大工程；以国家重大专项为龙头，以公司重大科技专项为核心，以重大现场试验为抓手，按照"超前储备、技术攻关、试验配套与推广"三个层次，紧紧围绕建设世界一流综合性国际能源公司目标，组织开展了 50 个重大科技项目，取得一批重大成果和重要突破。

形成 40 项标志性成果。（1）勘探开发领域：创新发展了深层古老碳酸盐岩、冲断带深层天然气、高原咸化湖盆等地质理论与勘探配套技术，特高含水油田提高采收率技术，低渗透/特低渗透油气田勘探开发理论与配套技术，稠油/超稠油蒸汽驱开采等核心技术，全球资源评价、被动裂谷盆地石油地质理论及勘探、大型碳酸盐岩油气田开发等核心技术。（2）炼油化工领域：创新发展了清洁汽柴油生产、劣质重油加工和环烷基稠油深加工、炼化主体系列催化剂、高附加值聚烯烃和橡胶新产品等技术，千万吨级炼厂、百万吨级乙烯、大氮肥等成套技术。（3）油气储运领域：研发了高钢级大口径天然气管道建设和管网集中调控运行技术、大功率电驱和燃驱压缩机组等 16 大类国产化管道装备，大型天然气液化工艺和 20 万立方米低温储罐建设技术。（4）工程技术与装备领域：研发了 G3i 大型地震仪等核心装备，"两宽一高"地震勘探技术，快速与成像测井装备、大型复杂储层测井处理解释一体化软件等，8000 米超深井钻机及 9000 米四单根立柱钻机等重大装备。（5）安全环保与节能节水领域：

研发了 CO_2 驱油与埋存、钻井液不落地、炼化能量系统优化、烟气脱硫脱硝、挥发性有机物综合管控等核心技术。（6）非常规油气与新能源领域：创新发展了致密油气成藏地质理论，致密气田规模效益开发模式，中低煤阶煤层气勘探理论和开采技术，页岩气勘探开发关键工艺与工具等。

取得 15 项重要进展。（1）上游领域：连续型油气聚集理论和含油气盆地全过程模拟技术创新发展，非常规资源评价与有效动用配套技术初步成型，纳米智能驱油二氧化硅载体制备方法研发形成，稠油火驱技术攻关和试验获得重大突破，井下油水分离同井注采技术系统可靠性、稳定性进一步提高；（2）下游领域：自主研发的新一代炼化催化材料及绿色制备技术、苯甲醇烷基化和甲醇制烯烃芳烃等碳一化工新技术等。

这些创新成果，有力支撑了中国石油的生产经营和各项业务快速发展。为了全面系统反映中国石油 2006—2015 年科技发展和创新成果，总结成功经验，提高整体水平，加强科技成果宣传推广、传承和传播，中国石油决定组织编写《中国石油科技进展丛书（2006—2015 年）》（以下简称《丛书》）。

《丛书》编写工作在编委会统一组织下实施。中国石油集团董事长王宜林担任编委会主任。参与编写的单位有 60 多家，参加编写的科技人员 1000 多人，参加审稿的专家学者 200 多人次。《丛书》各分册编写由相关行政单位牵头，集合学术带头人、知名专家和有学术影响的技术人员组成编写团队。《丛书》编写始终坚持：一是突出站位高度，从石油工业战略发展出发，体现中国石油的最新成果；二是突出组织领导，各单位高度重视，每个分册成立编写组，确保组织架构落实有效；三是突出编写水平，集中一大批高水平专家，基本代表各个专业领域的最高水平；四是突出《丛书》质量，各分册完成初稿后，由编写单位和科技管理部共同推荐审稿专家对稿件审查把关，确保书稿质量。

《丛书》全面系统反映中国石油 2006—2015 年取得的标志性重大科技创新成果，重点突出"十二五"，兼顾"十一五"，以科技计划为基础，以重大研究项目和攻关项目为重点内容。丛书各分册既有重点成果，又形成相对完整的知识体系，具有以下显著特点：一是继承性。《丛书》是《中国石油"十五"科技进展丛书》的延续和发展，凸显中国石油一以贯之的科技发展脉络。二是完整性。《丛书》涵盖中国石油所有科技领域进展，全面反映科技创新成果。三是标志性。《丛书》在综合记述各领域科技发展成果基础上，突出中国石油领先、高端、前沿的标志性重大科技成果，是核心竞争力的集中展示。四是创新性。《丛书》全面梳理中国石油自主创新科技成果，总结成功经验，有助于提高科技创新整体水平。五是前瞻性。《丛书》设置专门章节对世界石油科技中长期发展做出基本预测，有助于石油工业管理者和科技工作者全面了解产业前沿、把握发展机遇。

《丛书》将中国石油技术体系按 15 个领域进行成果梳理、凝练提升、系统总结，以领域进展和重点专著两个层次的组合模式组织出版，形成专有技术集成和知识共享体系。其中，领域进展图书，综述各领域的科技进展与展望，对技术领域进行全覆盖，包括石油地质、物探、测井、钻完井、采油、油气藏工程、提高采收率、地面工程、井下作业、油气储运、石油炼制、石油化工、安全环保节能、海外油气勘探开发和非常规油气勘探开发等 15 个领域。31 部重点专著图书反映了各领域的重大标志性成果，突出专业深度和学术水平。

《丛书》的组织编写和出版工作任务量浩大，自 2016 年启动以来，得到了中国石油天然气集团公司党组的高度重视。王宜林董事长对《丛书》出版做了重要批示。在两年多的时间里，编委会组织各分册编写人员，在科研和生产任务十分紧张的情况下，高质量高标准完成了《丛书》的编写工作。在集团公司科技管理部的统一安排下，各分册编写组在完成分册稿件的编写后，进行了多轮次的内部和外部专家审稿，最终达到出版要求。石油工业出版社组织一流的编辑出版力量，将《丛书》打造成精品图书。值此《丛书》出版之际，对所有参与这项工作的院士、专家、科研人员、科技管理人员及出版工作者的辛勤工作表示衷心感谢。

人类总是在不断地创新、总结和进步。这套丛书是对中国石油 2006—2015 年主要科技创新活动的集中总结和凝练。也由于时间、人力和能力等方面原因，还有许多进展和成果不可能充分全面地吸收到《丛书》中来。我们期盼有更多的科技创新成果不断地出版发行，期望《丛书》对石油行业的同行们起到借鉴学习作用，希望广大科技工作者多提宝贵意见，使中国石油今后的科技创新工作得到更好的总结提升。

2018 年 12 月

前　言

世界上许多含盐盆地具有丰富的油气资源。前人对含盐盆地石油地质与勘探技术进行了大量各有侧重的研究与探索，取得了较多成果，但系统性和适用性仍有较大差距。本书依托国家油气科技重大专项课题，在勘探实践基础上，总结国内外含盐盆地的研究成果，分析含盐盆地油气地质特征，集成创新适用勘探技术。

含盐盆地是世界油气勘探研究的热点之一。与盐构造相关的油气藏将是今后极为重要的油气储量增长点。含盐盆地的勘探历史较长，但专门针对含盐盆地石油地质理论和勘探技术的研究并未系统开展。目前国际上含盐盆地研究主要集中在墨西哥湾、南大西洋两岸等勘探难点和热点地区，主要体现在盐构造发育史模拟及盐伴生构造的评价，以及储层沉积模式的建立。国内在塔里木等盆地也开展了相关研究。

膏盐层不仅可作为高质量盖层，其形变过程还可形成运移通道及各类伴生圈闭。另外盐层也影响储层演化等其他成藏要素。因此，盐层对油气成藏具有重要控制作用，探讨膏盐层对油气成藏的控制作用有助于含油气性的预测、评价及提高油气勘探效率。

由于盐层的塑性流动，常形成各类盐丘，并使围岩发生复杂变形，甚至控制后续沉积的可容纳空间，因而造成速度建模和储层预测的复杂性，给勘探技术带来巨大挑战。另外，复杂盐丘可导致各类特殊的伴生圈闭，其刻画和评价也需要地质—地球物理技术的针对性集成。本书旨在通过世界含盐盆地的石油地质理论和勘探技术研究，总结油气成藏规律，集成系列勘探技术，以指导该类盆地的高效勘探。

全书的结构框架与设计思路及理论技术要点由郑俊章提出；第一章由王震、王燕琨、高书琴等执笔；第二章由郑俊章、汪新、王震、尹宏伟等执笔；第三章由郑俊章、王素花、王震等执笔；第四章由郑俊章、王震、王燕琨、郭建军、汤良杰、余一欣、周天伟等执笔；第五章由王燕琨、罗曼、王震、孔令洪、张良杰、张静、郭同翠、林雅平、梁爽、王春生、尹继全、闫国钰等执笔；第六章由郑俊章、王震、张良杰等执笔；第七章由郑俊章等执笔。同时特别感谢中国石油集团东方地球物理勘探有限责任公司赵玉光、韩宇春、陈洪涛、杨峰及中国石油勘探开发研究院西北分院张静、张亚军等为含盐盆地勘探理论及技术的提升所做出的突出贡献，编写了大量的研究报告，为本书的编写打下了坚实的基础。也特别感谢中国石油国际勘探开发有限公司、中国石油国际勘探开发有限公司中亚公司的大力支持。

在本课题研究过程中，国家科技重大专项办公室和集团公司科技部在立项、研发等环节提供了多方面的指导。多位院士、专家多年来对含盐盆地课题的研究也倾注了大量精力和智慧，尤其是童晓光院士，始终给予悉心指导。在成书过程中，中国石油勘探开发研究院和海外板块、阿克纠宾公司、阿姆河公司、MMG公司、中国石油集团东方地球物理勘探有限责任公司等领导和专家提供了大量资料和成果。我们取得的点滴成绩和进步，都凝聚着海外石油人的辛勤汗水。在此，对全体参研人员表示诚挚的谢意！

在专项研究过程中，中国石油大学（北京）汤良杰和余一欣、浙江大学汪新、南京大学尹宏伟等学者、专家在盐构造与成藏模拟实验等方面做出重要贡献，在此一并表示感谢！

由于笔者水平所限，错误或不妥之处在所难免，敬请批评指正！

目　录

第一章 含盐盆地基本特征

盐构造对油气聚集成藏具有重要的控制作用，因而含盐盆地的石油地质研究受到了极大关注。中亚滨里海盆地和阿姆河盆地盐丘—盐墙、中东地区伊朗 Zagros 东南部盐构造、墨西哥湾深水外来盐岩侵入构造、大西洋两岸、红海裂谷、北海地堑、沙巴—马来西亚海上盆地生长断层和盐刺穿构造等，对油气聚集均有决定性影响。这些盆地已发现大量油气田，并成为重要的油气产区，也是未来的勘探重点地区，因而也是相关理论技术研究的热点领域。

第一节 含盐盆地地质特征

一、含盐盆地概念

关于含盐油气盆地的概念，目前还没有形成国际通用的标准定义。中国有学者认为湖水盐度超过 4% 称为咸水湖，在此成盆的可称为含盐盆地。也有学者认为，沉积盆地中盐体积含量超过沉积体积的 8% 可称为含盐盆地[1]。由于含盐盆地中油气的生、储、盖、圈、运、保明显受盐因素的影响，而且在规模巨大的沉积盆地中盐岩越发育，其含油气性越好。因此建议，一个盆地中油气的生、储、盖、圈、运、保等成藏要素明显受盐的影响，即可称为含盐油气盆地。

二、含盐盆地分布

目前已在全球许多不同类型的盆地中发现了盐膏岩沉积，有 150 多个盆地的构造变形和演化明显受到盐构造运动的影响。从南、北半球分布状况来看，这些含盐盆地主要分布在北半球及赤道附近，南半球仅有为数不多的含盐盆地（图 1-1、表 1-1）[2]，这与南半球大型克拉通不发育有关。我国在塔里木、渤海湾、江汉和四川等盆地也发现了与盐岩有关的油气聚集[3]。从年代来看，盐层主要发育在古生代末期和中生代中期，包括二叠纪和侏罗纪，其次为新生代（图 1-2）。

三、含盐盆地构造类型

从板块构造方面来看，含盐盆地主要分布在欧亚板块及非洲板块（图 1-3）。

膏盐层是否发育与盆地的构造类型并没有绝对的关系，但总体上来看，克拉通（包括边缘前陆）和初始大洋裂谷（如大西洋两岸被动大陆边缘下层普遍发育含膏盐层，包括西非海岸盆地群、南美洲的桑托斯和坎波斯盆地等）是膏盐层较发育的主要盆地类型。裂谷盆地发育的含盐沉积最多，占到总含盐盆地的 72%，其次是前陆盆地期（图 1-4），而严格意义的克拉通盆地占比并不多，这也可能与其普遍遭到破坏有关。

表1-1 世界含盐盆地基本信息统计表

盆地名称	大地构造位置	国家/地区	盆地类型	地层年代	地层厚度 km	盐层年代	盐丘	油气系统	石油储量 10^6bbl	凝析油储量 10^6bbl	天然气储量 10^8ft^3
滨里海	东欧克拉通边缘	哈萨克斯坦	Pz₂边缘裂陷 Pz₃边缘坳陷＋前陆 Mz+Kz坳陷	Pz+Mz+Cz	20	P_1kg	发育	盐下碳酸盐岩 盐上碎屑岩	盐下 23111.8 盐上 2635.9	盐下 5775.6 盐上 115.9	盐下 101726061 盐上 4483753.6
阿富汗—塔吉克	阿尔卑斯褶皱带	塔吉克斯坦	J₂前断陷 J₂-N坳陷N之后山间	Pz+Mz+Cz	15	J_3	发育	盐下碳酸盐岩 盐上碎屑岩			盐下 374336.1 盐上 41671.4
楚—萨雷苏	哈萨克斯坦微板块	哈萨克斯坦	Pz弧后盆地＋Mz、Cz弧后前陆	Pz+Mz+Cz	10	D_3和P_1	局部发育	盐下碳酸盐岩和碎屑岩		盐下 22	盐下 13954.5
伏尔加—乌拉尔盆地	东欧板块边缘	东欧俄罗斯伸到哈萨克斯坦北部	Pz₂边缘裂陷Pz₃边缘坳陷＋前陆Mz+Cz坳陷	Pt+Pz+Mz+Cz	17.5	P_1	发育	盐下碳酸盐岩和碎屑岩	盐下 6183.27	盐下 865.7	盐下 783169.9
北高加索台地	塞西亚板块前高加索台地	俄罗斯南部	弧后坳陷	Mz+Cz		J	不发育	盐下碳酸盐岩 盐上碳酸盐岩	盐下 59.61	盐下 26.3	盐下 11119.3
捷列克—里海盆地	塞西亚板块和高加索台之间的接合处	俄罗斯南部	前陆盆地	Mz+Cz	14.2	J_3		盐下碳酸盐岩和碎屑岩 盐上碳酸盐岩和碎屑岩	盐下 31.63	盐下 12	盐下 5498.5
因朱—年班盆地	位于塞西亚板块，和捷列克—里海盆地一起作为前陆盆地（前渊）	俄罗斯南部	前陆盆地	Mz+Cz	7.7	J_3		盐上碎屑岩	0	0	0

续表

盆地名称	大地构造位置	国家/地区	盆地类型	地层年代	地层厚度 km	盐层年代	盐丘	油气系统	石油储量 10^6bbl	凝析油储量 10^6bbl	天然气储量 10^8ft³
普利德帕顿盆地	西伯利亚台地南部	俄罗斯东部	里菲纪裂谷+Pz，Mz被动大陆边缘	Pz+M	11	ϵ	不发育	盐下碳酸盐岩和碎屑岩	盐下12	盐下20	盐下47090
乃帕勒托巴盆地	西伯利亚台地中部至南部	俄罗斯东部	克拉通盆地	Pz+Mz+Cz	5.4	ϵ_1	不发育	盐下碳酸盐岩	盐下18.159	盐下94.18	盐下223219.1
通古斯盆地	西伯利亚台地	俄罗斯东部	克拉通盆地	Pt+Pz+Mz+Cz	7.4	V、ϵ、D(石膏)	不发育	盐下碳酸盐岩 盐上碳酸盐岩	0	0	0
拜斯特盆地	西伯利亚台地西部	俄罗斯东部	R裂谷+Pt，Cz被动大陆边缘	Pt+Pz+Mz+Cz	11	ϵ、V	不发育	盐下碳酸盐岩和碎屑岩	盐下1639.3	盐下109.39	盐下80960.6
普里皮亚特盆地	普里皮亚特地槽内	白俄罗斯东南部	裂谷盆地	Pz+Mz+Cz	12.4	D_3	发育	盐下碳酸盐岩和碎屑岩	盐下1217.85	盐下3.47	盐下6575.2
第聂伯—顿涅茨盆地	泥盆纪顿涅茨—普里皮亚特裂谷	乌克兰东部	Pz裂谷+Mz，Cz坳陷	Pz+Mz+Cz	20	D_3和P_1	局部发育	盐下碎屑岩	盐上2191.6	盐上1060.45	盐上838914.3
阿姆河	Turan板块南部	土库曼斯坦南部	Mz裂陷+Cz坳陷	Mz+Cz	8	J_3	局部发育	盐上下白垩统碎屑岩 盐下上侏罗统碳酸盐岩	盐下1007.26 盐上200	盐下2061.47 盐上396.5	盐下5744804.9 盐上1539032.9
科彼特达格褶皱带		伊朗东北部和土库曼斯坦南部	裂谷盆地	Pz+Mz+Cz	13.7	K_1		盐下碎屑岩	0	0	0
北喀尔巴阡	阿尔卑斯褶皱带陆上地区	捷克、波兰、斯洛文尼亚、乌克兰和罗马尼亚		Pz+Mz+Cz	9.3	N		盐下碳酸盐岩和碎屑岩 盐上碎屑岩	盐上90	盐上4.61	盐下3 盐上10058.7

续表

盆地名称	大地构造位置	国家/地区	盆地类型	地层年代	地层厚度 km	盐层年代	盐丘	油气系统	石油储量 10⁶bbl	凝析油储量 10⁶bbl	天然气储量 10⁸ft³
喀尔巴阡复理层带	喀尔巴阡山脉最内部	喀尔巴阡山脉最内部	前陆盆地	Cz	30	N		盐下碎屑岩 盐上碎屑岩	0	0	0
库姆盆地	伊朗地块	伊朗中部	Pz 及 Mz 裂谷 + Cz 坳陷	Pz+Mz+Cz	13.9	E、N	不发育	盐下碳酸盐岩	盐下 32.75	盐下 16.50	盐下 2558
伊朗扎格罗斯褶皱带	阿拉伯板块大陆俯冲褶皱带	伊朗	Pz 裂谷 +Mz 及 Cz 被动大陆边缘和坳陷	Pz+Mz+Cz	12	T、J	不发育	盐下碳酸盐岩 盐上碳酸盐岩	盐下 108838.4 盐上 216.7	盐下 5641.33 盐上 108.07	盐下 4046250
阿拉伯中部油气区	阿拉伯板块边缘	沙特阿拉伯、巴林、科威特、伊拉克和伊朗	Pz 裂谷 +Mz 坳陷 +Cz 前陆	Pz+Mz+Cz	12.5	J₃+K	不发育	盐下碳酸盐岩 盐上碳酸盐岩	盐下 234482.5 盐上 116356	盐下 1507.5	盐下 1172181 盐上 527715
北伊拉克扎格罗斯褶皱带	阿拉伯板块北部北部边缘	伊朗西南部、伊拉克东北部和叙利亚东北部	Pz 裂谷 +Mz 及 Cz 被动大陆边缘和坳陷	Pz+Mz+Cz		N	不发育	盐下碳酸盐岩	盐下 5292.5	盐下 108	盐下 182695
东北叙利亚扎格罗斯褶皱带	阿拉伯板块西北边缘	叙利亚最东北角	Pz 裂谷 +Mz 及 Cz 被动大陆边缘和坳陷	Pz+Mz+Cz		N	不发育	盐下碳酸盐岩	盐下 60.68	盐下 19.47	盐下 6453.8
土耳其东南部扎格罗斯褶皱带	阿拉伯板块西北部	土耳其东南部	克拉通内裂谷	Pz+Mz+Cz	16	J₁、E		盐下碎屑岩 盐上碳酸盐岩和碎屑岩	0	0	0
阿拉伯西部油气区	阿拉伯板块陆上地区	阿拉伯板块西部	裂谷盆地	Pz+Mz+Cz	11.3	T、J		盐下碳酸盐岩和碎屑岩 盐上碳酸盐岩和碎屑岩	盐下 334.73 盐上 6	盐下 76.56	盐下 48016 盐上 23

续表

盆地名称	大地构造位置	国家/地区	盆地类型	地层年代	地层厚度 km	盐层年代	盐丘	油气系统	石油储量 10^6 bbl	凝析油储量 10^6 bbl	天然气储量 10^9 ft^3
维典亚—美索不达米亚油气区	阿拉伯板块陆上地区	沙特阿拉伯和伊拉克	Pz边缘坳陷+Mz被动大陆边缘	Pz+Mz+Cz	21.2	€、J		盐上碳酸盐岩和碎屑岩	盐 10		盐下 70
鲁卜哈里油气区	阿拉伯地盾	沙特阿拉伯东南部	€裂谷+Pz、Mz坳陷	Pz+Mz+Cz	6.9	P、J$_3$、N(石膏)	不发育	盐下碳酸盐岩 盐上碳酸盐岩和碎屑岩	盐下 13211.6 盐上 2970.75	盐下 2336.97 盐上 11	盐下 1117769.4 盐上 302605
阿曼盆地	阿拉伯板块东南边缘	阿曼陆上地区	Pt克拉通内同裂谷+Pz裂谷后回陷内盆地+Mz及Cz被动大陆边缘	Pt+Pz+Mz+Cz	12.2	€	发育	盐下碳酸盐岩和碎屑岩 盐上碳酸盐岩和碎屑岩	盐下 8780.83	盐上 319.03	盐下 274220.9 盐上 140
红海盆地	阿拉伯—非洲板块	非洲东北部和阿拉伯	裂谷盆地	Mz+Cz	4.4	E、N	发育	盐下碳酸盐岩和碎屑岩 盐上碳酸盐岩和碎屑岩	盐下 64	盐下 160 盐上 123	盐下 33314 盐上 8440
蒂曼—伯朝拉盆地	黑海深水区	欧洲俄罗斯东北部	Pz裂谷+Mz坳陷+Cz前陆	Pt+Pz+Mz+Cz	21.9	C、P	不发育	盐下碳酸盐岩和碎屑岩 盐上碳酸盐岩和碎屑岩	盐下 3733.29	盐下 673.14	盐下 321317.8
黑海盆地		土耳其、保加利亚、罗马尼亚、乌克兰、俄罗斯和格鲁吉亚		Pz+Mz+Cz	26.2	P、T		盐下碳酸盐岩和碎屑岩 盐上碳酸盐岩和碎屑岩	0	0	0
波尔多格勒前渊	东欧克拉通西南边缘	摩尔多瓦、罗马尼亚和乌克兰境内	Pz裂谷+Mz前陆+Cz裂谷	Pz+Mz+Cz	18.5	D、C、P、T、J		盐下碳酸盐岩和碎屑岩 盐上碳酸盐岩和碎屑岩	盐下 16.5		盐下 3

续表

盆地名称	大地构造位置	国家/地区	盆地类型	地层年代	地层厚度 km	盐层年代	盐丘	油气系统	石油储量 10^6bbl	凝析油储量 10^6bbl	天然气储量 10^8ft^3
度卡拉	摩洛哥台地	摩洛哥	裂谷盆地	Pz+Mz+Cz	11	J_3、T	发育	盐下碳酸盐岩和碎屑岩	0	0	0
西部—普里利夫盆地	非洲板块西北部	摩洛哥北部	前陆盆地	Pz+Mz+Cz	11.9	T	不发育	盐下碎屑岩 盐上碳酸盐岩	0	0	0
索维拉盆地	摩洛哥台地	摩洛哥中部	裂谷盆地	Pz+Mz+Cz	11	T_3	局部发育	盐下碳酸盐岩和碎屑岩 盐上碳酸盐岩和碎屑岩	盐下169.25 盐上2	盐下230	盐下897.6 盐上7
苏塞地槽	大西洋被动大陆边缘的一部分	摩洛哥西部	裂谷盆地	Pz+Mz+Cz	16	T、J	发育	盐下碳酸盐岩和碎屑岩 盐上碳酸盐岩和碎屑岩	0	0	0
廷杜夫盆地	非洲板块西北部	大部分在阿尔及利亚西部，南部和西部位于毛里塔尼亚北部，东端位于西撒哈拉，北端位于摩洛哥南部	大西洋型被动大陆边缘	Pz+Mz+Cz	10.2	C		盐下碎屑岩	0	0	0
伊斯肯德伦盆地	地中海东部前陆盆地	土耳其地中海海岸		Cz	3.2	N_1	发育	盐下碎屑岩	盐下0.5	盐下0.01	盐下311
拉塔基亚		地中海东部	前陆盆地的一部分	Cz	4.4	N_1	发育	盐下碳酸盐岩和碎屑岩 盐上碎屑岩	0	0	0

续表

盆地名称	大地构造位置	国家/地区	盆地类型	地层年代	地层厚度 km	盐层年代	盐丘	油气系统	石油储量 10^6 bbl	凝析油储量 10^6 bbl	天然气储量 10^8 ft^3
马里卜—北抵礁夫—哈杰尔盆地	印度板块与阿拉伯/非洲板块之间	也门西部	裂谷盆地	Pz+Mz+Cz	4.7	J_3	局部发育	盐下碳酸盐岩和碎屑岩 盐上碳酸盐岩和碎屑岩	盐下 2096 盐上 11.89	盐下 675.92	盐下 154130.3 盐上 78.5
吉萨盖迈尔盆地		也门东部	陆上裂谷盆地	Mz+Cz	7	E		盐下碳酸盐岩和碎屑岩 盐上碳酸盐岩	0	0	0
固班盆地	索马里亚丁湾西南部	索马里亚丁湾西南部	裂谷盆地	Mz+Cz	7.9	E		盐下碳酸盐岩和碎屑岩	0	0	0
穆卡拉—塞胡特盆地	亚丁湾内，延伸到也门南部陆上海岸带	亚丁湾内，延伸到也门南部陆上海岸带	裂谷盆地	Mz+Cz		E		盐下碳酸盐岩和碎屑岩 盐上碳酸盐岩和碎屑岩	0	0	0
萨格勒制盆地	非洲板块东北部	索马里亚丁湾东北部	裂谷盆地	Mz+Cz	4	N		盐下碳酸盐岩和碎屑岩 盐上碳酸盐岩和碎屑岩	0	0	0
苏伊士湾盆地	红海大陆裂谷系统的断裂滑块	裂谷盆地	裂谷盆地	Pz+Mz+Cz	7	N	局部发育	盐下碳酸盐岩和碎屑岩	盐下 6025.37	盐下 91.16	盐下 59414.5
哈西迈萨—乌德高地	Amguid—哈西迈萨—乌德高地复合体系统的北部	阿尔及利亚—撒哈拉东北部	陆内复合盆地	Pz+Mz+Cz	4.5	T	局部发育	盐下碎屑岩	盐下 13983.55	盐下 691.28	盐下 768650.7

续表

盆地名称	大地构造位置	国家/地区	盆地类型	地层年代	地层厚度/km	盐层年代	盐丘	油气系统	石油储量 10^9bbl	凝析油储量 10^9bbl	天然气储量 10^8ft³
皮拉吉安盆地	意大利利比北非海岸	利比亚西部沿海上地区，突尼斯东部和西里南部	Pz+Mz 裂谷、Cz 坳陷	Pz+Mz+Cz	10.7	T、J、K		盐下碳酸盐岩 盐上碳酸盐岩	盐下 5.65	盐上 13.6	盐上 3020
古达米斯盆地	非洲板块北北部	阿尔及利亚东部，突尼斯南部和利比亚西北部	克拉通内坳陷盆地	Pz+Mz+Cz	6.7	T、J	不发育	盐下碳酸盐岩和碎屑岩	盐下 5160.7	盐下 450.43	盐下 116170.6
锡尔特盆地	北非地中海岸	利比亚陆上地区	裂谷盆地	Pz+Mz+Cz	12.5	E		盐下碳酸盐岩和碎屑岩 盐上碳酸盐岩和碎屑岩	盐下 2636.43	盐下 538.44	盐下 219918.3
索马里盆地	非洲之角的大型沉积港湾	索马里和埃塞俄比亚南部，俄比亚南部，肯尼亚东北部	J 裂谷 +K、R 边缘坳陷	Mz	19	K、N		盐下碳酸盐岩和碎屑岩 盐上碳酸盐岩和碎屑岩			盐下 3100
提尔赫穆特隆起	撒哈拉台地北部	非洲克拉通北部大陆架	"三叠盆地"	Pz+Mz+Cz	2.3	J、K	不发育	盐下碳酸盐岩和碎屑岩	盐下 50	盐下 15	盐下 303
尼罗河三角洲盆地	非洲板块东北部	尼罗河三角洲陆上及海上	裂谷被动大陆边缘	Mz+Cz	8	N	不发育	盐下碎屑岩 盐上碎屑岩			
韦德迈阿次盆地	非洲板块撒哈拉台地	阿尔及利亚北部一中部的沙漠地区	Pz 克拉通 +Mz 坳陷 +Cz 被动大陆边缘	Pz+Mz+Cz	4.6	T、J、K	不发育	盐下碎屑岩	盐下 1431.61	盐下 31.13	盐下 19838.5
塞内加尔盆地	非洲西北海岸	非洲西北海岸	大西洋型被动大陆边缘	Pz+Mz+Cz	15.9	T、J	发育	盐下碳酸盐岩 盐上碎屑岩和碎屑岩	盐上 104.9		盐上 2615

续表

盆地名称	大地构造位置	国家/地区	盆地类型	地层年代	地层厚度 km	盐层年代	盐丘	油气系统	石油储量 10^6bbl	凝析油储量 10^6bbl	天然气储量 10^8ft^3
西非海岸盆地群（包括塔尔法亚、塞内加尔、几内亚、里奥努尼、杜阿拉、加蓬、下刚果、宽扎、奥兰治、科特迪瓦和贝宁11个主要沉积盆地）	非洲板块西部	西非海岸地区	Pz、Mz裂陷+Cz被动大陆边缘	K+Cz		K$_1$	发育	盐下碎屑岩 盐上碳酸盐岩和碎屑岩	盐下 8376.73 盐上 82961.2	盐下 322.81 盐上 4771.66	盐下 167960.9 盐上 2293886.5
凯宁	克拉通内盆地	澳大利亚西北部	Pz$_1$克拉通—Pz$_2$+Mz+Cz断陷裂谷	Pz+Mz+Cz	15	O$_3$—S$_1$	不发育	盐下碎屑岩 盐上碳酸盐岩和碎屑岩	盐下 44.05 盐上 13.9	盐下 0.4 盐上 7.6	盐下 849.5 盐上 2417.8
乔治娜盆地	克拉通内盆地	昆士兰州和澳大利亚北部	Pz裂谷+Mz、Cz坳陷	Pz+Mz+Cz	10	€	不发育	盐下碎屑岩 盐上碳酸盐岩和碎屑岩	0	0	0
阿玛迪斯盆地	澳大利亚北部及西部	Pt裂谷+Mz、Cz坳陷	Pt+Pz+Mz+Cz	14	€	不发育	盐下碳酸盐岩和碎屑岩 盐上碎屑岩	0	0	0	
奥菲斯—刚巴尔盆地	澳大利亚板块	澳大利亚中南部	克拉通内盆地	Pt+Pz	10	€		盐下碳酸盐岩和碎屑岩 盐上碳酸盐岩	0	0	0

续表

盆地名称	大地构造位置	国家/地区	盆地类型	地层年代	地层厚度 km	盐层年代	盐丘	油气系统	石油储量 10^6bbl	凝析油储量 10^6bbl	天然气储量 10^8ft^3
麦肯齐		加拿大大西北部	前陆盆地	Pz被动大陆边缘+Mz+Cz前陆盆地		Є			0	0	0
滨海盆地	圣劳伦斯湾南部	加拿大大东南部	D裂谷+C、P坳陷	Pz+Mz+Cz	12.2	C		盐下碳酸盐岩和碎屑岩 盐上碎屑岩	0	0	盐上 518
墨西哥湾	北美板块东南部	墨西哥	被动大陆边缘—弧后盆地	Mz+Cz	13	J_2	发育	盐上碳酸盐岩和碎屑岩	盐上 9094.24	盐上 112.77	盐上 95527.6
坎普斯	南美洲东海岸	巴西东南部	大西洋型被动大陆边缘	K+Cz	7	K_1	发育	盐下碳酸盐岩和碎屑岩 盐上碳酸盐岩和碎屑岩	盐上 8748.35		盐上 35622.9
桑托斯	南美洲东海岸	巴西东南部	大西洋型被动大陆边缘	K+Cz	7	K_1	发育	盐下碳酸盐岩和碎屑岩 盐上碎屑岩	盐下 14240 盐上 3781.6	盐上 158.1	盐下 180750 盐上 92285
巴伦支海台地	挪威海	挪威海	裂谷盆地	Mz+Cz	4	C_3、P_1	发育	盐下碳酸盐岩和碎屑岩	盐上 10		盐上 500
丹麦—波兰边缘地槽	波兰陆上和海上地区	波兰	叠合盆地	Pz+Mz+Cz		P、T、J、K	发育	盐下碎屑岩 盐上碎屑岩	盐下 2.98	盐下 21.05	盐下 2379.3

图 1-1 世界含盐盆地分布图

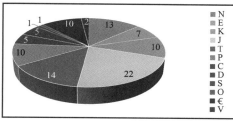

（a）含盐盆地分布层系

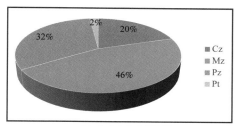

（b）占总含盐盆地比例

图 1-2 盐岩分布地质层位统计图

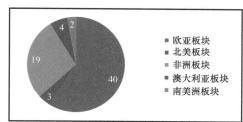

（a）盆地数量

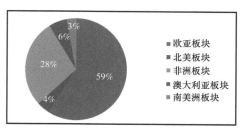

（b）含盐盆地占比

图 1-3 构造板块含盐盆地数量及比例图

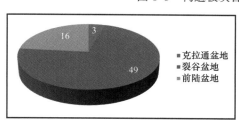

（a）盆地数量

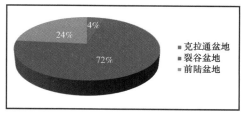

（b）含盐盆地占比

图 1-4 不同盆地类型含盐盆地数量及比例图

拉张和挤压两种主要盆地类型分别对应两种不同的区域应力环境。一类为伸展或者裂谷后期盆地，如阿姆河、墨西哥湾、北海等盆地；另一类为在挤压应力环境下封闭的前陆盆地，如波斯湾、伏尔加—乌拉尔、滨里海、加拿大北极地区的盆地和中国塔里木盆地库车坳陷等。

四、膏盐层分布特点

盐岩，无论是古代还是现代，都可能存在于多种环境中[1]。统计资料表明，不同地区的盐岩沉积过程和年代差别较大，较早的盐类沉积可发生在中—新元古代，较晚的盐岩沉积年代可以是新近纪和第四纪。大型含油气区的盐岩沉积主要发生在新元古代、晚古生代、侏罗纪和白垩纪（表 1-2），大多数盐盆均发育多套（或韵律）含盐层系，形成多套含油气组合，如波斯湾地区从寒武系到新近系共有 6 套地层含有岩盐沉积，墨西哥湾地区有 4 套地层含有盐类沉积[1]，塔里木盆地也发育中寒武统、下石炭统、古新统—始新统和中新统 4 套含盐层系。

表 1-2　含盐盆地主要含盐层系沉积年代[4]

盆地/地区	主要含盐层系	年代	盆地/地区	主要含盐层系	年代
墨西哥湾	Louann	中侏罗世	下刚果	阿普特阶	早白垩世
波斯湾	Hormuz	元古宙	宽扎	阿普特阶	早白垩世
地中海	梅辛阶	晚中新世	加蓬	阿普特阶	早白垩世
北海	Zechstein	晚二叠世	南美桑托斯	阿普特阶	早白垩世
滨里海	空谷阶	早二叠世	斯维德鲁普	Otto Fiord	石炭纪
苏伊士—红海	Belayim、Dungunab	中新世	四川	嘉陵江组、雷口坡组	早—中三叠世
阿拉伯	Hormuz	元古宙	渤海湾	沙河街组	始新世—渐新世
第聂伯—顿涅茨	Rotliegende、Liven、空谷阶	元古宙	塔里木	阿瓦塔格组、巴楚组、库姆格列木组、吉迪克组	中寒武世、早石炭世、古新世—始新世、中新世
西伯利亚	Angara	早寒武世	江汉	潜江组	始新世—渐新世
德国蔡希斯坦	Zechstein	晚二叠世	羌塘	雀莫错组、布曲组、夏里组	中侏罗世
阿富汗—塔吉克	钦莫利阶	晚侏罗世	南美坎波斯	阿普特阶	早白垩世
伏尔加—乌拉尔	空谷阶、亚丁斯克阶、萨克马尔阶	早二叠世	阿姆河	提塘阶—钦莫利阶	晚侏罗世

从盐膏岩发育年代来看，自寒武纪至新近纪，除了古近纪较少以外，每个年代都发现有以盐膏为盖层的大型油气田（图 1-5）。其中，以侏罗系盐膏为盖层的大油气田最多，

为 23 个，主要分布在北美的墨西哥湾和中东的海湾地区；新近系、白垩系、二叠系、石炭系和泥盆系中以盐膏为盖层的大型油气田数量相差不大，依次为 12 个、11 个、10 个、10 个和 8 个。以新近系盐膏岩为主要盖层的大型油气田主要分布在伊朗的扎格罗斯前陆盆地；以白垩系盐膏岩为主要盖层的大型油气田主要分布在北美的墨西哥湾和佛罗里达盆地，伊朗的扎格罗斯山前也有分布；以二叠系盐膏岩为主要盖层的大型油气田主要分布在美国的二叠盆地、中亚—俄罗斯的滨里海盆地和俄罗斯的伏尔加—乌拉尔盆地中；以石炭系盐膏岩为主要盖层的大型油气田主要分布在北美地区的威利斯顿和 Paradox 盆地以及中国的塔里木盆地等地区；以泥盆系盐膏岩为主要盖层的大型油气田主要分布在北美的威利斯顿和西加拿大盆地以及白俄罗斯的普里皮亚季盆地。奥陶系、三叠系、寒武系和志留系中的盐膏岩发育较少，分别为 3 个、2 个、1 个和 1 个。其中，以奥陶系盐膏岩为主要盖层的大型油气田都分布在北美的威利斯顿盆地；以三叠系盐膏岩为主要盖层的油气田群一个在美国的大角羊盆地，另一个在中国的四川盆地；以寒武系盐膏岩为主要盖层的油气田位于俄罗斯的东西伯利亚盆地中；以志留系盐膏岩为主要盖层的油气田位于美国的密歇根盆地[5]。

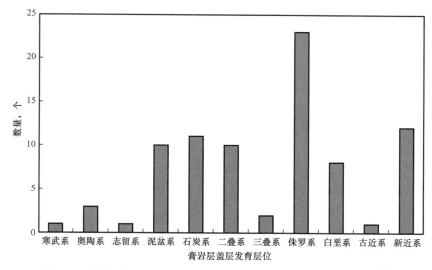

图 1-5　全球碳酸盐岩大型油气田中盐膏岩盖层发育层位分布图[5]

从盐膏岩的厚度来看，不同油气藏的盐膏岩盖层厚度相差悬殊，最薄仅有 1.2m（美国的 Little Sand Draw 油田），最厚可达 1300m（俄罗斯的 Markovo 油田）。盐膏岩的厚度绝大多数都小于 100m。盐膏岩厚度范围在 1～10m、10～20m、20～50m 和 50～100m 的大型油气田个数分别为 16 个、15 个、14 个和 15 个（图 1-6），在整个具有盐膏岩盖层的大型油气田中的比例分别为 21.3%、20.2%、18.7% 和 20.0%；盐膏岩盖层厚度大于 100m 的大型油气田在整个具有盐膏岩盖层的油气田中的比例为 20.2%[5]。

复杂的蒸发岩产状表明，它不仅仅反映了地球上的低纬度到中纬度气候带，而且也能够指示构造格架。从盆地边缘宽缓斜坡到盆地的中心区沉积了不同类型的蒸发岩。Zharkov（1981）统计了 275 个蒸发岩产状，结果表明，大部分蒸发岩盆地具有陆架边缘特征和克拉通盆地特征。由于大洋扩张使大陆架的位置与原来相比发生了变化，这种情况在显生宙

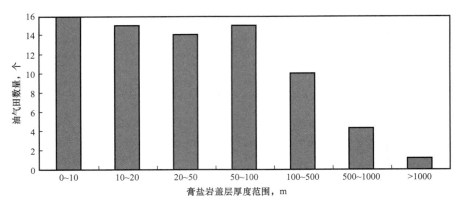

图1-6　全球碳酸盐岩大型油气田中盐膏岩盖层厚度范围分布图[5]

显得更加明显。因此，可以通过蒸发岩与油气生成关系再现大洋地理位置。例如大西洋沿岸的石油勘探是与北大西洋对面的Lias—Trias蒸发岩和南大西洋的尼日利亚—加蓬—安哥拉—巴西早白垩世的盐类沉积密切相关。

五、膏盐层沉积成因

一般来说，盐岩的形成必须满足一些基本条件，如封闭和稳定的构造环境、干旱和半干旱的气候条件，以及足够的盐类物质来源等。全盆性的盐岩沉积模式主要包括深水深盆、浅水深盆和浅水浅盆三类。

盐膏岩的形成有两方面的要素：其一是盐类物质来源，其二是盐类沉积环境。盐类物质来源主要有五种：（1）海源，盐类由海侵或海啸提供；（2）陆源，即由周围及河流等物源提供；（3）火山或岩浆活动；（4）天然水热溶液（温、热、沸泉水）循环；（5）通过深大断裂上涌的地壳深部卤水。盐类形成机制主要由盐源决定，盐源为深层卤水、热溶液时一般为"对卤成盐"；而当盐源为海源和陆源时一般为蒸发成盐。因此，也可把盐类沉积环境分为深部热卤水和浅部蒸发两大类。

1. 蒸发成因

浅部蒸发膏盐层沉积要求相对封闭的水体和干旱—半干旱的气候条件，外来水量小于或等于蒸发量是最大的特点。蒸发膏盐层既可发育于海相，也沉积于陆相盆地中。

海相蒸发成因可分为两种。（1）潟湖—海湾型盐膏岩。发育于海水循环交替不畅、盐度不正常的潟湖和海湾环境之中。潮汐、波浪作用显著减弱，发育水平层理，岩性以白云岩、白云质灰岩为主。石膏层延伸稳定，具条纹、条带状构造，致密状或糖粒结构，沉积厚度、规模以远离潟湖开口一端最好；（2）潮坪—萨布哈型盐膏岩。发育于平缓倾斜、间歇性暴露的潮间带—潮上带。它没有稳定的水体，是海退后沉积洼地的海水蒸发沉积而成。具砂纹交错、脉状、透镜状层理，干裂、瘤状构造发育，紫红色氧化带明显，石膏层薄，且与砂泥岩互层，横向变化大，尖灭再生快。

陆相湖盆蒸发成因的盐膏岩主要发育于内陆湖泊蒸发环境，以硫酸盐类沉积为主，形成于蒸发量远大于降雨量的最低水位期。此类型盐膏岩在我国陆相含油气盆地中普遍发育，如渤海湾盆地中部的黄骅坳陷，东南部的东营凹陷、冀中坳陷、东濮凹陷等，膏盐层主要发育于沙河街组。

2. 热卤水成因

随着板块构造学说及对裂谷盆地的应用研究，人们才认识到构造对含盐盆地的控制作用。在影响盐类矿床的诸因素中（包括古地理、古气候、古地貌、古地质、古水文等），构造运动是最重要的因素，它很好地解释了盐类沉积的岩相模式及盐层构造的变化，同时又解释了盐类物质的多源性（特别是深部物质的影响）和卤水演化的复杂性。而且世界上许多盐类沉积位于与深断裂有密切关系的构造活动区，并不仅限于克拉通盆地。盆地底部发育断块结构，被深断裂所分割，且多数深断裂控制着含盐系、盐岩相和盐丘分布。因此有学者提出了盐膏岩的深部热卤水成因，指的是来自地幔或深部的热流含有大量的卤族元素，它们可以成为盐类物质的主要来源。

研究表明，含盐油气盆地，其深部上地幔常呈上拱状，而中、下地壳中常有低速、高导层。正是这种特殊的深部结构，使得地幔流体可以上升。这种地幔流体的特点是：富含 K、Na、Li 等碱金属，富含 F、Cl、Br 等卤素，富含 CO_2、CO、H_2、He 等挥发分及气体。这种地幔流体进入壳内低速、高导层后，由于蛇纹石化橄榄岩中含有丰富的 Ni、V 等铁族元素，CO_2、CO 与 H_2 得以进行费托合成反应，从而形成了幔源烃。地幔流体富含 CO_2、He 的气体进入储层后形成 CO_2 气藏、He 气藏。地幔流体进入沉积盆地，与有机质、黏土、黄铁矿等反应，或催化生烃，或加氢生烃，从而形成了一系列烃类，包括未熟油、低熟油、过渡带气等，在有的地区则具有热液烃的特点。

同时在含盐系底部或含盐系中有热液矿物也是对这一成因的很好佐证。一些很典型的热液作用产物在含盐系中被发现，如黄铁矿、方铅矿、闪锌矿、电气石、白云母、透闪石、塞黄晶、钾铁盐、萤石、玉髓、黄铜矿等。一些中新生代盆地盐矿中 Cu、Pb、Zn 含量高于正常海水十万倍。油田水中金属元素含量的异常也被人们注意到。东西伯利亚油田卤水中 Ba、Mn 高出海水几千倍，Hg、Pb 高出海水几百倍，Zn、Co、Au 高出海水几十倍。

3. 主要含盐盆地盐层成因

国外重点含盐盆地如滨里海、阿姆河及红海等，膏盐层集中在某一层位，属于蒸发成因。滨里海盐岩发育在早二叠世，阿姆河盐膏互层沉积于侏罗纪末期，而红海盆地盐沉积集中于中新世中期。

滨里海盆地海西期乌拉尔及南缘造山运动使盆地封闭（图1-7），从而形成早二叠世空谷期巨厚盐沉积。盐层沉积几乎分布于全盆地，并在后期演化中形成高陡盐丘。阿姆河也具有类似的成因环境，侏罗纪末期特提斯演化造成盆地封闭沉积石膏与岩盐互层。这类盆地还包括伏尔加—乌拉尔、中东、北海、北美的一些含盐盆地。

红海盆地则为新生代障壁型封闭洋裂谷，在中新世中期形成了巨厚的盐沉积（图1-8）。这类盆地还包括大西洋两岸、墨西哥湾等。

大西洋型被动陆缘伸展盆地一直被作为被动陆缘的代表，一般认为它的形成与大西洋的张开有关，经历了从大陆裂谷到大洋的转变，故将其演化分为大陆裂谷—陆间裂谷（红海型—窄大洋型）—大西洋3个或4个阶段（图1-9）：大陆裂谷阶段一般均以河湖相碎屑岩或火山碎屑岩沉积为主；红海型裂谷主要以蒸发岩沉积为特征；窄大洋期间因裂谷肩消失，碎屑物可搬运至深海盆，从而在深水区形成浊积与半远洋沉积的互层；大西洋阶段主要在陆基上形成厚层浊积和以细层理为特征的平积层。

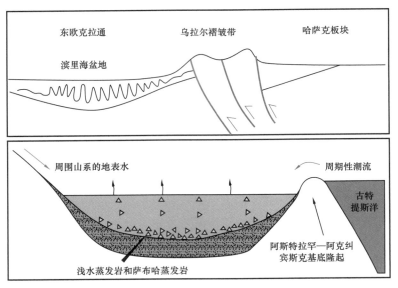

图 1-7　滨里海盆地早二叠世构造环境与盐沉积成因

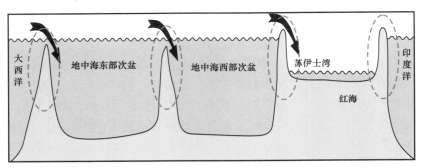

图 1-8　红海盆地新近纪构造环境与盐沉积成因

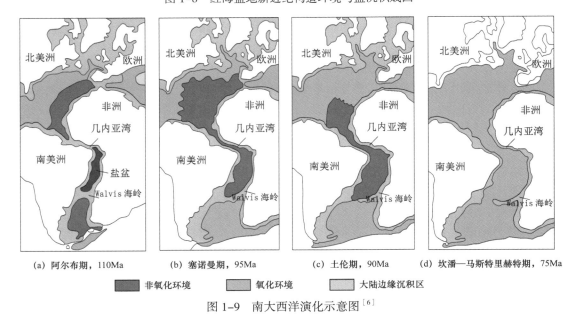

(a) 阿尔布期，110Ma　　(b) 塞诺曼期，95Ma　　(c) 土伦期，90Ma　　(d) 坎潘—马斯特里赫特期，75Ma

图 1-9　南大西洋演化示意图[6]

第二节 含盐盆地石油地质特征

一、不同类型含盐盆地石油地质特征

据统计，全球含油气盆地和具远景的含油气盆地有近 200 个，有一半以上盆地发现了商业性油气田，其中 58% 的油气田又与盐系地层有关。这些含盐盆地控制的已探明石油储量和天然气储量分别为全球的 89% 和 80%[1]，这表明油气运聚成藏与盐构造有着极为密切的关系。近年来，墨西哥湾盆地大规模盐席之下油气藏的勘探发现，极大地促进了盐构造研究的进展。我国的许多盆地（如塔里木、渤海湾、江汉）也都发育有比较丰富的盐构造，并且都发现了工业油流。

表 1–1 统计的世界含盐盆地中，有 59 个发现了工业油气流，盐下石油储量占总储量的 65.4%，盐下凝析油和天然气储量分别占总储量的 76.5% 和 91.8%。可见，含盐盆地的油气储量主要集中在盐下。

含盐沉积是影响储集性能的重要因素之一，对储集性能的影响主要有两个方面。一是改善储集性能。例如在碳酸盐岩成岩期间，碳酸盐岩的沉淀使盐水中的 Ca^{2+} 减少，而 Mg^{2+} 的含量相对增加，这种富含 Mg^{2+} 的盐水在蒸发回流作用时又渗流到碳酸盐岩中，Mg^{2+} 交代 Ca^{2+} 而使碳酸盐岩白云石化。白云石化所形成的白云石要比方解石的体积缩小 12.5%，碳酸盐岩的孔隙度因此增加。二是使储集性能变差，例如盐以胶结物的形式沉淀在储层孔隙中，降低了孔隙度。

膏盐层作为含盐盆地中影响油气运移、聚集所需的良好盖层，形成了世界上大约 60% 的特大油气田。如滨里海盆地的阿斯特拉罕、Kashagan、田吉兹、卡拉恰甘纳克等巨型油气田，北海盆地的格罗宁根大气田，巴西海岸的盐下大型油气田等，以及中东、北美的一系列大型油气田。

盐不仅具有较强的致密性而且具有极强的可塑性。在厚盐层沉积区，由于差异负载作用，盐层可向上流动改变上覆岩层的产状而形成各种类型的盐伴生圈闭，而这些圈闭就可以为油气的运移、聚集、成藏提供有利条件。如滨里海盆地在二叠系盐丘之上及盐丘之间形成的断背斜、龟背斜、地层遮挡等盐伴生圈闭中发现了大量的油气藏，大西洋两岸和墨西哥湾的中新生代油气田也是油气在盐伴生圈闭中聚集成藏。

从全球范围看，不同类型的含盐盆地具有不同的石油地质特征（表 1–3）。裂陷成因盆地（包括后期发育成大西洋被动边缘型盆地）中，盐层多沉积于初裂期，有些发展到被动边缘，因而发育盐上油气系统，圈闭以盐丘伴生类型为主，储层为河流—三角洲砂岩。克拉通膏盐层多发育于盆地演化的晚期阶段，因而发育盐下油气系统，圈闭以构造—盐下为主，碳酸盐岩储层占主导地位。前陆盆地由于多具有双层结构，盐层可能多期发育，因而其盐上和盐下油气系统兼有，储层及圈闭类型多样。

表 1-3　盐层发育与盆地类型及相关油气系统的关系

盆地类型	盐沉积期	油气系统	圈闭类型	储层类型
裂陷型	早期沉积	盐上为主	盐伴生为主	河流和三角洲为主
	同期沉积	盐上为主	构造和盐伴生	河流和三角洲为主
克拉通型	中晚期沉积	盐下为主	构造和岩性为主	碳酸盐岩和礁体、大型海相砂岩为主
前陆型	多期沉积	盐上盐下	类型多样	碳酸盐岩、海相砂岩为主

1. 裂陷型含盐盆地石油地质特征

裂陷型含盐盆地发育广泛，如现今大西洋两岸被动边缘盆地（下刚果、坎波斯等盆地）、北海、红海、墨西哥湾、北美东海岸、澳大利亚西北大陆架等。

大西洋型被动陆缘伸展盆地一直被作为被动陆缘的代表，一般认为它的形成与大西洋的张开有关，经历了从大陆裂谷到大洋的转变，故将其演化分为大陆裂谷—陆间裂谷（红海型—窄大洋型）—大西洋 3 个或 4 个阶段。大陆裂谷阶段一般均以河湖相碎屑岩或火山碎屑岩沉积为主；红海型裂谷主要以蒸发岩沉积为特征；窄大洋期间因裂谷肩消失，碎屑物可搬运至深海盆，从而在深水区形成浊积与半远洋沉积的互层；大西洋阶段主要在陆基上形成厚层浊积和以细层理为特征的平积层。

尽管不同地区大西洋被动边缘盆地形成的起始时间有别，其沉积充填物也各具特色，但大体上可划分 4 组[7]。

（1）前断陷层序：此层序或为结晶基岩，例如坎波斯盆地和尼日尔三角洲的结晶基底；或是上古生界和下中生界剥蚀残余物构成的地层，例如西非的加蓬、下刚果和澳大利亚西北大陆架诸盆地上古生界和下中生界。而加拿大和美国东海岸的前断陷层序，是由古生代会聚边缘变质的古生界剥蚀残余物组成。

（2）断陷层序：此类沉积一般分布在冈瓦纳和劳亚古陆边缘狭长、没有海水影响的盆地中。因此该层序为河流三角洲和湖相碎屑岩，常有辉绿岩和玄武岩侵入。而澳大利亚西北大陆架的晚三叠世断陷层序为外陆架—开阔海相碎屑岩。从年代分布上看，北美东海岸、澳大利亚西北大陆架断陷层序为上三叠统—下侏罗统；而南大西洋，从南—北为早白垩世—晚白垩世早期的充填物（图 1-10），最厚可达 6km，但目前尚无一个盆地钻穿，且不同地区厚度不尽相同，坎波斯盆地 4km、加蓬盆地 5km，北美东海岸 6km，澳大利亚西北大陆架 2.5km。

（3）早期漂移层序—过渡层序：该层序是在断陷作用结束后，断陷层序隆起、剥蚀及陆壳热收缩、塌陷和海底扩张期的产物。以区域性破裂不整合与下伏层接触，年代跨晚阿普特期—早阿尔布期。其沉积环境为海湾、半封闭间歇海湾，沉积序列由下而上为河流—浅海相砂岩和砾岩、湖相富含有机质的泥岩和页岩、浅水石灰岩及贝壳灰岩、石膏、盐岩。蒸发岩在北大西洋、南大西洋沿岸，包括坎波斯、加蓬、下刚果、墨西哥湾诸盆地均有分布。但尼日尔三角洲、澳大利亚西北大陆架沿岸则很少有蒸发岩发育。

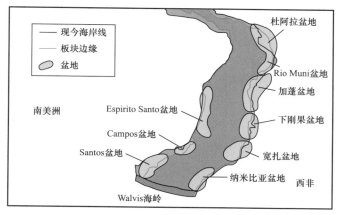

图 1-10 南大西洋早白垩世构造古地理重建[8]

（4）晚期漂移层序：该层序是在沿被动边缘陆壳继续衰减、热沉降、沉积加载、局部构造活动和海平面升降影响下沉积的。从总体上看表现为持续坳陷型充填物，其沉积环境主要为浅海陆架—深海平原相碎屑岩。在海平面上升时沉积在陆架区，而海平面下降时沉积在陆坡及深海平原区。年代从晚白垩世阿尔布期—现代，沉积岩性为浅海—深海相砂岩、泥岩、页岩及浅海石灰岩。石灰岩分布在低纬度的温带、热带，在南美的坎波斯盆地、桑托斯盆地，西非的加蓬盆地、刚果盆地均有分布。本层序一个重要特点是从晚白垩世—新近纪均有大范围海底扇和浊积岩体分布，从而构成此类盆地最重要的储集层系。

南大西洋中段分布的巨厚蒸发盐岩系对该区域的油气系统有明显的控制作用（图1-11）。阿普特期中晚期，南大西洋和北大西洋还没有连通。南大西洋中部的 Walvis 海岭对大洋海水循环具有阻隔作用，因此，南大西洋北部盆地就处于一个半封闭浅水环境，加上当时构造沉降相对缓慢、气候温暖干燥和蒸发作用强（处于赤道附近），在大西洋北部盆地发育了巨厚的蒸发盐岩沉积。盐盆从西非安哥拉岸外的 Walvis 海岭向北穿过下刚果盆地、加蓬盆地和赤道几内亚盆地，最后消失在喀麦隆岸外的杜阿拉盆地。

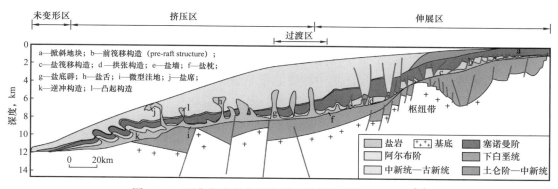

图 1-11 西非海岸盐盆地横剖面及其构造分区示意图[9]

阿普特期形成的蒸发盐岩层序是属于海陆过渡相的沉积，其分布也不均匀。整体来说盐盆中部的层序发育巨厚，两边比较薄；由陆向海方向，盐层序的厚度为总体减薄趋势，直到尖灭在新生洋壳之上。该层序阻碍了下部油气向上运移，对于油气保存起到关键作用，是盐下油气系统的良好盖层。

阿普特期盐岩层的存在使得盐下和盐上形成了两套相对独立的含油气系统，但以盐上为主。在近岸相对较厚的盐岩层盆地中，由于很少有断层切穿盐层，而使得盐下和盐上含油气系统具有"自生自储"的特点，而在断裂活动较强、盐层较薄的深水盆地中，因刺穿构造使得盐下层油气再次运移，形成"下生上储"油气系统。盐下含油气系统以湖相泥（页）岩为烃源岩，储层为河流—三角洲相及滨岸砂岩相，盖层为阿普特期蒸发岩；盐上层烃源岩为海相泥（页）岩，少数存在盐下层的烃类物质，储层以浊积砂岩储层为主，盖层为相应时期发育的泥（页）岩。

南大西洋含盐盆地含油气系统由陆向海方向呈现规律性的变化。近岸地区裂谷期层序和过渡期盐层序发育，构造活动较强烈，圈闭类型多样，晚期三角洲比较发育；向海方向，裂谷层序和盐层序逐渐减薄直至消失，其主要的圈闭类型是与深水沉积相关的远端扇、浊积岩、水道等地层岩性圈闭。

南美洲东部的被动大陆边缘盆地是伴随早白垩世冈瓦纳大陆的解体而形成的，经历了前裂谷期、同裂谷期、过渡期、后漂移期4个阶段，发育了多套生储盖组合。其中同裂谷期的湖相烃源岩为最重要的烃源岩，过渡期发育的盐岩层对油气的成藏起着关键作用。近年来，发现的大油气田均位于盐下同裂谷期的陆相碎屑岩和湖相碳酸盐岩储层中。南美洲被动大陆边缘包括20多个盆地，油气主要聚集于白垩系、古近系和新近系，是南美洲一种重要的含油气盆地类型。在被动陆缘盆地中，发育有蒸发岩的盆地油气更为富集，坎波斯盆地和桑托斯盆地是这类盆地的典型代表（图1–12、图1–13）。

南美洲被动大陆边缘近年来取得了显著的油气勘探成果。其中，2008年在桑托斯盆地发现了3个大型油气田，分别为Iara油田（估计拥有石油储量35×10^8bbl油当量）、Jupiter气田（油气储量为33.6×10^8bbl油当量）、Guara气田（油气储量为10.83×10^8bbl油当量）；2006年在盆地内发现的Tupi油田储量为65.25×10^8bbl油当量。

过渡阶段都发育有盐岩层是4个盆地的一个共同特点（图1–14），桑托斯盆地内发现的4大油气田的含油气层都位于盐下的裂谷层序内。可以看出，在南美洲被动大陆边缘，盐岩对于油气的聚集有着特殊的意义。

盐岩蠕变造成的断层，形成了油气运移通道。在差异压实作用下，塑性盐岩顺向构造高部位（压力低部位）流动和局部集中，使上覆地层发生隆起。在隆起的过程中，油气沿膏泥岩蠕变形成的断层运移、聚集形成油气藏。另外盐运动所致盐柱的持续上升，可以使高压生烃泥岩体上面的致密"壳"发生拱张，形成开启的裂缝，从而使其中的烃类流体向上运移。盐构造附近，由于盐度和温度的共同影响，引起流体的密度差，形成自由对流，导致油气的运移。

盐构造为盐下圈闭的保存提供了良好的条件。在构造强烈挤压的过程中，盐下圈闭的应力得以释放，使得高幅度构造不易遭到破坏，从而有利于形成大型圈闭。

盐岩作为盖层，其排替压力是最大的，盐岩是蒸发岩，岩性致密，孔喉几乎不发育，盐岩盖层对油气具有较强的封盖能力。厚层盐岩可以作为良好的区域盖层。

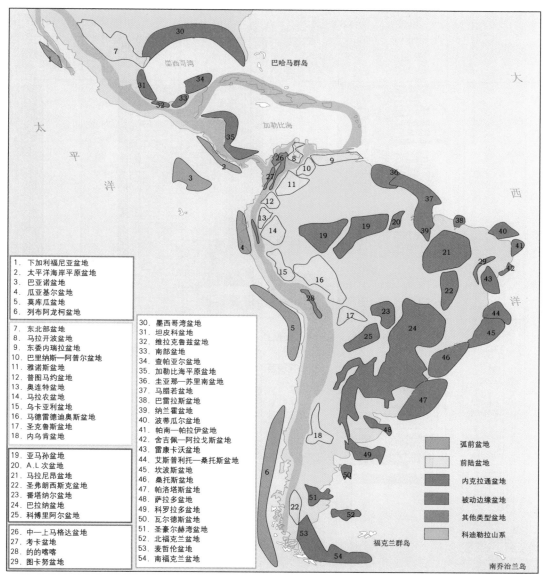

1. 下加利福尼亚盆地
2. 太平洋海岸平原盆地
3. 巴亚诺盆地
4. 瓜亚基尔盆地
5. 莫库瓜盆地
6. 列布阿龙柯盆地

7. 东北部盆地
8. 马拉开波盆地
9. 东委内瑞拉盆地
10. 巴里纳斯—阿普尔盆地
11. 雅诺斯盆地
12. 普图马约盆地
13. 奥连特盆地
14. 马拉农盆地
15. 乌卡亚利盆地
16. 马德雷德迪奥斯盆地
17. 圣克鲁斯盆地
18. 内乌肯盆地

19. 亚马孙盆地
20. A.L 次盆地
21. 马拉尼昂盆地
22. 圣弗朗西斯克盆地
23. 番塔纳尔盆地
24. 巴拉纳盆地
25. 科博里阿尔盆地

26. 中—上马格达盆地
27. 考卡盆地
28. 的的喀喀
29. 图卡努盆地

30. 墨西哥湾盆地
31. 坦皮科盆地
32. 维拉克鲁兹盆地
33. 南部盆地
34. 查帕亚尔盆地
35. 加勒比海平原盆地
36. 圭亚那—苏里南盆地
37. 马腊若盆地
38. 巴雷拉斯盆地
39. 纳兰霍盆地
40. 波蒂瓜尔盆地
41. 帕南—帕拉伊盆地
42. 舍吉佩—阿拉戈斯盆地
43. 雷康卡沃盆地
44. 艾斯普利托—桑托斯盆地
45. 坎波斯盆地
46. 桑托斯盆地
47. 帕洛塔斯盆地
48. 萨拉多盆地
49. 科罗拉多盆地
50. 瓦尔德斯盆地
51. 圣豪尔赫湾盆地
52. 北福克兰盆地
53. 麦哲伦盆地
54. 南福克兰盆地

弧前盆地
前陆盆地
内克拉通盆地
被动边缘盆地
其他类型盆地
科迪勒拉山系

图 1-12　南美洲主要沉积盆地类型及分布（据陶崇智，2011）

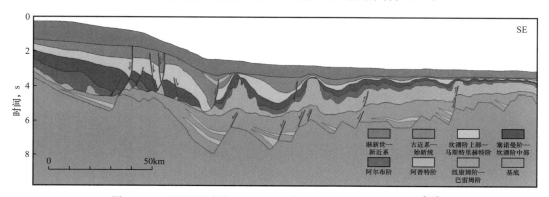

渐新世—新近系
古近系—始新统
坎潘阶上部—马斯特里赫特阶
塞诺曼阶—坎潘阶中部
阿尔布阶
阿普特阶
纽康姆阶—巴雷姆阶
基底

图 1-13　过巴西桑托斯（Santos）盆地中部层序分析剖面图[10]

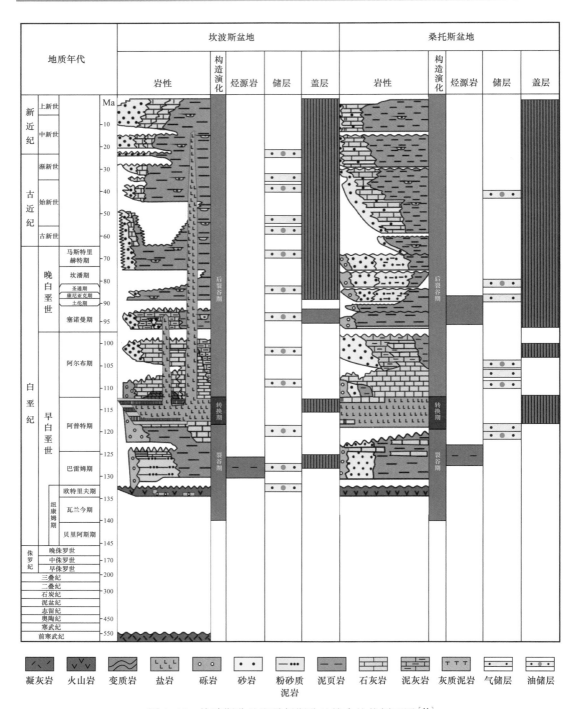

图 1-14　坎波斯盆地和桑托斯盆地综合柱状剖面图[11]

　　盐岩的发育有利于油气的生成、运聚和保存，南美洲被动大陆边缘盆地中盐岩发育的地区油气富集程度明显高于盐岩不发育的南部、北部地区。在盐间和岩性相变带寻找隐蔽性油气藏具有广阔的前景。厚层、广泛分布的盐层可以发育盐底辟构造，配合裂谷期的烃源岩层，可形成大型或者特大型油气藏。盐上、盐下的储层距烃源岩的远近不同，地层孔隙流体压力高低差异很大，造成油气聚集和封闭、保存条件也有一定的差异，大中型油藏大都形成在盐下的高压系统之中；盐上常压系统，油气聚集和保存条件相对差一些。

坎波斯盆地早期油气发现主要集中在 Macae 组的碳酸盐岩和 Lagoa Feia 组下伏玄武岩储层中。Lagoa Feia 组泥岩和蒸发岩，以及 Campos 组页岩是稳定的区域盖层。近期的油气发现主要集中在 Campos 组的浊积岩储层中，孔隙度高达 20%～30%，渗透性更可达1～5D。Campos 组与浊积岩互层的泥岩为盖层。盆地内强烈的盐运动在油气运移和成藏过程中起着至关重要的作用。下白垩统 Lagoa Feia 组烃源岩中新世时进入生烃高峰，盐运动形成的盐丘刺穿上覆的蒸发岩地层，为 Lagoa Feia 组生成的油气运移进入上覆浊积岩储层打开了通道。位于盐上和盐下的断层和不整合面沟通油气进入储层，并最终在与盐运动有关的即构造—地层型或构造—遮挡型复合圈闭中聚集成藏（图 1–15）。该盆地的石油地质特征和成藏模式是巴西东部众多被动边缘盆地的典型代表。

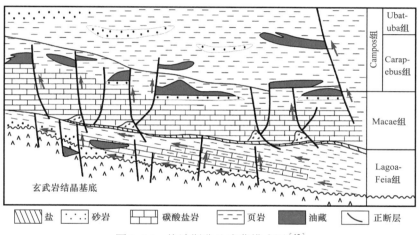

图 1–15 坎波斯盆地成藏模式图[12]

2. 克拉通型含盐盆地石油地质特征

克拉通型含盐盆地主要分布于大型克拉通内部，如东西伯利亚盆地早寒武世—前寒武纪盆地、东欧克拉通的莫斯科盆地、哈萨克板块的楚河—萨雷苏盆地、北美克拉通的威利斯顿盆地、南美克拉通的亚马孙盆地、北非的锡尔特盆地、澳大利亚的 Amadeus 盆地等。这些盆地以古生界为主，经历漫长的演化过程，破坏较严重，但若盐层得以保存，盐下油气藏就不易被完全破坏。东西伯利亚是这类盆地的典型代表。

东西伯利亚盆地地层从新元古代里菲纪开始沉积。里菲系主要是白云岩及盆地边缘的盆地相泥岩，总厚度达 3000m。文德系以超覆型砂岩为主。寒武系碳酸盐岩发育，厚度达数百米，特别是下寒武统上部发育一套盐岩层，是上元古界油气藏的主要区域盖层（图1–16、图 1–17）。

总体看来，文德—寒武纪是一个完整的海进海退旋回（图 1–18），在这个大旋回背景下，振荡性的构造运动导致海平面升降，构成次一级的海进海退旋回。这种旋回性与当时

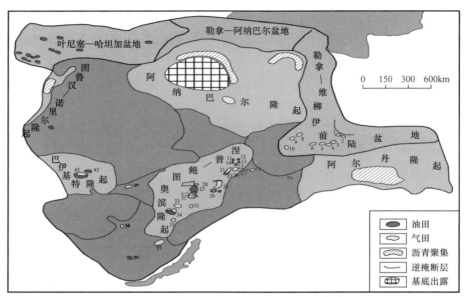

图 1-16   东西伯利亚盆地构造区划图[13]

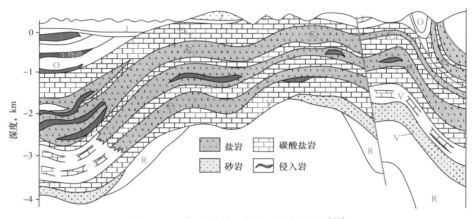

图 1-17   东西伯利亚盆地地质剖面图[14]

的有利构造条件和气候条件相结合，形成了良好的生储盖组合。目前，西伯利亚地台上发现的绝大多数油气田属该沉积旋回范畴。

主要烃源岩是里菲系缺氧环境下的泥岩沉积。有机碳含量最大可达 12%。烃源岩在靠近拜基特台背斜地区于里菲纪已进入主要生油窗，文德纪开始该套地层发生褶皱运动，早期形成的油气藏遭受破坏。贝加尔—帕托姆里菲系生烃灶上里菲统烃源岩在文德纪和寒武纪依次进入主力生油带和下部生气带。此时涅帕—鲍图奥巴台背斜开始形成，使该生烃灶的油气沿斜坡向隆起运移聚集。

主要储层为文德系砂岩，其次为遭受侵蚀的里菲系碳酸盐岩、保存完好的下寒武统碳酸盐岩（图 1-19）。下寒武统三套蒸发岩是区域盖层。

圈闭类型多样，主要有岩性地层、背斜及断块圈闭（图 1-20）。截至目前盐下累计发现油气藏 236 个，总探明可采储量 32×10^8t 油当量。

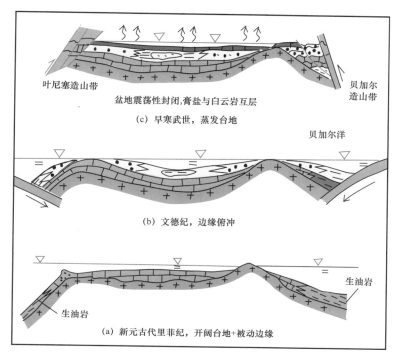

叶尼塞造山带　　　　　　　　　　　　　贝加尔造山带

盆地震荡性封闭,膏盐与白云岩互层

(c) 早寒武世,蒸发台地

贝加尔洋

(b) 文德纪,边缘俯冲

生油岩

生油岩

(a) 新元古代里菲纪,开阔台地+被动边缘

图 1-18　东西伯利亚盆地元古宙—早古生代构造沉积图

岩性柱状图	油气层		地层	
	代码	油气层名称		
	Б₁	奥欣层Ⅰ	乌索尔组	寒武系
	Б₂	奥欣层Ⅱ		
	Б₃₋₄	乌斯奇—库特Ⅰ	杰杰尔组	下寒武统或文德系
	Б₅	乌斯奇—库特Ⅱ		
			索宾组	文德系
			卡丹克组	
	Б₁₂	普列奥勃拉任		
	Б₁₃	叶尔巴卡乔	基尔组	
	B₅	鲍图奥滨		
	B₁₀	上乔	涅普组	
	B₁₃	上乔		
	B₁₄	维柳昌		

里菲系
太古宇—元古宇

图 1-19　东西伯利亚盆地主要储层

圈闭类型			实例			
类型	储层形态	主控因素	油气田	油气层	平面图	剖面图
岩性地层圈闭	层状	岩性封闭	达尼洛夫	Б₁、Б₄	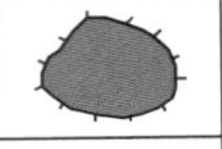	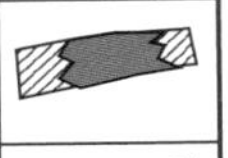
			杜里斯明	B₁₃		
		岩性遮挡	马尔科夫、上乔	B₅		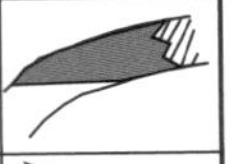
			达尼洛夫	Б₁、Б₅		
		岩性—地层遮挡	雅拉克金、杜里斯明	B₁₀	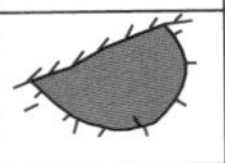	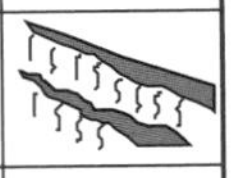
			达尼洛夫、上乔	B₁₃		
	块状	地层遮挡	恰扬金	B₁₄	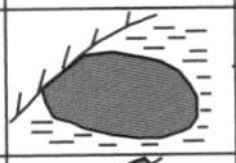	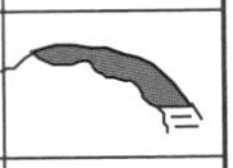
		岩性封闭	马尔科夫	Б₁	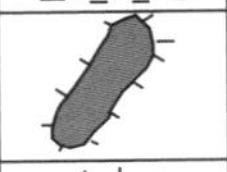	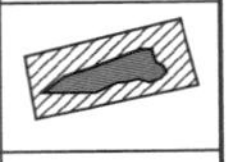
构造圈闭	层状	背斜—岩性	上维柳昌	B₆	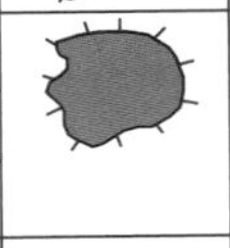	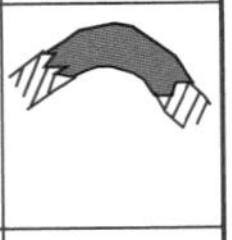
			塔拉坎	B₁₀		
			伊克捷赫	B₅		
		断层遮挡	阿扬	B₃	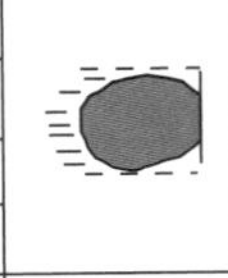	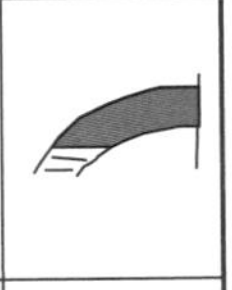
			上乔	Б₁₂、B₁₀		
			中鲍图奥滨	B₅		
			塔斯—尤里亚赫	B₁₂		
		背斜	上维柳昌	Б₄、B₁₀	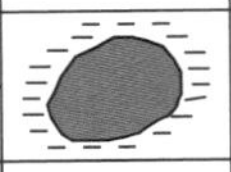	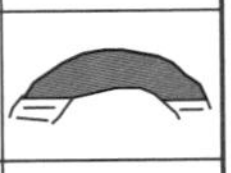
			维柳伊—杰尔滨	Б₃		
	块状	背斜—岩性	中鲍图奥滨	Б₁	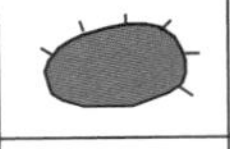	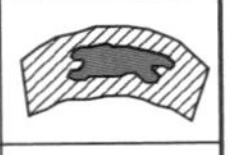
		断层遮挡	上维柳昌	B₁₄	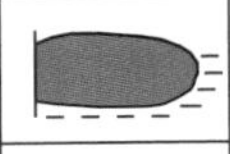	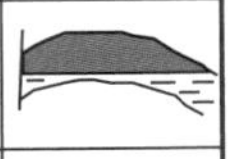
		背斜	维柳伊—杰尔滨	B₁₄	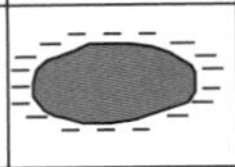	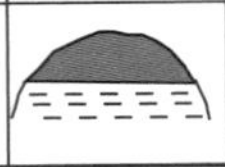

图 1-20　东西伯利亚盆地油气藏类型

3. 前陆型含盐盆地石油地质特征

前陆型含盐盆地主要发育于大型克拉通边缘，如东欧克拉通东缘的滨里海、伏尔加—乌拉尔、蒂曼—伯朝拉盆地；土兰新地块南缘的阿姆河及塔吉克盆地；北美克拉通周缘；阿拉伯板块北缘的波斯湾（扎格罗斯山前）盆地等。

滨里海盆地面积 $50 \times 10^4 km^2$，位于东欧克拉通（也称俄罗斯地台）东南缘，基底为前寒武系变质岩，最大埋深达 20km（图 1-21）。盆地晚古生代整体坳陷，中部沉积盆地相泥岩，是主要烃源岩系。盆地边缘发育碳酸盐岩台地和生物礁，是主要的储集岩系。早二叠世晚期（空谷期，Kungurian），由于乌拉尔洋关闭，形成巨厚蒸发岩（图 1-22）。晚二叠世—中生代又一次整体坳陷，沉积滨海相为主的碎屑岩。

主要油源岩是与盆地边缘上古生界碳酸盐岩台地沉积同年代的盆地相黑色页岩。盐下层系的上泥盆统、下石炭统—中石炭统和下二叠统海相页岩和碳酸盐岩是盐下最主要的烃源岩。此外，盐上层系中最有生烃潜力的应当是中—晚侏罗世的泥岩。

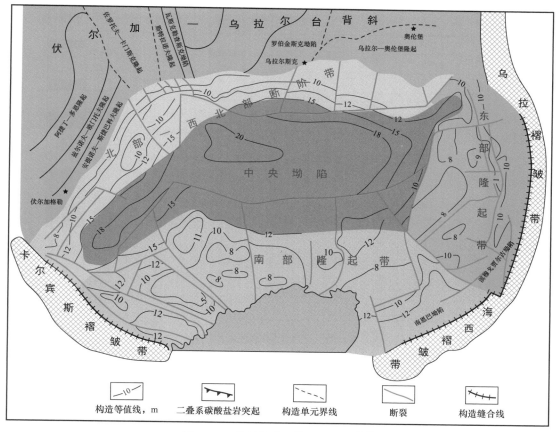

图 1-21　滨里海盆地构造纲要图[15]

下二叠统盆地相泥岩的总有机碳（TOC）含量为 1.3%～3.2%，氢指数（HI）300～400mg/g。卡拉恰甘纳克油气田的下二叠统黑色页岩 TOC 含量高达 10%。盆地东缘烃源岩主要为下石炭统盆地相黑色页岩，其 TOC 含量为 7.8%。盆地东南缘烃源岩主要为中泥盆统和下石炭统的黑色页岩，测量的 TOC 含量 0.1%～7.8%、平均 0.75%，属于 Ⅱ、Ⅲ 型干酪根，氢指数 100～450mg/g。尽管数据比较少，但所有边缘烃源岩的 TOC 含量和盆地相页岩硅含量均较高，且伽马值也较高，这些都是深水缺氧黑色页岩相的典型特征。滨里海边缘地区已发现的大规模油气聚集均与此有关，这几套烃源岩叠置后几乎全盆地分布（图 1-23）。

已证实的储层在中泥盆统到中新统中都有（表 1-4），其中最重要的储层也是在盐下层系。盆地东南部的恩巴地区和北部斜坡区，中—晚泥盆世的碎屑岩—碳酸盐岩是主要的储层；上泥盆统—亚丁斯克阶的碳酸盐岩储层是盆地北部、东部和南部的重要储层，它们往往形成大型的碳酸盐岩台地。

依据油气圈闭构造特征，盐下油气藏主要为礁块型（如卡拉恰甘纳克油气田）和背斜型（如阿斯特拉罕凝析气田）（图 1-24），少数为单斜型、地层—岩性型，也有与不整合有关的油气藏。

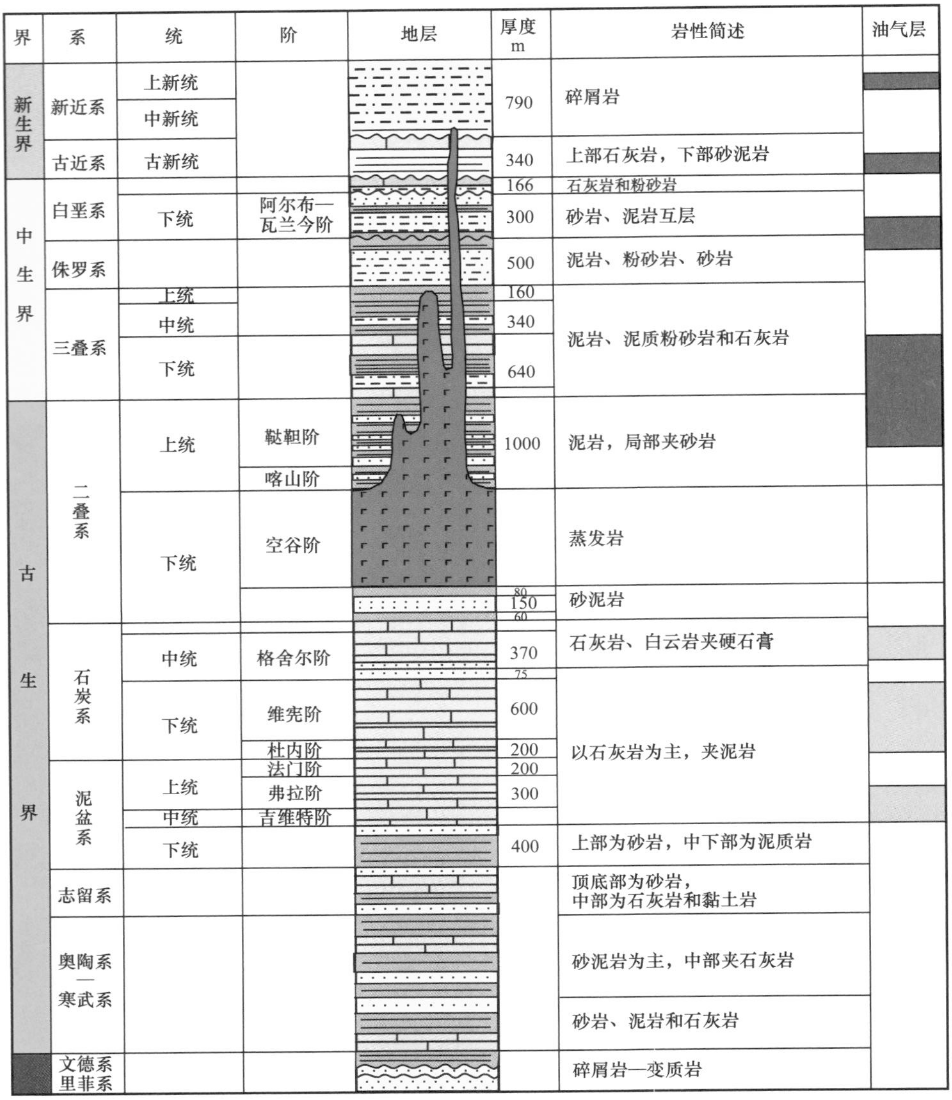

界	系	统	阶	地层	厚度 m	岩性简述	油气层
新生界	新近系	上新统			790	碎屑岩	
		中新统					
	古近系	古新统			340	上部石灰岩，下部砂泥岩	
中生界	白垩系	下统	阿尔布—瓦兰今阶		166	石灰岩和粉砂岩	
					300	砂岩、泥岩互层	
	侏罗系				500	泥岩、粉砂岩、砂岩	
	三叠系	上统			160	泥岩、泥质粉砂岩和石灰岩	
		中统			340		
		下统			640		
古生界	二叠系	上统	鞑靼阶		1000	泥岩，局部夹砂岩	
			喀山阶				
		下统	空谷阶			蒸发岩	
					80 150 60	砂泥岩	
	石炭系	中统	格舍尔阶		370 75	石灰岩、白云岩夹硬石膏	
		下统	维宪阶		600	以石灰岩为主，夹泥岩	
			杜内阶		200		
	泥盆系	上统	法门阶		200		
			弗拉阶		300		
		中统	吉维特阶				
		下统			400	上部为砂岩，中下部为泥质岩	
	志留系					顶底部为砂岩，中部为石灰岩和黏土岩	
	奥陶系—寒武系					砂泥岩为主，中部夹石灰岩	
						砂岩、泥岩和石灰岩	
	文德系 里菲系					碎屑岩—变质岩	

图1-22　滨里海盆地地层柱状图[16]

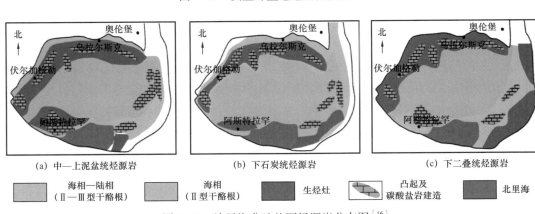

(a) 中—上泥盆统烃源岩　　(b) 下石炭统烃源岩　　(c) 下二叠统烃源岩

海相—陆相（Ⅱ—Ⅲ型干酪根）　　海相（Ⅱ型干酪根）　　生烃灶　　凸起及碳酸盐岩建造　　北里海

图1-23　滨里海盆地盐下烃源岩分布图[16]

表 1-4　滨里海盆地主要储层及其基本特征[17]

储层	孔隙度，%	渗透率，mD	厚度，m
上新统砂岩	10～40		120
古近系砂岩	11.0～25.2	187	25～205
白垩系砂岩	11～45	4～9718	6～508
侏罗系砂岩	6～44	2～9805	15～1000
上二叠统—三叠系砂岩	8～40	1～2024	5～3500
盐内碳酸盐岩	6.0～14.0	1～255	10～260
盐下莫斯科阶（C₂）—亚丁斯克阶（P₁）碳酸盐岩	1～38	1～1800	50～1000
盐下维宪阶（C₁）—巴什基尔阶（C₂）碳酸盐岩	1.0～24.0	1～173	50～1600
盐下法门阶（D₃）—杜内阶（C₁）碳酸盐岩	2～33	7～73	150～1500
盐下中泥盆统砂岩	1～33	4～700	10～230

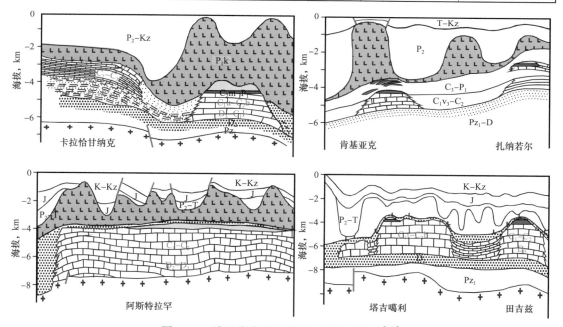

图 1-24　滨里海盆地盐下油气藏圈闭类型[17]

阿姆河盆地面积 $30 \times 10^4 km^2$，位于中亚古生代形成的土兰地台南缘，属于中生代裂陷—坳陷盆地，新近纪南缘叠置前陆盆地（图 1-25、图 1-26）。

基岩为前中生代褶皱，三叠纪在初始裂陷基础上局部沉积含砾碎屑岩，早—中侏罗世发育滨海相泥岩及煤系，盆地周边夹砂岩，是主要的生油气岩系。晚侏罗世卡洛夫—牛津阶广泛沉积碳酸盐岩，盆地中—北部发育堤礁和点礁，是主要的储层。该层之上发育一套蒸发岩，由三层石膏夹两套盐岩组成，厚度 300～500m，向盆地边缘减薄并逐渐尖灭。盐层之上为白垩系和古近系砂泥岩沉积。

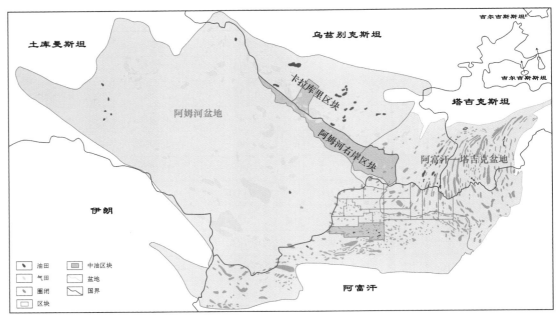

图 1-25 阿姆河及阿富汗—塔吉克盆地油气分布图

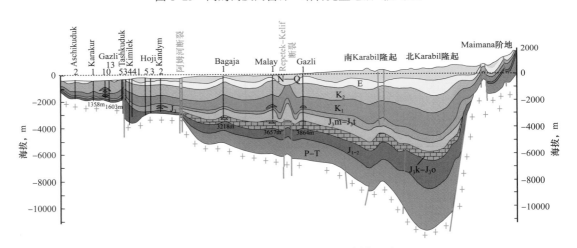

图 1-26 阿姆河盆地南北向地质剖面图

盆地发育两套烃源岩，分别是中—下侏罗统腐殖质型有机质的泥岩和卡洛夫—牛津阶深水海相黑色泥岩（含腐泥质干酪根）。两套烃源岩在阿姆河盆地大多数区域处于生气窗。下白垩统沉积物是否为本地烃源岩至今还存在不同的观点。推测主要生烃灶如图所示（图 1-27）。综合研究认为，主要烃源岩为中—下侏罗统。

已证实的油气储层为中—下侏罗统（碎屑岩），上侏罗统（主要是碳酸盐岩），白垩系（主要是碎屑岩），古新统（碳酸盐岩）。卡洛夫—牛津阶碳酸盐岩包括礁储层，以及下白垩统沙特雷克层砂岩是盆地中最重要的储层。

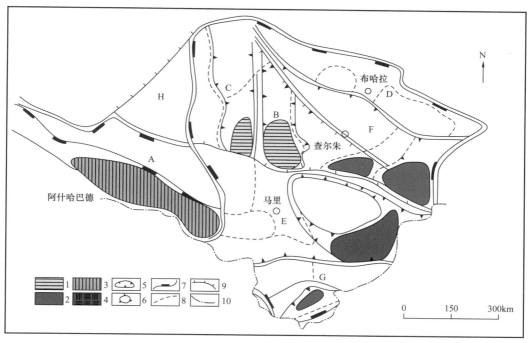

图 1-27 阿姆河盆地烃源岩分布示意图[18]

1—中—下侏罗统烃源岩；2—上侏罗统烃源岩；3—下白垩统烃源岩；4—中—下侏罗统与上侏罗统烃源岩；

5—坳陷；6—隆起；7—一级构造单元；8—次级构造单元；9—断层；10—国界线；A—科佩特山前坳陷；

B—扎翁古兹坳陷；C—别乌尔杰希克—希文坳陷；D—布哈拉阶地；E—穆尔加布坳陷；

F—查尔朱阶地；G—巴德赫兹—卡拉比尔坳陷；H—中央卡拉库姆隆起

盆地内盖层发育，共有两套区域型盖层和三套局部盖层。区域型盖层为：（1）上侏罗统钦莫利—提塘阶盐膏岩层，厚度 400～500m，中部最厚达 1200m。该层分布广泛，封闭条件好，主要封闭了卡洛夫—牛津阶碳酸盐岩储层中的天然气。但盐墙处形成了新的运移通道。（2）下白垩统阿尔布阶泥岩盖层分布也很广泛，主要封闭了下白垩统阿普特阶和尼欧克姆阶碎屑岩储层中的天然气。盆地内的局部性盖层为下白垩统尼欧克姆阶中部和土仑阶上部以及古近系上部泥页岩。

阿姆河盆地圈闭类型主要包括生物礁（图 1-28）、构造圈闭、地层圈闭。据统计，已发现的油气田绝大多数属于构造圈闭或者构造与古地形圈闭复合类型。盆地中最大的构造圈闭是典型的长轴背斜，沿断裂带分布，但背斜本身没有断裂。大型的构造圈闭如位于布哈拉阶地的巨型加兹利气田（图 1-29）。所有已知的构造圈闭和复合类型的圈闭基本是在新近纪—第四纪构造变形期形成的。

4. 含盐盆地油气成藏组合特点

（1）含盐盆地的烃源岩主要为海相泥页岩和碳酸盐岩。烃源岩有机质丰度普遍较高，类型多以Ⅰ型和Ⅱ型为主。由于盐下地层埋藏深度普遍较大，且其沉积和埋藏年代久远，所以绝大多数烃源岩达到了大量生油气阶段，为油气藏的形成提供丰富的物质基础。

在滨里海盆地，泥盆系—下二叠统（D_2—P_2）具有很大的生烃能力。其中石炭系泥岩的有机碳含量平均为 2.4%～5.4%，R_o 为 0.65%～1.16%，古地温为 125～200℃。表明该区盐下石炭统烃源岩处于有机质生烃的成熟阶段，地温条件有利于油气生成。

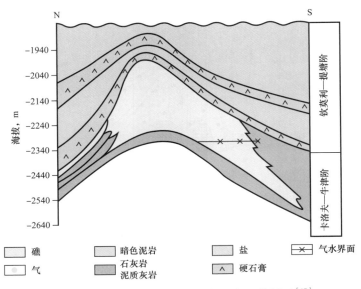

图 1-28　阿姆河盆地乌尔塔布拉克气田横剖面[17]

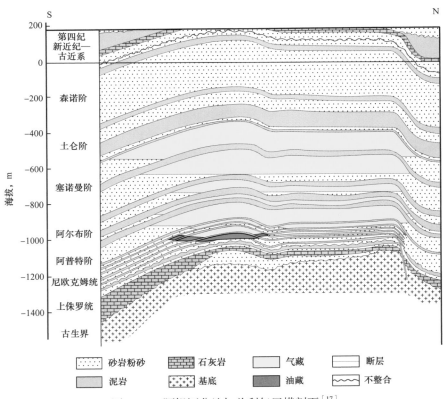

图 1-29　阿姆河盆地加兹利气田横剖面[17]

桑托斯盆地主要烃源岩为白垩系（K）尼欧克姆—巴列姆阶 Guaratiba 组湖相页岩，在盆地内分布广泛，以 Ⅱ 型干酪根为主。有机碳含量平均为 2%～6%，局部达 9%，R_o 值为 0.6%～1.0%，生烃潜力超过 10mg/g，HI 可高达 900mg/mg。

而中国塔里木盆地寒武系盐下油气藏碳酸盐岩类烃源岩有机碳平均含量为 0.42%，最高为 21.53%，R_o 为 1.6%～3%，古地温为 125～200℃，为成熟型和过成熟型。由于盐下独特的地质演化背景，使得盐下烃源岩普遍存在有机质丰度高、类型好、生烃物质基础雄厚等特点，这样的生烃条件为盐下油气成藏提供了丰富的油气来源。

（2）油气储层主要发育在碳酸盐岩和碎屑岩中，其中已发现的盐下含油气层系以碳酸盐岩储层居多。其储层的主要储集和渗滤空间为粒间孔隙和溶蚀孔洞、裂缝。

如中国塔里木盆地寒武系盐下储层的岩性主要为灰、深灰色厚层块状微—中晶白云岩，在盆地多期地质热事件中，热液流体沿裂缝、层理、不整合面及其他孔隙进入储层，产生大量的微小溶蚀孔洞（塔中 1 井、塔中 18 井、中 1 井、中 4 井等均可见），储层物性得到明显的改善，从而在热液通道两侧形成一定范围的溶蚀改造区，成为油气聚集的场所。

桑托斯盆地盐下储层主要发育在断陷湖盆水下古隆起上的碳酸盐岩堤坝、生物碎屑滩的生物碎屑灰岩中。该生物碎屑灰岩呈中—厚层状，厚度为 30～70m；其储集空间主要为粒间孔隙、粒内孔隙、粒间溶孔、溶洞和溶缝等。由于后期成岩作用及构造作用的改造，储层的孔隙度为 12%～15%，渗透率平均在 $120×10^{-3}\mu m^2$ 左右，为一套优质的盐下碳酸盐岩储层。

（3）含盐盆地最主要的盖层为盐膏地层，其次为泥质岩类。Klemme H.D. 对世界上 334 个大油田进行研究，其中以石膏、盐岩为盖层的油田占三分之一。根据对世界上大型油气田盖层的岩性统计结果显示，盐（膏）岩是常规油气资源的主要盖层。尽管泥页岩盖层分布广、比例大（>80%），但被其所封盖的石油储量仅占世界石油储量的 22%；而仅占 8% 面积的盐（膏）盖层所封盖的油气储量却达到 55%。由此可见，盐岩是最好的油气藏区域盖层，含盐盆地盐下易于形成大型、特大型油气田。与泥质岩类、碳酸盐岩类盖层相比，膏盐层由于其矿物组成和排列决定了它不仅具有低孔低渗特征，且盐岩的排替压力高、韧性大、厚度大，所以具有物性和超压双重封闭机制，体现良好的封闭性能。

中国西南滇黔桂等地区中—下三叠统膏岩的孔隙度为 0.1%～0.3%，渗透率极低，最大喉道半径小于 1.8nm，岩性致密，具有较高的排替压力。我国塔里木盆地克拉 2 井中含盐膏泥岩盖层的突破压力高于 60MPa，由于盖层厚度大，地层压力高，且具有双重封闭机制（毛细管力和异常高压）。使其成为该区带非常优质的区域盖层，它具有区域稳定分布、持续性好，且封闭性强的特点，能够与下伏的储层和烃源岩共同形成良好的空间配置关系。

在滨里海和阿姆河等盆地，盐直接覆盖礁体和碳酸盐岩储层，形成巨型油气田。特别是在滨里海盆地，其主要盖层为早二叠世空谷阶的蒸发岩，该盐层覆盖了盆地的大部分地区，且变形为众多的盐丘。勘探实践证实，滨里海盆地周边的油气资源主要分布在盐下层系，发现了多个大型或者巨型油气田，如田吉兹、卡拉恰甘纳克、阿斯特拉罕、肯基亚克等油气田。

由于膏盐层复杂的变形样式，还可形成各种特殊的遮挡方式，包括侧向遮挡和顶部封闭。膏盐层一方面可控制油气的垂向分布；另一方面，由于其岩性横向上的变化，致密盐膏也可对砂岩上倾方向起到侧向封堵作用。

（4）与常规盆地的含油气系统相对比，含盐盆地中发育的油气田在成藏要素和成藏机理等方面存在很大差异，这均与盐层有密切关系。前人一般根据盐盖层的发育位置，简单地划分为盐上含油气系统和盐下含油气系统。但实际上，含盐盆地由于具有特殊的运移通道，油气系统极其复杂，此类问题将在后面章节详细讨论。

二、盐构造分类

许多含盐盆地中形成了大型或特大型油气田。如美国墨西哥湾 70% 以上的油气都产于盐构造相关圈闭中，滨里海盆地大型盐下礁体发现的储量占全盆地储量的 90%。我国境内的渤海湾、塔里木、四川、江汉等油田也都发现了与盐构造相关的含油气圈闭。

含盐盆地盐构造变形特征对油气成藏具有重要控制作用，其影响贯穿油气生成、运移、聚集和保存的整个过程。盐构造对油气的控制作用表现在多个方面，包括盖层、储层、圈闭、输导体系流体性质等静态要素，同时还影响成藏动力学和运动学等动态过程。另外，高速膏盐层还影响勘探资料的采集处理和后续圈闭评价，进而对勘探技术提出更高要求。因此，搞清盐构造形变机制与过程对油气勘探具有重要意义。

所谓盐构造，是指盐和其他蒸发岩作为塑性体卷入构造变形，盐膏岩与周围地层共同作用，形成诸如盐枕、盐背斜、盐滚、盐底辟、盐墙等构造形态的总称（图 1-30）。

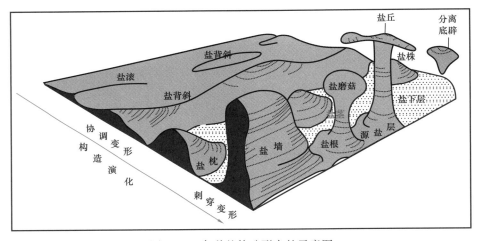

图 1-30　各种盐构造形态的示意图

盐层在埋藏过程中的密度反转形成的上浮力、上覆层横向上沉积相或厚度的变化形成的差异负载作用，以及基底层、盐层和上覆层的构造挤压或拉张作用等都会诱发盐层塑性流动并形成种类繁多的盐构造，同时也会形成与这些盐构造有关的各类圈闭。在滨里海、巴西桑托斯、红海、塔吉克等盆地主要发育盐丘，而阿姆河盆地大部分地区以膏盐层内部变形为主，只在区域大断裂处形成盐墙（图 1-31）。墨西哥湾不仅发育各类盐丘，且经常形成"无根"的上侵盐构造。中东的多套盐层由于常夹持在"较硬"的碳酸盐岩之中而变形较弱。

按照盐构造发育的位置和形状，综合多数含盐盆地的盐丘刻画，将含盐盆地盐构造分为 16 种主要类型（图 1-32），包括三类盐底劈、盐株、盐悬挂体、外来盐席、岩床、分离盐株、盐枕、盐推覆体、盐滚、盐篷和盐缝合、盐筏、盐焊接和断层焊接、鱼尾构造、龟背和假龟背。

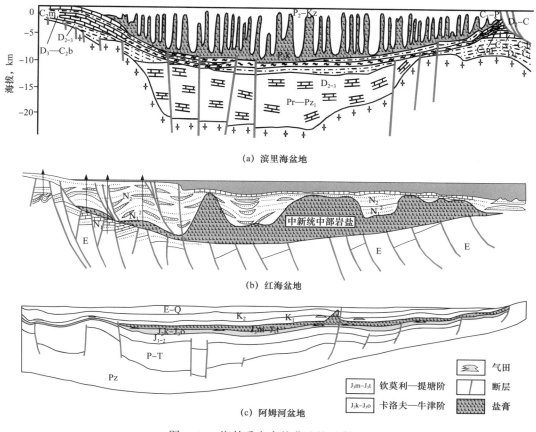

(a) 滨里海盆地

(b) 红海盆地

(c) 阿姆河盆地

图 1-31 海外重点含盐盆地盐丘类型

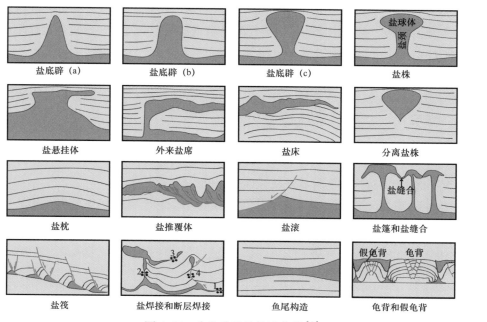

盐底辟 (a)	盐底辟 (b)	盐底辟 (c)	盐株
盐悬挂体	外来盐席	盐床	分离盐株
盐枕	盐推覆体	盐滚	盐篷和盐缝合
盐筏	盐焊接和断层焊接	鱼尾构造	龟背和假龟背

图 1-32 含盐盆地盐构造分类[2]

1. 盐底辟（salt diapir）

盐体与上覆层之间呈明显的不整合接触，盐体刺穿特征明显。按形态可分为向上变细型（upward-narrowing）、向上变粗型（upward-widening）和圆柱型（columnar）三类。该名词用法与盐丘相似，使用范围较广，有时可以泛指所有刺穿型盐构造。

2. 盐株（salt stock）

平面上呈圆形或椭圆形的颈状盐刺穿构造。

3. 盐悬挂体（salt overhang）

盐刺穿侧部或顶部向外延伸的周边盐体构成盐悬挂体。

4. 外来盐席（allochthonous saltsheet）

盐体侵入上覆层形成的席状构造，其宽度和厚度比值大于 5。

5. 盐床（salt sill）

宽度和厚度比值大于 20 的盐席。盐床顶部与上覆层一般是整合接触，而底部与下伏层呈轻微的不整合接触。

6. 分离盐株（detached saltstock）

与源盐层分离的盐株，平面形态近圆形，也称为泪珠状构造（teardrop structure）。

7. 盐枕（salt pillow）

长度远大于宽度的盐构造，与上覆层呈整合接触，整体属于协调变形。

8. 盐推覆体（salt nappe）

盐上地层以盐层作为滑脱拆离层，发生大规模位移形成的构造，其底部多发育逆冲断层。

9. 盐滚（salt roller）

一种低幅度、不对称的盐构造，一翼以整合的地层接触关系与上覆层接触，另一翼以正断层与上覆层接触。盐滚构造的发育可作为沿垂直盐滚走向发生过薄皮伸展作用的证据。

10. 盐篷（salt canopy）和盐缝合（salt suture）

盐球体或由其扩展形成的盐席部分或全部连接起来所形成的复合构造。根据组成要素，盐篷可进一步细分为盐墙盐篷、盐株盐篷和盐舌盐篷等。形成盐篷的盐构造之间的接合部位称为盐缝合。

11. 盐筏（salt raft）

一般位于薄盐层之上，并被地堑或半地堑所分割而形成筏状。

12. 盐焊接（salt weld）与断层焊接（fault weld）

由于盐层的塑性流动而造成原先被盐层分隔的上、下地层相互叠置在一起。根据焊接作用发生的时间和部位，可分为初次焊接、二次焊接和三次焊接。如果沿焊接面存在明显的断层作用，则称之为断层焊接。

13. 鱼尾构造（fish-tail structure）

是指盐顶和盐底两个滑脱层夹持的形似鱼尾状或喇叭口状的盐构造。

14. 龟背构造（turtle structure）与假龟背构造（mockturtle structure）

龟背构造是指随着盐枕核部发生底辟并突破其表面，其翼部发生沉降而在盐枕之间形成的背斜构造,其底部平缓。假龟背构造是指底辟沉降作用造成地堑反转而形成的背斜构造。龟背构造与假龟背构造的主要区别在于龟背构造是形成于底辟之间(而不是底辟顶部)。另外,假龟背构造的底部也缺失地层。

此外,还有盐舌(salt tongue,由单一盐茎提供盐源的高度不对称的席状盐体。当盐茎不清楚时,这种喷出的席状盐体统称为盐席)、盐球体(salt bulb,盐刺穿顶部的膨胀部分)和盐茎(salt stem,盐球体之下盐刺穿的细长部分)、盐墙(salt wall,狭长形的盐刺穿构造,剖面形态与盐底辟相似,在平面上一般呈波浪状平行排列)等称谓。

参 考 文 献

[1]马新华,华爱刚,李景明,等.含盐油气盆地[M].北京:石油工业出版社,2000.

[2]余一欣,郑俊章,汤良杰,等.滨里海盆地东缘中段盐构造变形特征[J].世界地质,2011,30(3):368-374.

[3]汤良杰,余一欣,陈书平,等.含油气盆地盐构造研究进展[J],地学前缘,2005,12(4):375-383.

[4]余一欣,周心怀,彭文绪,等.盐构造研究进展述评[J].大地构造与成矿学,2011,35(2),169-182.

[5]金之钧,周雁,云金表,等.我国海相地层膏盐岩盖层分布与近期油气勘探方向[J].石油与天然气地质,2010,31(6),715-724.

[6]Martin P A Jackson,Carlos Cramez,Jean-Michel Fonck.Role of subaerial volcanic rocks and mantle plumes in creation of South Atlantic margins:implications for salt tectonics and source rocks[J].Marine and Petroleum Geology,2000,17:477-498.

[7]郭建宇,郝洪文,李晓萍.南美洲被动大陆边缘盆地的油气地质特征[J].现代地质,2009,23(5):916-922.

[8]Kate B J,M R Mello.Petroleum Systems of South Atlantic Marginal basins-an overview[J]//M R Mello,B J Kate.Petroleum Systems of South Atlantic Margins,AAPG Memoir 73,2000:1-13.

[9]刘祚冬,李江海.西非被动大陆边缘含油气盐盆地构造背景及油气地质特征分析[J].海相油气地质,2009,14(3):46-52.

[10]Nicholas B,Harrisetal.The character and origin of lacustrine source rocks in the Lower Cretaceous synrift section,Congo Basin,West Africa[J].AAPG Bulletin,2004,88(8):1163-1184.

[11]陶崇智,邓超,白国平,等.巴西坎波斯盆地和桑托斯盆地油气分布差异及主控因素[J].吉林大学学报(地球科学版),2013,43(6):1753-1761.

[12]谢寅符,赵明章,杨福忠,等.拉丁美洲主要沉积盆地类型及典型含油气盆地石油地质特征[J].海外勘探,2009,14(1):65-73.

[13]康永尚,法贵方,尹锦涛,等.东西伯利亚盆地油砂成矿模式及资源潜力分析[J].大庆石油地质与开发,2012,31(5):34-39.

[14]李国玉,金之钧.世界含油气盆地图集(下册)[M].北京:石油工业出版社,2005.

[15]金之均,王骏,张生根,等.滨里海盆地盐下油气成藏主控因素及勘探方向[J].石油实验地质,

2007，29（2）：210-214.

[16]徐可强.滨里海盆地东缘中区块油气成藏特征和勘探实践［M］.北京：石油工业出版社，2011.

[17]IHS Energy.Amu-Darya Basin［DB/OL］.（2011-05—08）［2014-07-03］.http：//www.ihs.com/.

[18]张长宝，罗东坤，魏春光.中亚阿姆河盆地天然气成藏控制因素［J］.石油与天然气地质，2015，36（5）：766-773.

第二章 盐构造变形机制

在无机化学概念中，盐类是金属阳离子和酸根离子的化合物。在沉积岩中，盐岩属于化学沉积岩类，传统上也统称为蒸发岩。常见的类型主要有卤盐类，如钠盐和钾盐；硫酸盐类，如石膏和硬石膏；碳酸盐类，如石灰岩和白云岩等。本书的膏盐层指卤盐类和硫酸盐类。膏盐层特有的物理化学性质，导致其易于发生形变，但不同盆地膏盐层的形变机制有较大差异。

第一节 盐构造变形模拟实验

一、盐构造变形模拟基本理论

1. 相似性原则及实验材料的选择

为了详细研究盐丘成因及其变形机制，设计了针对不同含盐盆地的物理模拟实验。物理模拟满足实验模型（Model）与自然界中的构造原型（Natural prototype）之间在几何学、运动学、动力学三方面的相似原则[1—4]。

几何学相似即实验模型与地质原型在不同方向上比例尺相同，比如实验模型1cm表示地质原型1km，两者之比为$1/10^5$，那么实验模型的长、宽和高均为地质原型的$1/10^5$。比如图2-1中模型1与地质原型几何学相似，而模型2与地质原型几何学不相似。

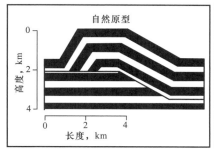
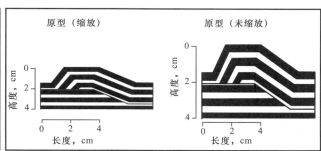

图2-1 几何学相似原则[4]

运动学相似要求实验模型的变形过程与地质原型相似。同样的变形结果可能经历了不同的变形过程，需要多次不同模型的实验才能接近真实。如图2-2所示，模型1的运动学过程与地质原型相似，而模型2的运动学过程与地质原型不相似，虽然模型2的最终结果符合几何学相似原则。

动力学相似要求地质原型所受的力在实验模型中均缩小相同的比例。如图2-3所示，箭头表示地质原型或实验模型所受的力的大小及方向，模型1与地质原型动力学相似，因为地质原型所受的力在该模型中都缩小了相同的比例；而模型2中地质原型所受的力缩小的比例不同，动力学不相似。通常，构造变形过程中最重要的几个力（构造应力、重力和岩石的应变强度）需要按比例缩小，而其他次要的力则可以忽略。

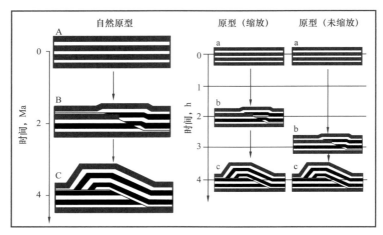

图 2-2　运动学相似原则[4]

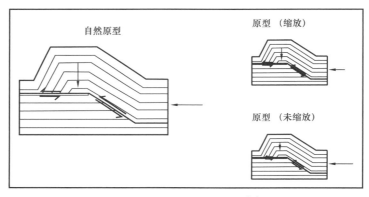

图 2-3　动力学相似原则[4]

　　根据相似性原则，实验中用干燥松散的纯石英砂来模拟沉积岩，用透明的聚合硅树脂 SGM-36（以下简称为硅胶）来模拟具牛顿流体特性、黏度系数为 $10^{17}\sim10^{18}\mathrm{Pa\cdot s}$ 的塑性岩盐[5]。实验材料实物照片如图 2-4 所示。

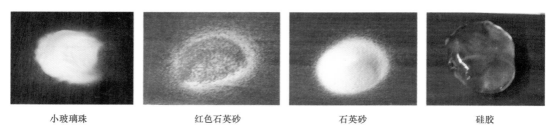

小玻璃珠　　　红色石英砂　　　石英砂　　　硅胶

图 2-4　物理模拟中的实验材料
其中小玻璃珠和石英砂用于模拟自然界中脆性变形，硅胶用于模拟自然界中塑形变形

　　石英砂的粒径在 $100\sim400\mu m$ 之间，密度约 $1500\mathrm{kg/m^3}$，黏结力约 200Pa（Krantz，1991）。在自然重力场中，石英砂的形变遵循莫尔—库仑破坏准则，破裂内摩擦角

25°～30°，非常接近地壳浅部（＜10～15km）沉积岩层的脆性形变行为[6,7]。实验中，为方便观察构造变形，石英砂被染成各种不同的颜色，不同颜色的石英砂力学性质相同。另外，实验中通常使用小玻璃珠（Glass Microbeads）模拟基底滑脱层，它是一种白色球状颗粒，粒径约100μm，密度约1500kg/m³，破裂内摩擦角约22°。

室温时，硅胶的密度约为987kg/m³，具几乎完美的牛顿流体特征，在应变率小于$3 \times 10^{-3}s^{-1}$时，其动态黏度系数约为5×10^4Pa·s。硅胶被广泛地应用于盐构造的物理模拟中[5,8-11]。

物理模型与地质原型之间主要的缩放比例如下：

$g^\star =1$（模型和地质原型的形变都在自然重力场中进行）；

$l^\star =10^{-5}$（模型的1cm表示地质原型的1km）；

$\rho^\star \approx 0.5$（模型材料的密度约为地质原型岩石密度的一半）；

$\mu^\star \approx 5 \times 10^{-13}\sim 5 \times 10^{-14}$（硅胶的黏度系数度远小于自然界中岩盐的黏度系数）。

根据相似性原则[1-4]，以下几个方程可求得物理模型与地质原型之间的应力缩放比例（$\sigma^\star$）、时间缩放比例（$t^\star$）、应变率缩放比例（$\varepsilon^\star$）及位移速率缩放比例（$v^\star$）：

$$\sigma^\star =\rho^\star \cdot g^\star \cdot l^\star \tag{2-1}$$

$$\varepsilon^\star =1/t^\star = (\rho^\star \cdot g^\star \cdot l^\star)/\mu^\star \tag{2-2}$$

$$v^\star =l^\star \cdot \varepsilon^\star = [\rho^\star \cdot g^\star \cdot (l^\star)^2]/\mu^\star \tag{2-3}$$

从中得到$\sigma^\star \approx 5 \times 10^{-6}$，$\varepsilon^\star \approx 1 \times 10^7 \sim 1 \times 10^8$，$t^\star \approx 1 \times 10^{-7} \sim 1 \times 10^{-8}$（模拟1h相当于地质时间1.1～11.4ka），$v^\star \approx 1 \times 10^2 \sim 1 \times 10^3$（模型缩短速率0.5cm/h相当于地质原型缩短速率4～40cm/a）。

需要特别说明的是，以上计算是基于假设自然界中岩盐的黏度系数为$10^{17} \sim 10^{18}$Pa·s。岩盐的黏度系数受其粒径、温度及所含水分的比例而变化，特别是盐层通常并不是纯的岩盐组成，导致其黏度系数变化较大，比如库车坳陷库姆格列木群（古近系盐层）可以分为5段，多口钻井揭示盐层内部含有泥岩层、硬石膏，因此，盐层的黏度系数可能比理论假设的范围要大。

2. 实验设备及实验操作过程

实验设备主要包括如下物品。（1）实验平台：平滑的桌子；（2）模型箱子：长130cm、高20cm、厚1cm的玻璃组成的长方体；（3）活塞；（4）照相机两台；（5）数控马达及计算机各一台；（6）其他一些辅助设备，用于铺石英砂，浇湿固结模型，切割剖面等用途。

实验模型箱子放置于平滑的桌面上，模型箱子左端固定，右端可自由移动（图2-5a）。实验过程中，每隔一段时间往实验箱中加入石英砂，模拟自然界中地层沉积。放置于模型正上方及侧面的相机每30min拍照一张，以记录挤压过程中模型的变形（图2-5b、c）。实验结束后，用干燥的石英砂小心保护模型，然后用水慢慢浇湿。最后，沿挤压方向每隔2cm切割一条剖面，观察分析构造变形特征（图2-5d）。

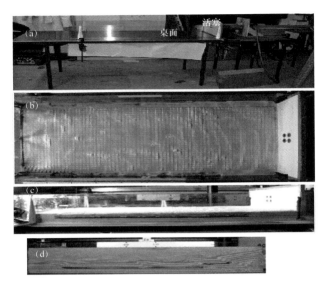

图 2-5　实验平台和模拟挤压的活塞
（a）、（b）和（c）分别为俯视、侧视相机记录的照片；（d）实验结束后沿挤压方向切割模型得到的剖面

二、盐构造变形数值模拟

数值模拟所用方法为离散元方法，离散元模型由一系列小球组成（图 2-6），根据小球之间的接触关系计算其相互作用力，进而计算其运动轨迹。离散元方法适合于模拟断裂系统发育、强烈变形的构造体系，可以很好模拟各向异性、地层强度变化等因素对构造变形的影响，可以准确观测分析模型内应力、应变及体系的构造演化过程。下述系列离散元数值模拟基于软件 Rice Ball 完成。模型的运行主要在 Rice 大学超级计算机群 Sugar 上，由Rice 大学研究生 Scott Maxwell 完成。

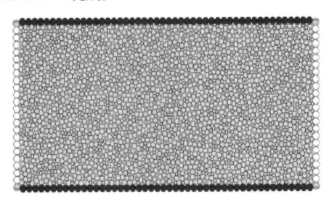

图 2-6　离散元模型粒子组成示意图

首先定义模型的大小与边界条件，模型的左、右及底边界均为固定边界，顶边界为自由边界；然后在矩形模型范围内随机生成一定数目的粒子，粒子的多少根据模型大小及计算机群的计算能力来确定，通常不少于 20000 个，否则模型的精度不够，也很少超过 1000000 个，不然计算所用时间太长；粒子生成后，静置一段时间，让粒子自然降落、堆积、压实。然后根据所模拟的实际情况设置不同部位粒子的接触关系，不同接触关系

的粒子群代表不同性质的岩石。下述模型中设置了两大类型小球（模型单元）分别模拟脆性盖层及塑性膏盐层（在模型结果图总以红色表示）。模型中脆性地层单元的密度为 2500kg/m³，内摩擦角 15°～16°，凝聚力 2～3MPa；塑性膏盐层单元的密度为 2200kg/m³，内摩擦角约 0.1°，黏度 108～1010Pa·s。脆性地层又进一步细分为不同强度的岩层，同样通过改变粒子接触关系来实现。模拟过程中，首先设置好基底及岩盐层，然后在不同时间分批在不同部位加入新粒子组合来模拟同构造沉积楔的加载，软件通过计算粒子间关系与运动轨迹来实现对沉积楔扩展的模拟。

在非构造应力环境下，盐构造的形成及演化与重力作用存在密切的关系。滨里海盆地属于稳定的内陆克拉通沉积盆地，虽然盆地周缘存在长期的造山运动，但是盆地内盐构造活动受到构造应力场的影响仍然非常小。诱发滨里海盆地盐构造活动的重要因素主要有两个：一是来自盐上覆地层厚度差异所致的重力差异负载（图 2-7、图 2-8b）；在图 2-7b 的模式中，差异负载驱动盐岩发生大规模水平流动和迁移（由近端流向末端），但盐岩上覆沉积主要发生垂向变形；在图 2-7c 的模式中，在近端受重力扩展影响发生伸展变形，由于平衡的需要，在末端形成挤压构造，二者中间的过渡段发生整体平移（理论上没有明显的内部变形）。二是盐下基底形态（区域沉降产生基底斜坡）所致的盐顶重力压差（图 2-8c）。

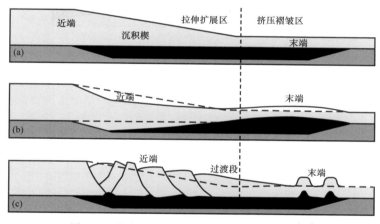

图 2-7　盐岩对沉积差异负载的响应模式图[12]

沉积差异负载（沉积楔）促使盐岩发生流动，并在近端产生拉伸扩展区，远端产生挤压褶皱区

这种重力作用一般由重力滑动和重力扩展两种机制来实现[14]。重力滑动指岩体作为一个整体沿底面斜面向下平动，岩体位移矢量与滑脱面平行（图 2-9a），引起重力滑动的决定性因素为底面斜坡。而重力扩展则是指岩体在自身重力下发生垂向的垮塌和侧向的扩展，根本性原因是其上表面斜坡的重力失稳（图 2-9b）。在自然界中，通常二者混合作用（图 2-9c）。

此外，滨里海盆地南缘盐底辟形态保持了其完整性，说明没有受到应力场的挤压和改造，其所处沉积环境基本为拉伸扩展区（图 2-10）。

此外，沉积层加积速率对盐底辟构造的发育具有重要的影响（图 2-11）。加积速率越快，越抑制盐底辟的发育，甚至容易产生盐滚等非对称低幅度盐构造；反之，加积速率越慢，越有利于盐上覆地层的伸展，形成基本对称的三角底辟构造。结合滨里海盆地南缘盐构造特征，推测其沉积加载速率应该为慢速加积模式。

值得注意的是，在滨里海盆地南缘地震剖面中，盐下基底隆起带和斜坡带交界处（断坡）均对应盐底辟的发育。推测盐下基底古隆起对盐底辟的发育具有重要影响，即在沉积差异负载作用过程中，基底古隆起容易引起其边界区域产生盐底辟构造。

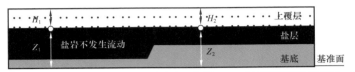

(a) 盐顶海拔：$Z_1=Z_2$；压头：（上覆层密度/盐层密度）×H_1=（上覆层密度/盐层密度）×H_2

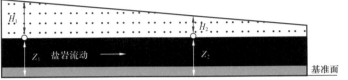

(b) 盐顶海拔：$Z_1=Z_2$；压头：（上覆层密度/盐层密度）×H_1>（上覆层密度/盐层密度）×H_2

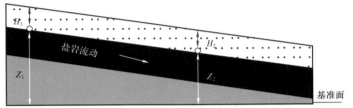

(c) 盐顶海拔：$Z_1>Z_2$；压头：（上覆层密度/盐层密度）×H_1=（上覆层密度/盐层密度）×H_2

图 2-8　盐岩流动的液压压差分析[13]

（a）如果上覆层厚度一致（$H_1=H_2$），且盐顶的海拔也一样（$Z_1=Z_2$），不管基底形态如何，盐岩在无外界应力作用下不会发生流动，也没有盐底辟发育；（b）如果上覆层的厚度在横向上存在变化（$H_1>H_2$），则盐岩会在上覆层的差异沉积负载下向上覆层沉积薄的区域发生流动，产生重力扩展作用，促使盐底辟的发育；（c）如果上覆层厚度一样，但盐顶的海拔存在偏差，此时，虽然盐岩的压头在各处均相等（$H_1=H_2$），盐岩仍会沿基底斜坡的下坡方向发生流动，产生重力滑移和重力扩展作用，促使盐底辟的发育

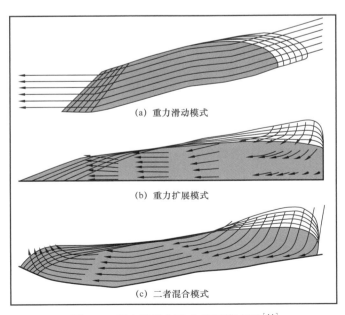

图 2-9　重力滑动与重力扩展模式图[14]

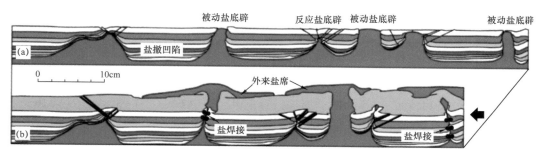

图 2-10　挤压应力场对先期盐底辟的改造[15]

（a）在非构造应力场环境下，盐底辟形态完整，且没有发育外来盐席；

（b）经过挤压应力作用的改造后，盐底辟焊接，同时盐岩喷出，形成外来盐席

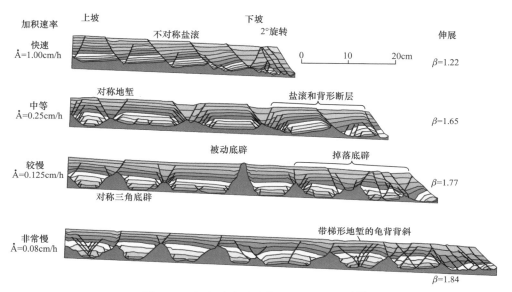

图 2-11　加积速率对盐构造形态的影响[14]

综合滨里海盆地地质资料和前人的研究成果，认为重力滑移和重力扩展是滨里海盆地盐构造的主要形成机制。但是，与滨里海盆地东缘基底形态受乌拉尔造山运动影响较大（东缘盐下基底地层倾向由东向西反转，促发区域重力滑移不同，盆地南缘盐下基底总体倾斜幅度很小，说明其基底受盆地周缘造山运动影响较小，重力滑移机制对本研究区盐构造运动的影响比较小，地震剖面上所显示的拉伸则很有可能是由重力扩展机制所造成的。同时盐下基底古隆起带与盐底辟具有很好的对应关系，推测盐下古隆起对盐底辟发育具有重要影响。下面将通过物理模拟实验对以上假设和推论进行验证及总结。

三、盐构造变形物理模拟

滨里海盆地南缘盐构造物理模拟实验总共包括三个模型，各模型参数见表 2-1。模型分别考虑了基底古隆起和沉积模式对盐构造形成及演化的影响（图 2-12）。模型 1 不包含盐下基底古隆起，仅仅存在基底斜坡，模型 2 和模型 3 包含盐下基底古隆起，但是二者沉积模式不同，模型 2 采用进积加载模式而模型 3 采用非进积加载模式（图 2-13）。

表 2-1　滨里海盆地南缘盐构造物理实验模型参数

模型编号	模型大小，cm	基底形态	沉积间隔，h	沉积模式	进积次数	运行时间，h
模型 1	55×30×30	非古隆起	4	进积	3	50
模型 2	110×30×30	古隆起	4	进积	5	50
模型 3	90×30×30	古隆起	4	非进积	0	20

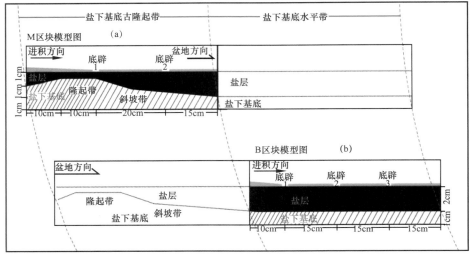

图 2-12　滨里海盆地南缘模型示意图

（a）M区块初始剖面模型，实验过程中进积方向向右；（b）B区块初始剖面模型，实验过程中进积方向向右

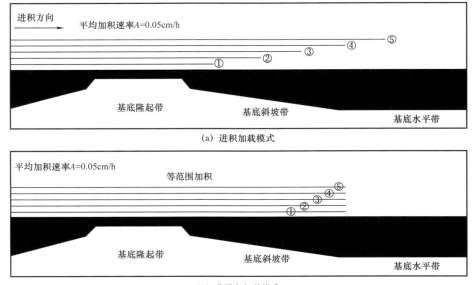

图 2-13　两种不同的沉积加载模式图

（a）模型不仅垂向沉积增厚，而且横向上沉积范围也增大；（b）模型仅仅垂向沉积增厚而横向沉积范围不变；
数字①—⑤代表实验中每次加载沉积地层的序号，即加载沉积的时间先后次序，以及每次加载的范围在实验过程中，为了满足模型与滨里海盆地南缘盐构造演化的相似性，同时又方便实验最后模型内部剖面的切割，按照设计的比例（图 2-13），在模型中使用石英砂铺设隆起带和斜坡带以模拟盆地南缘基底古隆起和斜坡。斜坡的角度约为 2°，其上的硅胶顶面自然流平后为一向上坡位置逐渐减薄的楔形。

实验材料的性质和模型相似比见表 2-2。实验中选用了黏度为 7000Pa·s 的硅胶作为模拟研究区盐岩的材料；实验中 1h 约代表自然界 0.4Ma。模型所运行的时间为 50h，根据相似性原理所计算得出的自然原型时间为 20Ma，模拟滨里海盆地二叠纪晚期（约 255Ma）至中三叠世（约 235Ma）这段时间内的盐岩体的运动。

表 2-2 滨里海盆地南缘盐构造物理实验模型相似比

物理参量	原型	模型	比例系数
重力加速度，m/s^2	9.81	9.81	1
长度，m	2000	0.01	5×10^{-6}
石英砂密度，kg/m^3	2400	1297	0.54
硅胶密度，kg/m^3	2200	926	0.42
黏度，Pa·s	1×10^{19}	0.7×10^4	0.7×10^{-15}
应力，Pa	$\rho_N g_N l_N$	$\rho_M g_M l_M$	2.7×10^{-6}
时间，s	$t_N = t_M (\rho_M g_M l_M / \rho_N g_N l_N)(\eta_N / \eta_M)$	t_M	2.8×10^{-10}

实验过程中，模型前后两端的挡板固定，硅胶的变形完全依靠沉积物的加载来实现。实验过程中，沉积物自左向右手动添加，所加载的沉积物中间夹有红色标志层。沉积加载时间间隔为 4h，平均加载速率为 0.05cm/h。沉积地层加载形态尽量符合研究区地震剖面特征。实验采用两台相机分别对模型的顶面和侧面进行定时拍摄，记录实验的运行过程。在实验的最后，先在模型的顶面撒上一保护层，然后对模型喷水将其浸湿，最后对模型切剖面以观察其内部的形态。

滨里海盆地南缘盐构造实验结果详述如下。

1. 模型 1 实验过程及结果

模型 1 含前构造基底斜坡但是未包含基底古隆起构造，实验采用进积模式，共进积 3 次，实验时间 50h。

1）实验过程

为了便于模型最后剖面切割，使用石英砂铺设了 2° 的前构造基底斜坡。然后铺设实验硅胶，静置 24h，使硅胶表明自然流平同时排出其中气泡，以免其影响实验材料性质。然后，在模型左侧加入 2.5mm 厚石英砂沉积层，静置 5h，完成第一次进积过程（图 2-14a）。在这个过程中，整个模型没有明显构造变形，硅胶层厚度变化不明显，同时沉积覆盖层也未见明显裂痕（图 2-15a）。随后加入第二次进积层，同样静置 5h（图 2-14b）。在这个时间段内，模型开始产生构造变形，沉积覆盖层开始在第一次进积前缘和第二次进积前缘之间产生裂缝，但是硅胶厚度变化依然不明显，裂缝发育随即便停止（图 2-15b）。之后模型添加第三次进积层（图 2-14c），在静置过程中，除了之前第一条已停止发育的

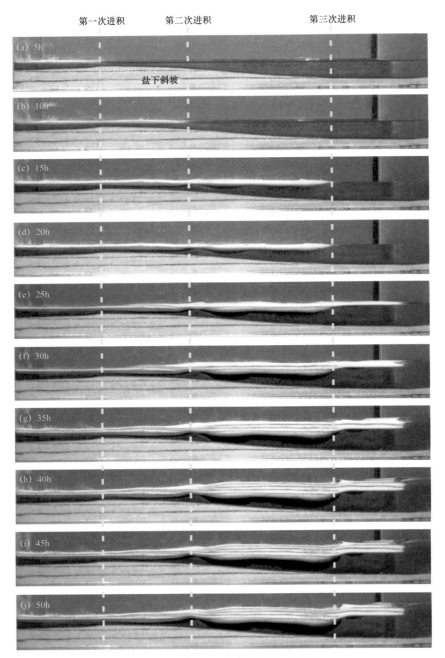

图 2-14　模型 1 实验过程侧面照片

裂缝外，在第二次进积前缘和第三次进积前缘之间产生了第二条裂缝（图 2-15c）。随后的实验过程中，模型接受垂向的加积，直到实验结束（图 2-14d 至 j）。在模型垂向加积过程中，第二条裂缝继续发育，直到被沉积层覆盖（图 2-15d 至 g）。此外，第三次进积前缘发育底辟，甚至硅胶浸出表面（受模型长度的影响）（图 2-15e 至 j）。

　　值得注意的是，在整个实验过程中，模型左侧（斜坡上端薄硅胶区域）没有发育明显的裂缝和产生明显底辟构造（图 2-14）。底辟主要发育在第二次和第三次进积前缘位置及

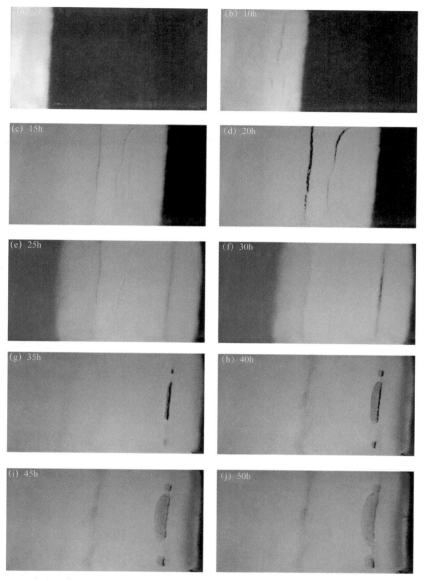

图 2-15 模型 1 实验过程顶面照片

其之间地层中。另外，模型还显示整个实验过程中，进积前缘的位置没有随着时间的变化而产生明显地向前迁移（图 2-14），说明本模型中重力扩展作用不强。

2）剖面结果

实验运行 50h 后，模型 1 获得一系列内部切（剖）面图（每隔 2cm 获得一幅剖面形态图）。选取三条代表性的剖面分析其盐构造特征，观察这三个剖面（图 2-16 至图 2-18）有以下几点发现。

（1）基底斜坡上端薄硅胶处，底辟不发育或者低幅度发育（小型三角盐底辟构造）。底辟构造主要位于斜坡带（第二次进积前缘和第三次进积前缘处）。

（2）第二次进积前缘和第三次进积前缘之间，盐枕发育，其中盐枕顶部沉积地层由于伸展作用而发育正断层，从而引发三角盐底辟发育（图 2-16 和图 2-17）。

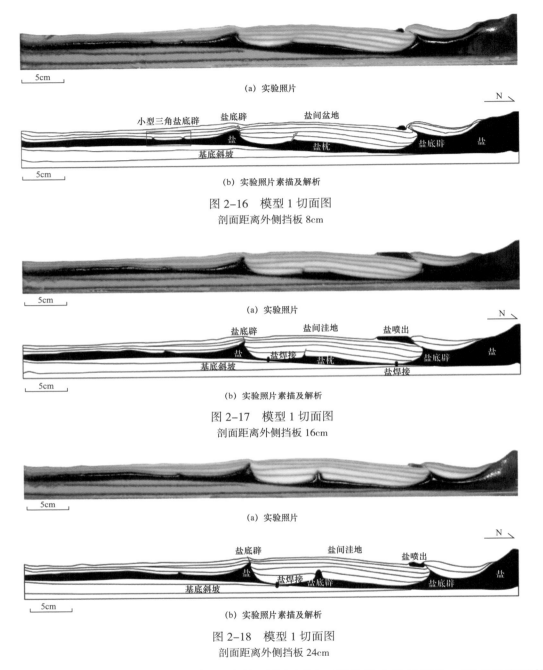

（a）实验照片

（b）实验照片素描及解析

图 2-16　模型 1 切面图

剖面距离外侧挡板 8cm

（a）实验照片

（b）实验照片素描及解析

图 2-17　模型 1 切面图

剖面距离外侧挡板 16cm

（a）实验照片

（b）实验照片素描及解析

图 2-18　模型 1 切面图

剖面距离外侧挡板 24cm

（3）若伸展作用够强（如局部重力扩展作用强），则盐枕会继续演化，形成盐底辟构造（图 2-19）。

（4）沉积差异负载能够加剧重力扩展作用，而重力扩展作用是盐底辟发育的主要机制。若重力扩展作用受抑制，则盐底辟的发育幅度也会受抑制，甚至停止发育。

2. 模型 2 实验过程及结果

模型 2 在模型 1 的基础上添加了基底古隆起，其目的就是模拟并验证古隆起构造对盐底辟构造形成演化的影响。

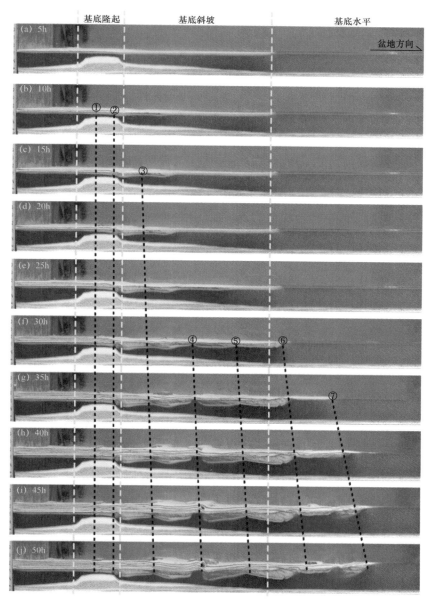

图 2-19　模型 2 实验过程侧面照片
图中序号代表盐构造；虚线代表盐构造位置在实验中随时间发生迁移情况

1）实验过程

同模型 1 相同，铺设完基底形态和硅胶后，静置 24h，直到硅胶中没有气泡及表面自然流平。本实验过程中，为了便于观察重力扩展过程，在开始进积作用之前，在模型中铺设一薄层白色石英砂。随后往模型左侧加入 2.5mm 厚石英砂沉积层（覆盖整个古隆起带），静置 5h，完成第一次进积过程（图 2-19a）。在这个过程中，同模型 1 相似，模型没有明显构造变形，硅胶层厚度变化不明显，同时沉积覆盖层也未见明显裂痕（图 2-20a）。但是随着加入第二次进积层，静置 5h 后（图 2-19b），模型开始产生构造变形，古隆起带上沉积覆盖层开始产生两条裂缝（图 2-20b）。同时两次进积前缘位置之间产生拉伸裂缝

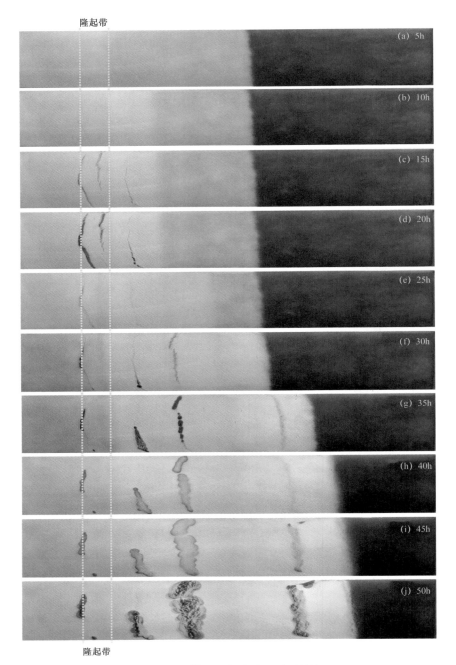

图 2-20　模型 2 实验过程顶面照片

（图 2-20c）。随着时间的推移，三条裂缝发育越来越明显，古隆起带底辟也越来越发育（图 2-20d）。随着第三次、第四次进积层的沉积后（图 2-20e、f），第三次进积前缘位置开始发育盐枕构造（图 2-19g）。第五次进积作用后，位于第二次进积前缘位置裂缝发育幅度开始明显大于古隆起带裂缝，甚至硅胶随着新的裂缝开始喷出到表面（图 2-20g、h）。同时第四次进积前缘位置开始发育新的底辟构造（图 2-19h）。实验最后大量硅胶喷出到沉积层表面，包括古隆起带上底辟构造（图 2-20j）。

在模型 2 的五次进积作用过程中，可以观察到模型中的盐构造（图 2-19 中构造①—⑦）存在明显的迁移过程。并且越往盆地方向（盐岩层加厚方向）迁移作用越明显。

2）剖面结果

实验运行 50h 后，模型 2 得到一系列横向切（剖）面图（每隔 2cm 获得一幅剖面形态图）。选择其中四幅进行分析和解释其盐构造特征。由模型 2 四幅剖面图（图 2-21 至图 2-24）可以发现以下特征。

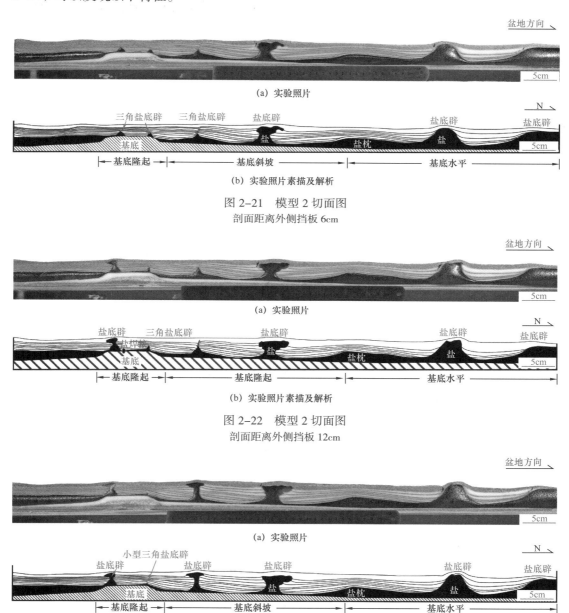

（a）实验照片

（b）实验照片素描及解析

图 2-21　模型 2 切面图
剖面距离外侧挡板 6cm

（a）实验照片

（b）实验照片素描及解析

图 2-22　模型 2 切面图
剖面距离外侧挡板 12cm

（a）实验照片

（b）实验照片素描及解析

图 2-23　模型 2 切面图
剖面距离外侧挡板 18cm

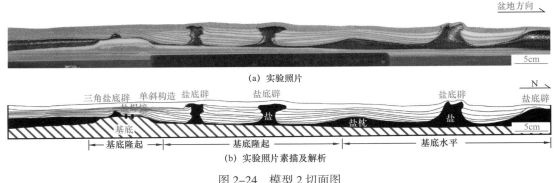

(a) 实验照片

(b) 实验照片素描及解析

图 2-24　模型 2 切面图

剖面距离外侧挡板 24cm

（1）从左向右（从基底古隆起带到基底水平带），盐构造幅度总体呈增大的趋势。古隆起带上主要发育三角盐底辟（顶部发育正断层）和盐焊接构造，斜坡带及水平带则主要发育柱状或者蘑菇状盐底辟（脊）构造。

（2）相比模型 1，模型 2 在第一次进积范围内（古隆起带边缘两侧）盐底辟更加发育（甚至产生盐脊构造；图 2-22 和图 2-23）。

（3）进积次数越多，产生的重力扩展作用越明显，从而越有利于盐底辟的发育（比如盐底辟隆起幅度越大，数量越多）。

（4）盐枕构造容易在拉伸过程中演变成三角盐底辟，而三角盐底辟在进一步的重力扩展作用下又容易演化形成盐脊构造。

3. 模型 3 实验过程及结果

为了验证进积作用对滨里海盆地南缘盐构造发育的重要性，设计了模型 3（模型 3 边界条件同模型 2）。与模型 1 和模型 2 不同，模型 3 没有进积作用过程，而是在相同的范围内垂向地添加等厚的沉积层。模型共添加 3 次同构造沉积，中间用红色石英砂标志，每次都在时间间隔内分批次的添加，以便确保实验不因沉积层过厚而阻止底辟的发育。模型共运行 20h，实验过程中同时观察和记录其侧面和顶面的变化。

同模型 1 相同，铺设完基底形态和硅胶后，静置 24h，直到硅胶中没有气泡及表面自然流平。随后，模型中加入第一次同构造沉积（图 2-25a），静置 8h。这个过程中，模型没有产生任何的构造变形，上覆沉积层也没有产生裂缝（图 2-26b）。直到模型中加入第二次同构造沉积后（图 2-25c），上覆沉积层才开始产生微小的裂缝（图 2-26c）。随着沉积量的增加（图 2-25d、e），这条裂缝开始明显发育，并伴随着底辟构造的发育（图 2-26d、e）。

然而，在整个实验过程中，古隆起带上方沉积覆盖层始终没有产生任何的构造，只是硅胶的厚度明显的变薄（图 2-26）。另外，整个盐层在沉积加载过程中没有非常明显的迁移特征，说明整个实验过程中重力扩展作用都是非常弱的，其没有产生足够的伸展作用力促使上覆沉积层中产生裂缝。

对比模型 2 和模型 3，实验结果证明重力扩展作用［由进积作用（沉积差异负载）导致］是导致滨里海盆地盐底辟形成的动力机制。若没有重力扩展作用，即使存在非常有利于盐底辟形成演化的基底形态（如基底古隆起构造），盐底辟还是很难形成。进一步说，即使源盐非常厚，所形成的盐底辟的幅度和数量也是非常有限的。

隆起区

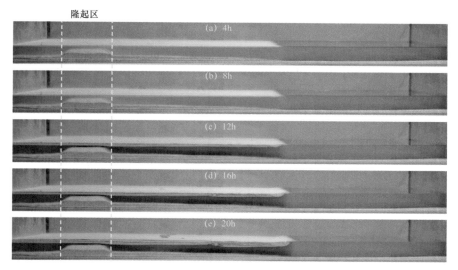

图 2-25　模型 3 实验过程侧面照片

隆起区

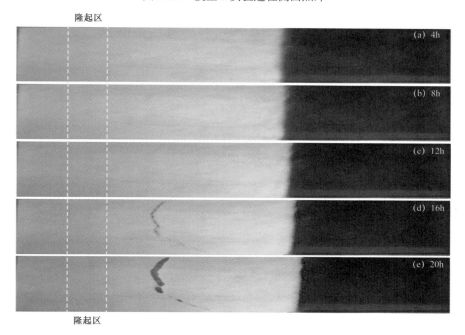

隆起区

图 2-26　模型 3 实验过程顶面照片

第二节　盐构造成因及影响因素分析

一、盐构造形成的力学机制

膏盐层的形变受多种因素影响，包括盐本身的成分、围岩性质、力学机制、流体地球化学特征、温压系统等。盐岩流动变形的驱动力包括浮力、重力扩张、差异负载、构造应力作用（拉张应力、挤压应力、剪切应力）和热传导[16]（图 2-27）。

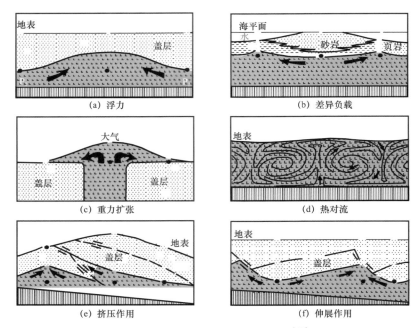

图 2-27　盐构造形成的力学机制[16]

1. 浮力作用

当上覆层的埋藏深度在 1200～1300m 时，岩石的密度和盐岩的密度基本相当。之后，随着埋深的增加，盐岩和上覆层之间就会发生密度反转，即盐岩的密度小于上覆层密度，产生浮力作用。浮力作用使得盐岩具有上涌的趋势。不过，岩石的强度分析表明，当上覆层到达一定厚度后，盐岩便不能通过浮力作用刺穿上覆层。因此，浮力作用不是驱动盐构造变形的主要因素。

2. 重力扩张

盐体出露沉积表面时，由重力作用向四周扩展，从而造成盐流动而形成盐构造。若后期被新的沉积物覆盖，可进一步演化成其他机制的盐构造。

3. 差异负载（differential loading）

上覆层的厚度变化是形成重力差异负载的主要原因。如果上覆层厚度一致，且盐顶的海拔也一样，那么不管基底形态如何，盐岩在无外界应力作用下不会发生流动。但如果上覆层的厚度在横向上存在变化，则盐岩会在上覆层的差异沉积负载下向上覆层沉积薄的区域发生流动。而如果上覆层厚度一样，但盐顶的海拔存在偏差，此时，虽然盐岩的压头在各处均相等，盐岩仍会沿基底斜坡的下坡方向流动。总之，重力差异负载对盐岩的驱动表现为：盐岩在自身的重力和上覆层的重力差异下使其在不同位置具有不同的压差，盐岩会从差压大的区域向压差小的区域流动，而且，这种压差还决定了盐岩能否主动刺穿上覆地层。当压差超过盐岩能主动刺穿上覆层的临界压力（临界压头）时，盐岩即能发生主动刺穿上覆层，形成主动刺穿型盐构造；反之，盐岩无法刺穿上覆地层。

4. 构造应力作用（拉张应力、挤压应力、剪切应力）

1）拉张应力

拉张作用/伸展作用是诱发盐底辟的重要机制。在盐岩发育的裂谷或者离散大陆边缘，如墨西哥湾、Angola 地区，底辟构造通常形成于拉张作用产生的地堑位置。拉张作用对盐构造变形的影响主要表现为：第一，拉张作用使得上覆层发生断裂，地层减薄而变得更为软弱；第二，上覆层发育地堑而形成的低洼谷地地形有利于产生重力差异负载。所以，拉张作用有利于底辟发育。

2）挤压应力

挤压应力对盐岩流动的驱动作用主要表现为：薄皮挤压（thin-skinned compression）会使上覆层沿盐层发生滑脱形成滑脱褶皱、逆冲断层和断层相关褶皱，盐岩主要作为填充背斜核部的物质；厚皮挤压时（thick-skinned compression）基底和上覆层具有不同变形特征，盐岩不仅是填充背斜核部的物质，还作为二者之间的润滑剂。挤压作用总是使早期发育的底辟构造变窄并发生盐焊接或者断层焊接。

3）剪切应力

单纯的剪切走滑断层对盐岩流动基本没有影响，但如果走滑断层伴随有拉张或者挤压应力，盐就会发生流动[13]。走滑拉张、挤压作用下的盐构造变形与单纯的拉张和挤压作用下的盐构造变形是类似的。第一，早期发育的底辟构造，在走滑挤压作用下盐岩被挤出，底辟收缩两翼发生焊接，发育多条伴生雁列式逆冲断层；在走滑拉伸作用下，底辟变得越来越宽，发育多条伴生雁列式正断层，当盐岩供应不足时，上覆层下沉。第二，上覆层与盐岩呈整合接触时，走滑挤压作用使得沿走滑断层发育一系列伴生雁列式走滑逆冲断层，形成花状构造，而走滑拉伸作用使上覆层发育伴生雁列式地堑诱发反应底辟。走滑挤压作用已被用于解释 Atlas 地区的雁列式伴生构造和渤海湾盆地莱州湾凹陷发育的盐墙。

5. 热传导（thermal convection）

热传导对盐岩流动的驱动力由盐岩的导热率决定。它主要表现为盐岩的密度随地温梯度不同会发生改变，导致盐岩发生内部流动[17]。热传导作用不是盐岩流动的主要驱动力，且目前有关热传导作用的研究也不多。

二、盐构造成因与影响因素

1. 基底古隆起对盐构造发育的影响

数值模拟的结果显示基底坡度对盐上沉积楔体的扩展和拉张有明显的影响，基底坡度角的增大有利于盐朝盆地一侧水平流动，更易形成独立盐丘（图 2-28）。

水平基底模型中，盐上地层拉张变形规模小，盐体被沉积物掩埋，无地表出露；基底坡度角为 2.5° 时，盐上地层断层断距较大，出现盐滚构造，少量盐体出露于地表；基底坡度角为 5° 时，断层断距明显增大，产生数个独立的盐丘，靠近盆地一侧的盐丘规模较大，且盆地一侧有大量盐体出露。

对比物理模拟实验中的模型 1 和模型 2，我们容易发现，在同样存在进积作用的实验过程中，模型若存在基底古隆起，则在隆起边缘断坡（隆起和斜坡交界处）会对应产生盐底辟构造；反之，在相应区域内则几乎不发育盐底辟构造或者仅仅发育微小底辟。物理模拟实验结果与滨里海盆地南缘地震剖面所观察到的盐构造特征具有非常好的可对比性（图 2-29a、b）。

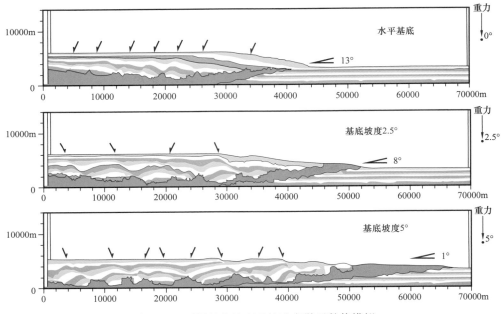

图 2-28　不同基底坡度盐构造离散元数值模拟

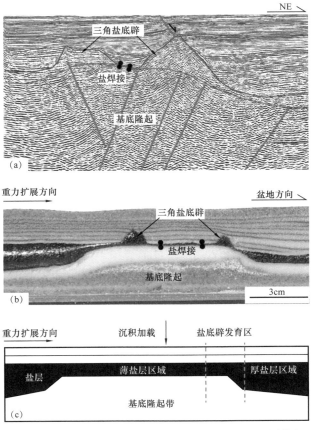

图 2-29　模型 2 剖面图与滨里海盆地南缘 M 区块地震剖面（m_10–13 测线）对比分析图（a 和 b）
以及古隆起带影响盐底辟发育解释示意图（c）

一般来说，在基底隆起带及其周缘区域，分布容易形成薄盐层区域和厚盐层区域（如斜坡）（图 2-29c）。在进积作用过程中，随着沉积地层的下降，隆起带上薄盐层区域盐岩容易优先被排除而形成盐焊接，但是其周缘厚盐层区域却仍然还有盐撤空间可以供沉积地层继续下降。因此，在沉积地层下降过程中，裂缝（断裂）容易发生在薄盐层区域和厚盐层区域交界领域（如图 2-29c 红色虚线所示）。伴随着裂缝（断裂）的发育，三角盐底辟开始形成（图 2-29b）。

换而言之，基底隆起两侧盐岩厚度差异是导致裂缝甚至盐底辟构造发育的直接因素，隆起之上盐层薄而容易形成盐焊接；相反，两侧盐层较厚，可提供更多盐撤空间，从而促使其盐上沉积层继续下降（有助于重力扩展），在断坡处形成拉张力促使裂缝的发育和盐底辟构造形成。当然，若没有裂缝产生（如上覆沉积地层太厚），则不可能形成三角盐底辟构造，取而代之是演化成为盐上单斜构造。

2. 进积作用对研究区盐底辟的控制作用

模拟结果显示（图 2-30）：低速率进积时，上覆地层呈现地堑、地垒相间的构造格局，在盆地一侧有大规模的盐体出露于地表；中等速率进积时，断层多倾向盆地一侧，形成骨牌构造格局，盆地一侧少量盐体出露地表；高速率进积时，快速推进的沉积物掩埋了整个盐体，阻止了盐体的水平流动，盐体上覆地层的变形不强，断层断距小。模拟结果表明沉积物供给缓慢，沉积前锋推进速率小时，盐上的沉积楔可以得到充分的扩展，这一现象与物理模拟的发现相吻合。

对比物理模拟实验中的模型 2 和模型 3，知道进积作用（沉积差异负载）在滨里海盆地南缘的重要作用。物理模拟实验表明进积作用（沉积差异负载）主要通过两个方面来控

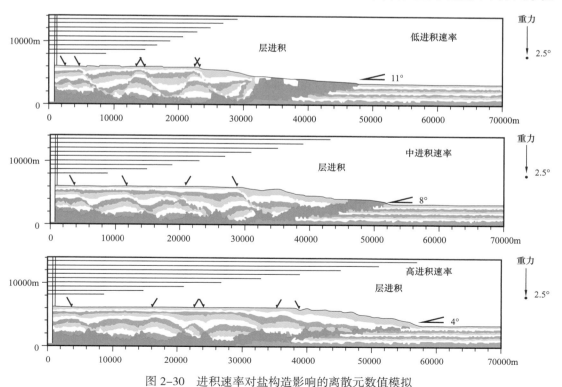

图 2-30　进积速率对盐构造影响的离散元数值模拟

制盐底辟构造的形成演化。第一，在进积过程中，进积前缘相比地层其他地方是比较薄弱的位置，盐底辟更加容易刺穿此处上覆地层而形成盐底辟构造。实验模型也证明进积前缘往往对应着高幅度盐底辟构造。第二，进积作用（沉积楔）一般伴随着差异沉积负载，容易促使研究区内地层向盆地方向（低势能区）发生重力扩展。在重力扩展过程中，盆地的迁移容易在盐间洼地（两个大型盐底辟之间的盆地）形成拉伸应力，从而使得盐间洼地盐上覆层产生裂缝（正断层）。此时，盐底辟通常随着正断层的发育而发育，在盐间洼地中形成三角盐底辟。若重力扩展一直持续，那么三角盐底辟则会不断往上刺穿覆盖层，直到演化成为盐脊，甚至大量盐岩喷出沉积地表。

3. 源盐层厚度的影响

模拟结果（图2-31）显示，源盐层较薄时，盐上地层变形较弱，断层位移小，前端有岩盐局部聚集，盐体被沉积物掩埋，没有地表出露，模型中后期基本没有明显构造变形发生；源盐层较厚时，盐上地层发生明显拉张、断裂，断层断距较大，盆地一侧有盐体出露于地表，模型形成多个盐丘。模拟结果表明源盐层厚度对盐构造的形成演化有明显控制作用，较厚源盐层有利于盐上地层的变形，同时源盐层越厚，所形成的盐丘规模越大。数值模拟的结果与前述物理模拟的结果一致。物理模拟中上坡段的硅胶厚度小于下坡段，因此下坡段盐丘的规模远大于上坡段。

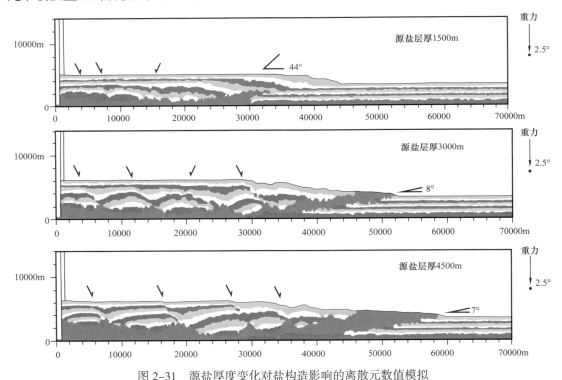

图2-31　源盐厚度变化对盐构造影响的离散元数值模拟

4. 围岩强度的影响

模拟结果（图2-32）表明，上覆地层强度对盐体水平流动影响不明显，不同强度围岩模型中，在盆地一侧均见有盐体出露于地表。但强度的改变直接影响到沉积楔本身的扩展和内部变形：上覆地层强度很小时，模型中不发育明显的断层，应变散布于整个体系；中等强度围岩模型中，上覆地层应变集中于多条正断层，断层多倾向朝盆地一侧；高强度围岩模型中，上覆形成数条张裂隙，岩盐沿张裂隙上侵，形成数个底辟盐脊。

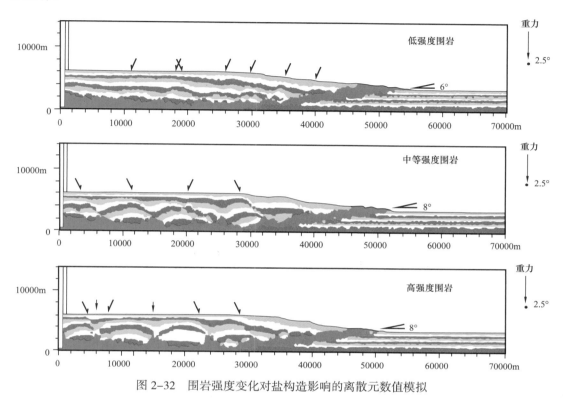

图 2-32　围岩强度变化对盐构造影响的离散元数值模拟

5. 盐构造成因及影响因素综合分析

结合前人研究资料，利用地震勘探资料解析、比例化物理模拟实验等方法分析、验证了滨里海盆地内部、边缘盐构造特征及其形成演化机制和主控因素。地震解析和物理模拟实验结果表明：滨里海盆地属于独立、稳定的含盐克拉通边缘坳陷盆地，内部无构造应力场的作用，盐构造主要是差异压实形成，没有受到区域应力场的改造。滨里海盆地边缘盐构造发育机制是重力滑移和重力扩展，其中重力扩展为主要机制。

盐下基底古隆起对盐构造发育具有重要的影响。盐岩流动使得上覆地层产生进积作用，促使盐底辟发育，同时古隆起边界发育裂隙，这些都会产生油气聚集。

进积作用对盐底辟的形成演化具有控制作用。进积前缘往往是盐构造优先发育的地方。另外，通过引发重力扩展，进积作用可促发盐构造的形成演化，如重力扩展作用会使盐间洼地（两底辟之间的沉积盆地）向盆地中央方向扩张迁移，进而促使盐间洼地内正断层发育，并伴随产生三角盐底辟，甚至盐脊。

实验研究表明，含盐盆地的盐变形机制具有复合特征。通过盐丘刻画技术研究和模拟实验结果表明：滨里海盐变形机制为差异压实 + 边缘推挤高陡盐丘（图 2-35）；阿姆河盐膏互层为水平应力挤压盐底拆离（图 2-36）；红海复杂成分盐膏为张性断陷重力滑脱（图2-37）。

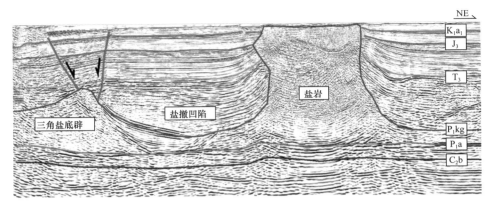

（a）滨里海盆地南缘B区块b_11–50G测线地震解析图

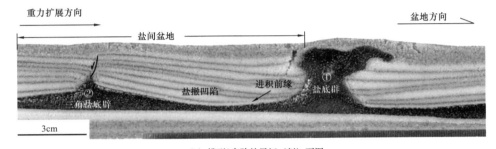

（b）模型2实验结果切（剖）面图

图 2–33　模拟剖面图与滨里海盆地南缘地震剖面对比分析图

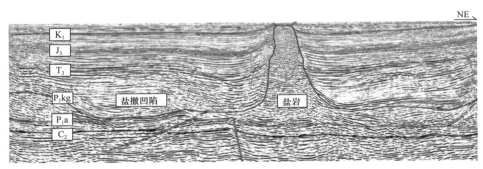

（a）滨里海盆地南缘B区块b_11–02测线地震解析图

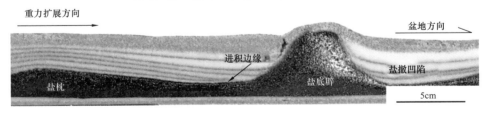

（b）模型2实验结果切（剖）面图

图 2–34　模拟剖面图与滨里海盆地南缘 B 区块地震剖面对比分析图

滨里海盆地盐丘的形成始于三叠纪末期（图 2–38），并一直持续到古近—新近纪。东缘和南缘由于乌拉尔及南部造山带的挤压形成盐丘，而盆地中部在差异负载作用下形成高陡盐丘，最大高度可达 5000m。

图 2-35　滨里海盐变形机制

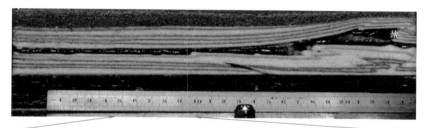

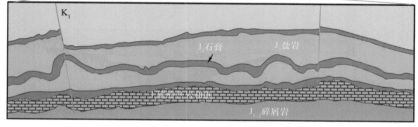

图 2-36　阿姆河盐变形机制

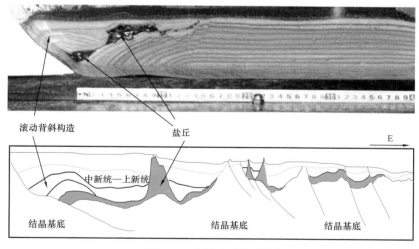

图 2-37　红海盐变形机制

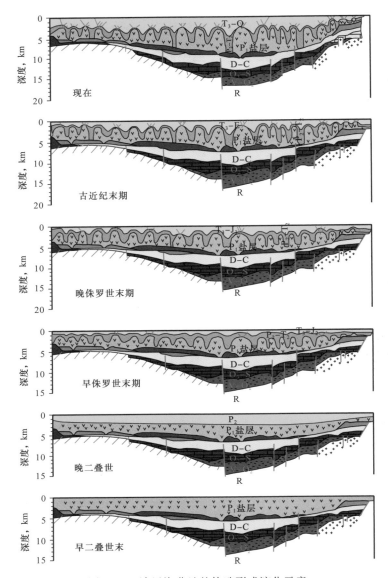

图 2-38　滨里海盆地盐构造形成演化示意

　　阿姆河盆地盐构造形成于新近纪，是在微挤压过程中进行的，研究区处于相对稳定的陆内，类似于实验模型前端，挤压作用对其影响很小，仅仅发生岩盐层内流动，未见岩盐聚集和刺穿，但岩盐流动造成盐上、盐下构造变形不一致。由于侏罗系盐膏岩厚度有限，也不发育大规模的盐岩流动，盐层内的流变引发小幅度变形。

　　红海盆地盐构造开始形成于新近纪晚期。区域拉张控制了盐构造形成与演化，是苏丹红海盆地内盐构造主要形成机制。盆地两侧（物源提供区）的沉积具有楔形体特征，从而导致沉积区差异重力负载，促使盐岩流动、聚集。出现两种模式的盐构造：当盐岩层比较厚时，盐上地层和盐下地层的构造变形很不一致，盐上构造非常简单而盐下构造相对比较复杂，岩盐也容易形成盐墙、盐焊接、盐滚动背斜、盐底辟甚至盐喷出；当盐层比较薄时，盐上容易产生断层，同时盐层不容易形成盐构造。

参 考 文 献

［1］Hubert M K.Theory of scale models as applied to the study of geologic structures［J］. Geological Society of America Bulletin, 1937, 48（10）: 1459−1519.

［2］Ramberg H. Gravity, deformation and the earth's crust : in theory, experiments and geological application［M］. London : Academic Press, 1981.

［3］Vendeville B, Cobbold P R. Glissements gravitaires synsédimentaires et failles normales listriques : modèles expérimentaux［J］. Comptes rendus de l'Académie des sciences. Série 2, Mécanique, Physique, Chimie, Sciences de l' univers, Sciences de la Terre, 1987, 305（16）: 1313−1318.

［4］Eisenstadt G, Withjack M O. Estimating inversion : results from clay models［J］. Geological Society, London, Special Publications, 1995, 88（1）: 119−136.

［5］WeiJermars R, Jackson M P A, Vendeville B.Rheological and tectonic modeling of salt provinces［J］. Tectonophysics, 1993, 217（1）: 143 −174.

［6］Krantz R W. Measurements of friction coefficients and cohesion for faulting and fault reactivation in laboratory models using sand and sand mixtures［J］. Tectonophysics, 1991, 188（1）: 203−207.

［7］Schellart W P. Shear test results for cohesion and friction coefficients for different granular materials : scaling implications for their usage in analogue modelling［J］. Tectonophysics, 2000, 324（1）: 1−16.

［8］Vendeville B C, Jackson M P A. The rise of diapirs during thin−skinned extension［J］. Marine and Petroleum Geology, 1992a, 9（4）, 331−354.

［9］Ge H, Jackson M P A, Vendeville B C. Kinematics and dynamics of salt tectonics driven by progradation［J］. AAPG, 1997, 81（3）: 398.

［10］Cotton J T, Koyi H A. Modeling of thrust fronts above ductile and frictional detachments : Application to structures in the Salt Range and Potwar Plateau, Pakistan［J］. Geological Society of America Bulletin, 2000, 112（3）: 351−363.

［11］Costa E, Vendeville B C. Experimental insights on the geometry and kinematics of fold−and−thrust belts above weak, viscous evaporitic decollement［J］. Journal of Structural Geology, 2002, 24（11）: 1729− 1739.

［12］Vendeville B C. Salt tectonics driven by sediment progradation : Part I−Mechanics and kinematics［J］. American Association of Petroleum Geologists Bulletion, 2005, 89, 1071−1079.

［13］Hudec M R, Jackson M P A. Terra infirma : Understanding salt tectonics［J］. Earth−Science Reviews, 2007, 82（1−2）: 1−28.

［14］Rowan M G, Peel F J, Vendeville B C. Gravity−driven fold belts on passive margins//K R McClay. Thrust tectonics and hydrocarbon systems［J］: AAPG Memoir, 2004, 82: 157−182.

［15］Rowan, Mark G, Bruno C. Vendeville. Foldbelts with early salt withdrawal and diapirism : Physical model and examples from the northern Gulf of Mexico and the Flinders Ranges, Australia［J］. Marine and Petroleum Geology, 2006, 23（9）: 871−891.

［16］Jackson M P A, Talbot C J.External shapes, strain rates, and dynamics of salts tructures［J］.GSA Bulletin, 1986, 97（3）: 305−323.

［17］Talbot C J.Halokinesis and thermal convection［J］.Nature, 1978 , 273: 739−741.

第三章　膏盐层对油气成藏要素的控制机制

世界上许多含油气盆地的油气成藏与膏盐层有关。根据统计资料，在油、盐共生的盆地中，46%的盆地其油气产于盐系地层之下，41%的盆地其油气产于盐系地层之上，13%的盆地产于盐系地层之间[1]。研究认为，多数盆地盐上、盐下油气并存，这与烃源岩发育和盐构造运动差异有密切关系。因此，探讨膏盐层对油气成藏的控制作用及成藏规律具有重要意义。

膏盐层的物理化学特点是密度低、可塑性强、易溶解，但致密性高。不仅可作为高质量的盖层，其形变过程和结果还可形成各类伴生圈闭，以及油气运移的特殊通道。另外，盐层也影响储层演化等。因此，盐层对油气成藏各要素具有重要控制作用。

第一节　盐膏岩对烃源岩的影响

一、含盐盆地烃源岩分布模式

根据膏盐层与烃源岩位置关系，建立了含盐盆地三种烃源岩分布模式（图3-1）。第一种是盐下模式，生油层为盐前沉积，主要发育在克拉通型盆地中，如滨里海盆地、西伯利亚盆地、波斯湾盆地；第二种是盐间模式，生油层与盐同时沉积，主要发育在裂谷型盆地，如蒸发型盐湖、深部热卤水型柴达木盆地；第三种是盐上模式，生油层为盐后沉积，主要发育在裂陷—坳陷型盆地，如大西洋边缘型盆地。

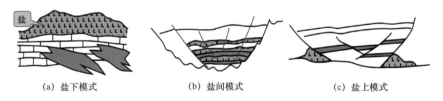

(a) 盐下模式　　　　(b) 盐间模式　　　　(c) 盐上模式

图3-1　含盐盆地烃源岩分布模式图

二、高含盐环境利于有机质生成

膏盐层多开始发育于沉积密集段，因此与盆地烃源岩有着很好的共生—接续关系。在蒸发盐形成之前，水体盐度升高初期，生物种类虽然减少，但单个物种的产率急剧增加，有机物质大量生成与沉积。

蒸发环境具有强大的有机物质生成能力。在第十届世界石油大会上，罗马尼亚学者巴尔茨对108块盐岩样品分析发现，每100g盐岩中的有机质含量达到15~4500mg，仅次于黏土或泥岩的600~3000mg，居第二位。因此他指出，罗马尼亚从古生界到上白垩统最有远景的烃源岩是含盐层系。现今的波哥利亚湖（Lake Bogoria）位于东非大裂谷区的边缘，是碳酸钠湖，盐度类似海水，碱性极强，但藻类大量发育[2]。Enos（1983）认为，全新统未经压实的蒸发岩中有机质含量高达15%以上[3]。实验分析表明，地质历史上蒸发岩中有机碳含量一般为2%～5%，与其他类型的烃源岩相比，其有机碳含量比较可观，可作为有效烃源岩。

在我国东部陆相含盐膏沉积盆地中，蒸发岩系发育的层位与某些烃源岩层完全共存在一起。这可能是另一种膏盐层成因所致，即深部热卤水沿深大断裂运移上升到盆地底部，亦即烃源岩沉积场所，由于温压环境改变而沉积卤盐，造成与烃源岩共生。

三、高盐度环境及盐层利于有机质保存

高盐度水体容易形成还原环境，有机质易于保存，形成厚度较大的优质烃源岩。贾振远（1985）认为，在蒸发岩形成初期，由于水体盐度增加或不同盐度水体的混合，底部水体近于停滞，因此造成大量各种生物的死亡[4]。但是由于河流不断地供给生物和有机物质，因此湖泊中有大量的各种生物和有机质。当湖水盐度继续增高，进入的各种生物就会死亡，沉于湖底，湖盆底就形成弱氧化—还原环境，造成腐殖泥相。这样河流不断地输送生物和有机物质，湖泊中生物就可以不断地死亡堆积，为石油生成奠定了雄厚的物质基础。因此，在盐膏的形成和沉积环境中能够形成大量的有机质，并且在这样的环境中（弱氧化—还原环境），对有机质的有效保存和向石油转化均十分有利。

含盐盆地发育前期多为裂陷和大型坳陷，具有广泛发育烃源岩的沉积条件，因此，其油气源岩多较丰富，为油气成藏提供了充足的物质基础。在滨里海盆地，中泥盆世—早二叠世，盆地周缘发育碳酸盐岩台地和生物礁，向盆地内部沉积了盆地相泥岩（图3-2）。同时，在盆地东侧的乌拉尔洋边缘，也发育烃源岩，这一点已被滨里海北侧的伏尔加—乌拉尔盆地所证实。而滨里海盆地早二叠世盐膏的形成和沉积环境对盐下有机质的有效保存起到了关键的作用，使得盐下烃源岩品质较好，油气资源丰富。

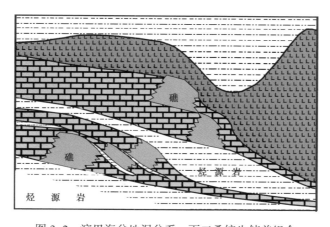

图3-2 滨里海盆地泥盆系—下二叠统生储盖组合

滨里海盆地盐下烃源岩干酪根以Ⅱ型为主，盆地边缘多为Ⅱ—Ⅲ混合型。烃源岩分布广泛，几乎全盆地均有分布（图3-3）。滨里海盆地北部和西北部边缘，烃源岩层位较多，主要为盐下中—上泥盆统、下石炭统和下二叠统。下二叠统盆地相泥岩的总有机碳（TOC）含量为1.3%～3.2%，氢指数（HI）为300～400mg/g。卡拉恰甘纳克油气田的下二叠统黑色页岩TOC含量高达10%。

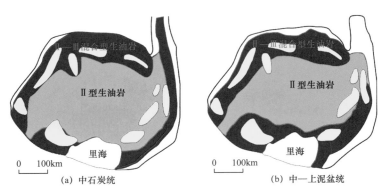

图3-3　滨里海盆地烃源岩分布图

滨里海盆地东缘烃源岩主要为下石炭统盆地相黑色页岩，其TOC含量为7.8%。盆地东南缘烃源岩主要为中泥盆统和下石炭统的黑色页岩，有机碳含量0.1%～7.8%，平均0.75%，有机物为海相和陆相混合的腐泥质，属于Ⅰ、Ⅲ型干酪根。氢指数100～450mg/g。

盆地南部田吉兹油田的烃源岩研究结果表明，石炭系（C_1—C_2）碳酸盐岩为主要烃源岩系，其次为上泥盆统（D_3）碳酸盐岩、下二叠统泥岩和泥质碳酸盐岩，有机碳含量为0.5%～1.6%，有机质类型为Ⅰ型和Ⅱ型，镜质组反射率（R_o）接近1%。

尽管数据比较少，但所有边缘烃源岩的TOC含量和盆地相页岩硅含量均较高，且伽马值也较高，这些都是深水缺氧黑色页岩相的典型特征。滨里海盆地边缘地区已发现的大规模油气聚集均与此有关，这几套烃源岩叠置后几乎全盆地分布。

前人研究表明：滨里海盆地东缘盐下中—下石炭统生物碎屑灰岩和下二叠统页岩局部也可能是有效烃源岩，达到中等—好的烃源岩标准。分散的有机质属混合类型，说明生油气母岩既能生成液态烃也能生成气态烃。另外，对该区石炭系页岩和泥盆系的研究很少，不排除其生油可能。

阿姆河盆地烃源岩同样发育于巨厚膏盐层之下，有利于有机质保存。其烃源岩以早—中侏罗世滨海相泥页岩和煤系为主，Ⅲ型干酪根占优势，更利于生成天然气。中—下侏罗统含煤地层，富含分散状腐殖质有机质，当其有机碳含量在0.5%以上时，就具有生气及排出能力，成为可靠的气源岩。因此其分布面积非常广泛，几乎占据盆地的大部分地区（图3-4）。

阿姆河盆地存在三套不同沉积环境的烃源岩，即中—下侏罗统滨海相腐殖型煤系地层、上侏罗统海相碳酸盐岩和泥质灰岩，以及下白垩统海相泥岩地层。由于上侏罗统钦莫利—牛津阶盐膏沉积是盆地内的区域性盖层，大部分气藏、凝析油气藏和油藏均分布在这套区域性盖层之下的上侏罗统中，所以原苏联的石油地质工作者认为，上侏罗统是该盆地主要烃源岩，但根据各油气田的油源对比研究表明，上侏罗统烃源岩成熟度低，难以形成大量的纯气藏和高成熟凝析油气藏，而下白垩统分布范围有限，埋藏较浅，只在盆地西南部埋深4000～5000m，并且下白垩统有机质丰度偏低，难以形成大规模油气藏。因此，阿姆河盆地主要烃源岩为中—下侏罗统煤系地层。

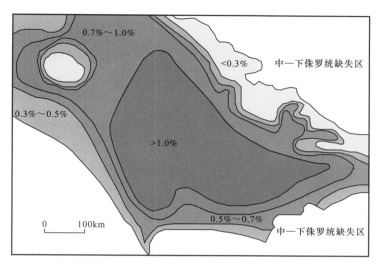

图 3–4　阿姆河盆地中—下侏罗统平均总有机碳含量分布

该套煤系烃源岩有机质丰度较高，有机碳含量 0.04%～4.35%，平均为 1.5%，氯仿沥青 "A" 含量 0.042%～0.065%，以黏土岩为主，单层厚度约 10m，在剖面上与砂岩、粉砂岩互层，黏土岩的总厚度占全剖面厚度的 34%～52%，约 300m。烃源岩埋藏深，热演化程度高，生气量大，成为本区主要的生气源岩。干酪根类型主要为Ⅲ—Ⅱ型，属于还原和较强还原的地球化学环境。有机质成分以陆源植物残屑为主，有机质类型以腐殖型为主，含少量腐泥型有机质，在盆地边缘和西北部的卡拉库姆中央隆起南坡，中侏罗统的拜奥斯—巴特组中有腐泥型有机质混入。可以推测，在埋深较大的地区（穆尔加布坳陷、科佩特山前坳陷、巴哈尔多克斜坡）腐泥型有机质成分将有所增加，其中受海相环境影响最大的巴通—巴柔阶所含腐泥质最为丰富。

四、含盐盆地高地温梯度利于烃源岩演化

含盐盆地前期多为热裂陷机制，地温梯度高，烃源岩演化程度高。在滨里海盆地，盐下烃源岩热演化程度多已超过气煤阶段（图 3–5），R_o 均大于 0.7%，最高达 1.55%。阿姆河盆地有机质成熟度也较高。中—下侏罗统煤系地层镜质组反射率 R_o 从约 3000m 深度的 1.15% 变化到 4600～5500m 深的 2.30%～2.40%。层序底部镜质组反射率可能高达 3.6%。中—下侏罗统层序只在盆地的最北部和西北部卡拉库姆隆起区处于生油窗。在古近纪期间盆地大多数区域达到生气窗，且处于热降解和热裂解气期，可提供充足的凝析气和干气。

红海盆地现今地温梯度较高，总体趋势是南高北低，而在裂谷期地温梯度更高。由于盐层的广泛存在，地温梯度变化大，导致烃源岩的生油窗顶界浅，生油窗窄。盐下地层中的烃源岩普遍已经达到成熟度后期和过成熟阶段，盐上的烃源岩则处于生烃早期，深水部分可能已经进入生烃高峰（表 3–1）。本区生油门限为 500～2300m，生油窗下限为 700～3048m，油气聚集以天然气为主，有时有凝析油。

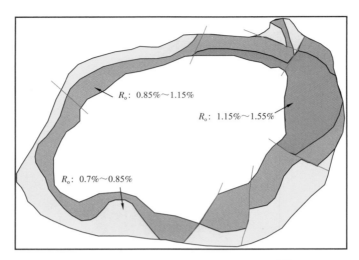

图 3-5　滨里海盆地烃源岩演化程度图[5]

表 3-1　苏丹 15 区单井钻遇地层成熟度统计表

井名	地层						
	Shagara	Warden	Zeit	Dungunab	Belayim	Kareem	Rudeis
AbuShagara-1			无生烃潜力		成熟，中—好油层	无生烃潜力	无生烃潜力
Bashayer-1A	地层缺失		早成熟，中—好气层		未钻遇	未钻遇	未钻遇
Digna-1	地层缺失	无生烃潜力	无生烃潜力	早成熟，好油层	无生烃潜力	地层缺失	地层缺失
Dungunab-1	地层缺失		地层缺失		无生烃潜力	无生烃潜力	地层缺失
Durwara-2		无生烃潜力	薄层，早成熟，次要油层	中—晚成熟，好油层	无生烃潜力		晚—过成熟，次要油层
Halaib-1			无生烃潜力	过成熟，次要油层	过成熟，次要油层	无生烃潜力	过成熟，次要油层
Maghersum-1		无生烃潜力	薄层，未成熟，次要油气层	无生烃潜力	薄层，成熟，中—好油层	地层缺失	地层缺失
Marafit-1	地层缺失		地层缺失	地层缺失		无生烃潜力	无生烃潜力
S.Suakin-1	无生烃潜力	无生烃潜力	未钻遇	未钻遇	未钻遇	未钻遇	未钻遇
Suakin-1	无生烃潜力	无生烃潜力	早成熟，中—好气层	未钻遇	未钻遇	未钻遇	未钻遇

五、含盐盆地盐层对盐上—盐下烃源岩演化具有相反影响

由于盐岩的导热率是一般沉积岩的2～3倍（图3-6），因此，盐岩以下的沉积地层温度会发生异常。墨西哥湾盆地盐岩分布广、厚度大，对该区烃源岩的成熟过程有着明显的影响作用。据D'Brien和Lerche（1987）预测，厚度1000m的盐席下面温度将下降10.5℃，1500m的盐席下面温度将下降15.8℃。由此可见，盐岩层的存在将延缓盐下烃源岩的成熟过程[6]，影响程度取决于盐岩层的厚度。另外，盐的高导热率又起着"散热器"的作用，它可以提高盐层以上的地层温度，加速盐上烃源岩的成熟过程。因此，对于埋深较大的墨西哥湾主力烃源岩来讲，生烃高峰期较晚有利于油气藏的保存。

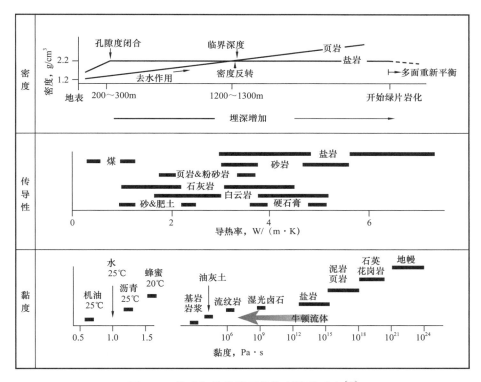

图3-6　盐岩与其他岩石的物理性质对比[7]

盐层对盐周围的热流场分布影响较大。盐的导热率较高，盐下热量容易通过盐丘散失，导致盐下温度降低，延迟烃源岩成熟度，而盐上则相反。

滨里海盆地内不同地区地温场分布差异明显（表3-2），但总的来说，盆地属于冷盆，具有较低的地温梯度和地温场，非常有利于油气保存。在整个盆地范围内，深处地层温度从北向南提高，从东向西上升。西部有较高的温度场是因为在西部广泛发育古近系和新近系黏土沉积层，这些黏土层的存在可以有效阻止热流的扩散，且在西部地区地下水交替循环慢，没有受过渗透水的冷却作用；而在东部不具备上述条件，故东部有较低的地温场。因而盆地东部油气成熟度较西部低[5]。

表 3-2　滨里海盆地盐下温度压力统计[5]

地区	油田	层位	埋深 m	温度 ℃	温度梯度 ℃ /100m	压力 MPa	压力系数
南部	田吉兹	C	3867	121	2.8 ～ 3.2	83.62	2.16
	夏兹丘别	P_1	3754	109		42.36	1.13
	托阿尔泰	C_1	3049	93		33.20	1.09
	阿斯特拉罕	C_1	3852	106		62.60	1.62
东部	乌里河套	C_2—C_3	2475	67	1.7～2.0	31.51	1.27
	科扎塞	C_1	3370	78		34.20	1.01
	扎那若尔	C_1—C_2	3557	77		40.20	1.13
		C_2	3741	78		38.01	1.01
北部— 西北部	罗伯金	C_2	4280	106	2.0～2.2	51.00	1.19
	西洛文	D_3	4524	117		53.10	1.17
	日丹诺夫	P_1	1636	42		17.40	1.06
	格里米雅琴	P_1	2826	77		33.20	1.17
	西捷普洛夫	P_1	2852	80		34.20	1.20
		P_1	3544	67		54.82	1.54
	卡拉恰甘纳克	P_1	3700	82		57.26	1.54
		D_3—C_2	4480	87		59.39	1.32

　　阿姆河盆地由于石膏层的存在，地温散失不明显，盐下地温梯度保持在 3.0～3.5℃/100m[8]。

六、含盐盆地多发育盐下油气系统

　　滨里海盆地盐下生成的油气主要赋存于盐下上古生界碳酸盐岩和礁体中（图 3-7），在盐盖层薄弱部位，油气向上运移到上二叠统—中生界砂岩储层中。阿姆河盆地也发育盐下油气系统，在盐盖层被断开或无盐盖层的盆地周缘地区，油气向上运移至下白垩统砂岩中成藏。红海盆地发育盐上和盐下两套含油气系统，并均已得到证实。

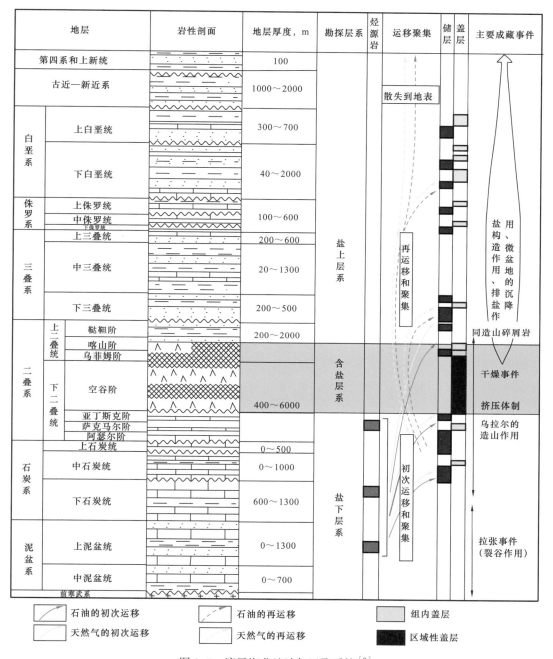

图 3-7 滨里海盆地油气运聚系统[9]

第二节 盐膏岩对储层的影响

盐构造对储层的影响主要表现在以下六个方面：（1）压实程度低、成因过程慢；
（2）石膏与烃反应生成有机酸；（3）超压裂缝保持孔隙；（4）盐充填孔隙；（5）硬石膏形
成孔隙空间；（6）盐丘间形成新容纳空间（图 3-8）。

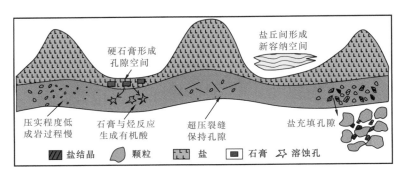

图 3-8　盐对储层影响机理模式图

一、低密度盐层导致盐下压实程度低

常见的盐丘围岩地层，如白云岩、石灰岩、砂岩等，即使含有较多孔隙，其体积密度也均超过盐的密度（表 3-3）。盐岩的密度只有 2.1g/cm³，而且不随温度和压力有明显变化。因此，较之周围来说，盐丘之下的地层其承受的压力明显减小，因而导致盐下地层压实程度弱，成岩作用减缓，从而使砂岩中保持较高的孔隙度。

表 3-3　常见岩石／矿物密度

岩矿名称	骨架密度，g/cm³	岩矿名称	骨架密度，g/cm³
黑云母	3.08	石英砂岩	2.65
硬石膏	2.96	钠长石	2.62
白云岩	2.87	海绿石	2.58
白云母	2.83	斜长石	2.56
绿泥石	2.77	伊利石	2.53
钙长石	2.76	高岭石	2.42
花岗岩	2.75	石膏	2.32
玄武岩	2.72	蒙皂石	2.12
石灰岩	2.71	盐岩	2.10

济阳坳陷渤南洼陷几口深层井的孔隙度与深度剖面图显示，在大于 3500m 深度范围内的地层共有 4 套孔隙发育带。这些孔隙发育带有些直接位于膏盐层内，有些位于膏盐层之间，说明膏盐层有利于储层孔隙的保存。在吐哈盆地台北凹陷、渤海湾盆地东营凹陷等地区研究发现，膏盐层下部的地层也都具有较高的孔隙度。

在美国路易斯安那 False River 气田，6890m 深的白垩系砂岩孔隙度达到 26%，渗透率200mD[10]。在滨里海盆地 5000m 深处的泥盆系石英砂岩仍保留最高达 24% 的孔隙度。塔里木盆地秋立塔克地区的东秋 5 井古近系膏盐层以下的古近—新近系和白垩系砂岩也保持较大孔隙度。这也可能与盐下超压有关。

二、高导热率盐层导致盐下成岩作用减缓

岩石的导热率具有较大差异（表 3-4）。盐岩是一种非常规矿物，它是热传导性最好

的沉积物之一[7]，如在 43℃时盐岩的导热率为 5.13W/（m·K），而页岩在相同温度时的导热率仅为 1.76W/（m·K）。因此盐下热量容易通过盐丘散失，导致盐下温度局部降低。

表 3-4　沉积岩导热率

岩石类型	导热率，W/（m·K）	岩石类型	导热率，W/（m·K）
岩盐	3～8	砂岩	3.41±1.22
石膏	3.6～5.2	石灰岩	3.33±0.65
泥岩	3.59±1.19	白云岩	3.30±0.67
砾岩	3.53±0.65	泥灰岩	1.85±0.49

温度是发生各种成岩变化的基本条件之一，其大小不仅可以影响成岩作用的类型与速度，还影响成岩作用的方向。有机质随温度的变化衍生出不同的化学成分，而不同化学成分的有机酸对矿物的溶解则明显不同。大多数矿物的溶解度会随着温度的降低而降低，而有机酸对矿物颗粒的溶解是形成次生孔隙重要途径之一。因此盐下地层较低的地温导致盐下地层成岩作用减缓，易保持较好物性。

三、高突破压力盐层导致盐下易形成异常高压

实际资料表明，膏盐层之下常存在异常压力系统。渤海湾盆地盐膏区主要发育异常高压，渤南洼陷异常压力与膏盐层的分布也关系明显。东濮凹陷文东地区膏盐层之上的含油气层系的压力系数为 0.85～1.25，但其下压力系数骤然上升达 1.5～1.8，最高可达 2.0[11]。目前在库车坳陷内发现的盐下油气田（藏）也多为超压，巨厚盐岩和膏泥岩层是主要原因。周兴熙认为，库车坳陷的古近—新近系盐膏质盖层构成了其上正常压力系统和其下异常压力系统的屏障，其本身成为压力过渡带，也属异常压力带；吐哈盆地台北凹陷中的膏盐层之下也存在欠压实泥岩带。

含盐盆地如大西洋两岸、红海、滨里海等盆地，盐下异常高压广泛分布。在滨里海盆地可探知的周缘地带，均存在超压现象（图 3-9），并与盐层分布一致。其盐上和盐下的压力梯度发生明显跳跃（图 3-10），盐下的压力梯度明显大于盐上。红海盆地异常高压和古近—新近系的盐膏岩分布密切相关，凡盐膏岩和膏泥岩发育的部位，均存在异常高压。研究表明，当盐膏岩的厚度为 400～500m 时，其下面就可能存在高压。多井研究表明，盐下地层压力急剧升高，压力系数多在 1.9～2.1 之间。

盐下异常压力系统主要有以下 4 种成因机制。

（1）膏盐层作为良好的封闭层，其突破压力很高，容易形成盐下高压异常。地层中流体的压力多来自生烃作用。当压力聚集到上覆层突破压力时，压力释放。由于盐层突破压力高，因而易保持盐下较高的压力。

（2）当膏盐层埋藏达到一定深度时，石膏将转化成硬石膏，并脱出大量的结晶水，这些水进入相邻的地层孔隙中，将增大岩层中的孔隙流体压力，导致盐下地层压力增高，形成超压。

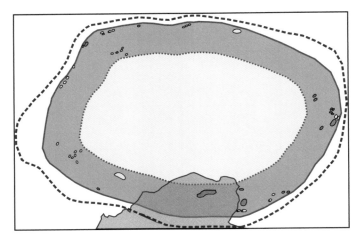

图 3-9 滨里海盆地盐下超压带分布

棕色为超压带；紫色虚线为盆地边界；蓝色区域为里海

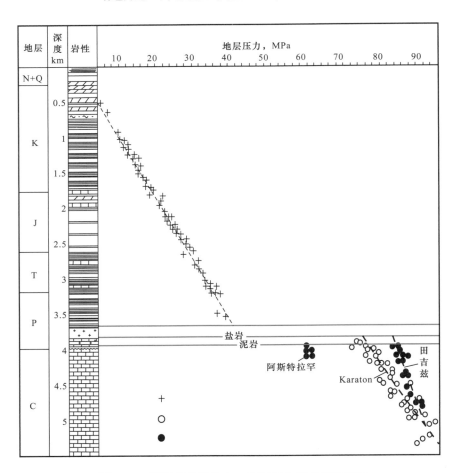

图 3-10 滨里海盆地盐上—盐下压力梯度分布特征

（3）由于盐膏岩密度低，相对于无盐丘地区，下伏地层承受的压力低，造成欠压实，从而形成异常低压力系统。但对碳酸盐岩来说，由于固结速度快，压实作用不如砂岩强烈。因此，盐下碳酸盐岩中异常低压并不发育。

（4）烃类大量消耗时，若压力不能快速恢复，就会导致异常低压。过敏等（2010）研究认为，川东北飞仙关组的泄压作用就是由硫酸盐热化学还原反应造成的[12]。

异常高压可以使储层的储集物性易于保存。异常高压可以支撑部分上覆岩体的荷重，减小地层的有效应力，减缓对超压层系的压实作用，并抑制压溶作用，保持较高的原生孔隙。同时，异常高压的形成还可以阻止超压体系内流体的运动和离子能量交换，减缓或抑制成岩作用和胶结作用，使深部储层保持较高的孔隙度和渗透率。在异常高压作用下，一些生物壳体也会免于被压碎和胶结充填而保存下来，形成相当规模的孔隙。

同时，异常高压可以改善储层物性。异常高压可以促进更多微裂缝的形成，增加超压体系内的储集空间，改善储层的连通性，增强储层的渗透性能。另一方面超压对有机质演化和油气生成的抑制，扩大了超压盆地中有机酸的释放空间和它对成岩作用的影响范围，促进了化学反应向有机酸生成方向进行，有利于次生孔隙的形成。

四、硫酸盐热化学还原反应（TSR）造成溶蚀孔隙

硫酸盐热化学还原反应（TSR）是指硫酸盐与有机质或烃类作用，将硫酸盐矿物还原生成硫化氢及二氧化碳的过程，即硫酸盐被还原和烃被氧化的过程。在含盐盆地中烃类若与膏盐岩或者碳酸盐岩中硫酸盐直接接触，一般会导致硫酸盐热化学还原反应（TSR），形成一定量的硫化氢（$CH_4+CaSO_4=CaCO_3+H_2S+H_2O$）。硫化氢与水结合形成酸性液体，造成碳酸盐岩溶蚀，形成溶蚀孔隙，从而可改善储集性能。

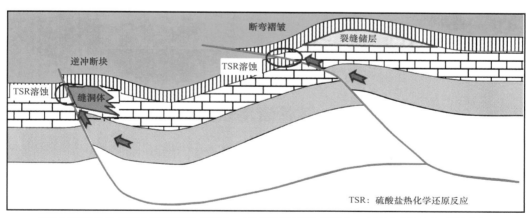

图3-11　含盐盆地硫酸盐热化学还原反应（TSR）储层发育模式

五、石膏脱水可形成储集空间

石膏脱水后转化成的硬石膏可形成晶间孔隙，若孔隙得以保存，则硬石膏可作为油气储层。尽管目前世界上还没有硬石膏作为储层发现商业油气田的相关报道，但其潜力不可忽视。

吴富强（2004）认为，渤南洼陷沙四段硬石膏有两种成因。一种为盐湖型即蒸发型，可作盖层；另一种为热液型，可作储层。郝科 1 井 4200～4260m 沙四段，主要由硬石膏组成，偶见白云石，细粒—中粒结构，形成晶间孔隙，孔径 0.1～0.6mm，含量达20%；在 5445～5459m，硬石膏呈团粒放射状，面孔率达 28%[13]。根据统计，渤南洼陷钻遇膏盐层的 48 口探井中，10 口井在 3000m 深的石膏中见油气显示，级别多达到油斑级。

前人研究认为，阿姆河盆地硬石膏即为潜在油气储层。在萨曼捷佩气田，盐层之下发育一层硬石膏，已证实其碳酸盐岩透镜体夹层的含油气性，至少证明了硬石膏在某些时段的渗透能力。

六、盐运动影响沉积体系

还有一类有代表性的含盐盆地，同沉积期发生剧烈盐运动，在较大的容纳空间中形成众多盐丘间的局部"洼地"，为深水浊积扇等提供沉积场所（图 3-12），从而形成大型岩性圈闭。墨西哥湾和安哥拉等盆地发育类似圈闭，并已有重大油气发现。

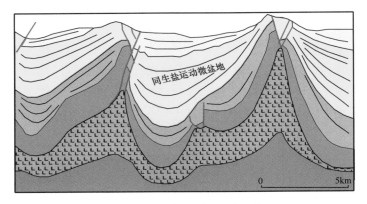

图 3-12　盐运动形成微盆地

第三节　盐膏岩对盖层的影响

含盐盆地最主要的盖层为盐岩地层，其次为泥质岩。据 Klemme H.D. 统计，世界上334 个大油田中，盖层为石膏、盐岩的占 33%[14]。对全球大型油气田（藏）盖层岩性的统计表明，常规油气资源的直接盖层主要有泥页岩和盐（膏）岩两种类型。虽然泥页岩盖层分布最广，比例最大（占 80% 以上），但泥页岩所封盖的石油储量仅占全球石油储量的22%；而分布面积仅占 8% 的盐（膏）盖层，却封盖了全球总油气储量的 55%[15]。

与泥质岩类、碳酸盐岩类盖层相比，膏盐层具有极低孔渗特征，且盐岩的排替压力高、韧性大，所以具有物性和超压双重封闭机制，具有良好的封闭性能[16]。中国西南滇黔桂等地区中—下三叠统膏岩的孔隙度为 0.1%～0.3%，渗透率极低，最大喉道半径小于1.8nm，岩性致密，具有较高的排替压力[17]。我国塔里木盆地克拉 2 井的库姆格列木群含盐膏泥岩的突破压力高于 60MPa，由于其厚度很大，本身地层压力也很高，所以具有毛细管和异常高压双重封闭机制，使其成为非常优质的区域盖层[18]。

在海退过程中形成的盐岩层是绝佳的区域性盖层，区域分布稳定、持续性好、封闭性强，并与下伏的烃源岩和储层形成良好的空间配置关系。在滨里海和阿姆河等盆地，盐层直接覆盖礁体和碳酸盐岩储层，形成巨型油气田（图3-13）。

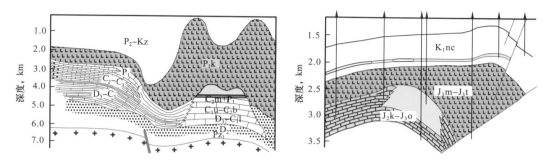

图3-13　盐盖层对油气的直接封堵（滨里海盆地和阿姆河盆地）

由于膏盐层复杂的变形样式，可形成各种特殊的遮挡方式，包括侧向遮挡和顶部封闭（图3-14）。但膏盐层变形也可造成薄弱带，从而成为流体运移通道，形成盐上和盐侧油气藏。在以气为主的阿姆河盆地，穿过膏盐层的断裂有时可形成输导体系，在盐上白垩统砂岩中形成天然气田（图3-15）。

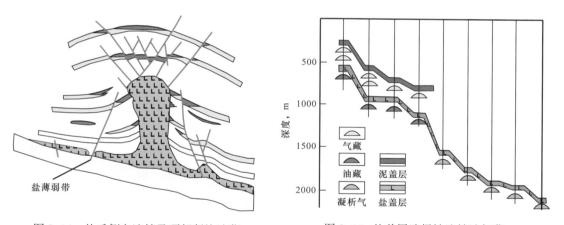

图3-14　盐丘侧向遮挡及顶部断块油藏　　　　图3-15　盐盖层选择性遮挡油气藏

杨传忠等（1991）对滇黔桂地区7种不同岩性的盖层岩样进行了岩石力学性质计算，并对油气盖层的力学性质与其封闭性的关系进行了研究。结果表明，白云岩、石灰岩抗压强度大，硬度高，但脆性大，受力后易发生破裂，封闭性能将大大降低。盐膏岩抗压强度大，硬度低，具明显的塑性特征，易发生塑性变形，但不易破裂，封闭性能受应力状态的影响较小。泥质岩类抗压强度和硬度介于上述二者之间，具明显的塑脆性特征，应力对其封闭性能影响也较大。由上可见，盖层的力学性质直接决定了其封闭性能的稳定性。可见，盐层的封闭能力主要取决于本身的特性，而与周围的应力环境关系不大。因此，盐层总是可以成为良好的盖层。

第四节　盐膏岩对圈闭的影响

膏盐层的运动和变形可使围岩形成多种类型的圈闭。盐伴生圈闭可分成3类，即整合型（位于宽缓盐丘之上）、过渡型（盐枕滚动断层封闭）、刺穿型（盐墙—盐株侧向封闭和盐顶断层封闭），并可进一步细分为20种（图3-16、表3-5）。

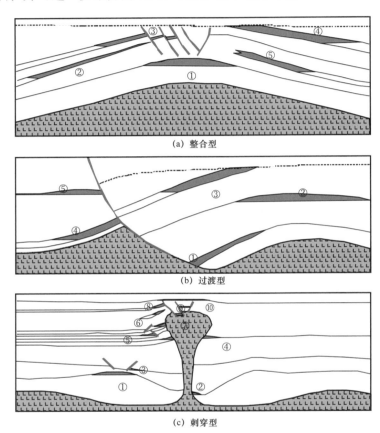

图 3-16　盐伴生圈闭类型[19]

图中数字①至⑤代表主要圈闭特征，具体见表3-5

整合型圈闭进一步分为5种，即穹隆或背斜圈闭、地层尖灭型圈闭、断层遮挡型圈闭、不整合型圈闭、岩性圈闭。

过渡型圈闭也分为5种，即铲式断层与滚动背斜之间的尖灭型圈闭、滚动背斜脊部的穹隆圈闭、不整合型圈闭、断层下盘中的断层阻挡型及拖曳褶皱型圈闭及盐拱、断层、不整合和岩性等综合控制的圈闭。

刺穿型圈闭种类较多，共10种，即龟背斜构造圈闭、原始盐枕顶部及翼部孔隙加强岩层不整合型圈闭、龟背斜构造顶部断层遮挡型圈闭、盐边侧向遮挡型圈闭、盐刺穿侧部断层遮挡型圈闭、盐刺穿侧部地层尖灭型圈闭、盐顶侧向遮挡型圈闭、盐刺穿顶部断层遮挡型圈闭、盐刺穿顶部地堑断裂型圈闭、盐刺穿构造脊部背斜型圈闭。

表 3-5　盐伴生圈闭分类[19]

类型	主要盐构造	主要圈闭特征
整合型	盐枕龟背构造	① 穹隆或背斜圈闭
		② 地层尖灭型圈闭
		③ 断层遮挡型圈闭
		④ 不整合型圈闭
		⑤ 岩性圈闭
过渡型	盐枕	① 铲式断层与滚动背斜之间的尖灭型圈闭
		② 滚动背斜脊部的穹隆圈闭
		③ 不整合型圈闭
		④ 盐拱、断层、不整合和岩性等综合控制的圈闭
		⑤ 断层下盘中的断层阻挡型及拖曳褶皱型圈闭
刺穿型	盐墙盐柱	① 龟背斜构造圈闭
		② 原始盐枕顶部及翼部孔隙加强岩层不整合型圈闭
		③ 龟背斜构造顶部断层遮挡型圈闭
		④ 盐边侧向遮挡型圈闭
		⑤ 盐刺穿侧部断层遮挡型圈闭
		⑥ 盐刺穿侧部地层尖灭型圈闭
		⑦ 盐顶侧向遮挡型圈闭
		⑧ 盐刺穿顶部断层遮挡型圈闭
		⑨ 盐刺穿顶部地堑断裂型圈闭
		⑩ 盐刺穿构造脊部背斜型圈闭

第五节　盐膏岩对油气输导体系的影响

盐层在物理、化学性质上具有易溶、易变、易流的特点，因此在差异负荷作用下及在构造动力作用下均可产生变形，形成塑性软流。由于盐体的运动，可能造成一些开启的断裂或裂缝[20]，以及由于溶蚀原因产生溶蚀缝，这些都为油气的垂直运移提供了通道。此外，有时盐层在流动过程中把老油气藏中的油气捕获在盐体内，使油气随盐体一起运动，促进了油气的二次运移成藏。含盐盆地的输导体系具有特殊性，除常见的断裂、储层、不整合等运移通道外，盐运动本身可形成新的输导体系，即盐刺穿缩颈通道、盐焊接薄弱带、盐溶滤残余通道、硬石膏晶间孔隙（图 3-17）。含盐盆地盐构造附近存在 3 类流体动力系统：浅层常压系统、中部静压含盐水系统和下部高压系统。盐下的高压体系与盐上的常压体系势差非常大，盐下的油气就会在盐层的薄弱带（盐焊接薄弱带、盐溶滤残余通道和硬石膏晶间孔隙）大量上窜，上窜的油气进入常压体系，大部分逸散，少部分在适当的条件下，可以聚集成小型油气藏。而这些盐相关输导体系的数量毕竟有限，造成含盐盆地的油气储量主要集中在盐下。

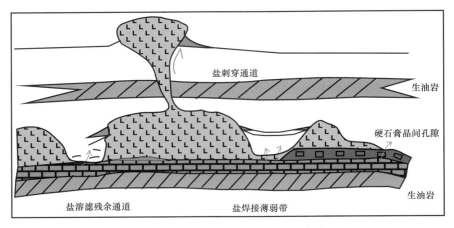

图 3-17　盐相关输导体系模式图[21]

在滨里海盆地，盐下的主要输导体系是断裂和层序界面及储层（图 3-18）。盐间和盐上则有新型运移通道，包括膏盐层薄弱带、盐层溶滤带等。红海盆地具有类似特点。

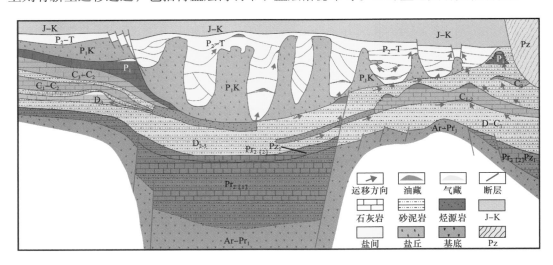

图 3-18　滨里海盆地盐下输导体系

阿姆河盆地盐上、盐下均发现很多油气田，说明至盐上的输导体系也非常发育。盐下气田的运移通道主要为储层和地层界面。盐上除这些类型的通道外，断裂起到很大作用，尤其是盆地中部盐层发育区。

参 考 文 献

［1］王东旭，曾溅辉，宫秀梅.膏盐岩层对油气成藏的影响［J］.天然气地球科学，2005，16（3）：329–333.

［2］雷怀彦.蒸发岩沉积与油气形成的关系［J］.天然气地球科学，1996，7（2）：22–28.

［3］P A Scholle，D G Bebout，C H Moore.Carbonate Depositional Environments［J］.Amer.Assor.Petrol. Geologists Mem.33.1983：267–295.

［4］贾振远.中国东部陆相含蒸发岩盆地形成特点与油气、蒸发岩与油气［M］.北京：石油工业出版社，1985.

［5］刘洛夫，朱毅秀.滨里海盆地及中亚地区油气地质特征［M］.北京：中国石化出版社，2007.

［6］梁杰，龚建明，成海燕.墨西哥湾盐岩分布对油气成藏的控制作用［J］.海洋地质动态，2010，26（1）：25–30.

［7］Warren J K.Evaporites：sediments，resources and hydrocarbons［M］.Berlin Heidelberg：Springer，2006：1–1035.

［8］Ovodov N E，Pechernikov V V.Formation of gas fields in basins of the same genetic type but of different age，in Trofimuk［J］，A.A.，Nesterov，I.I.，1987.

［9］徐可强.滨里海盆地东缘中区块油气成藏特征和勘探实践［M］.北京：石油工业出版社，2011.

［10］Alan Thomson.Preservation of Prosity in the Deep Woodbine/Tuscaloosa Trend，Louisiana［J］.SPE，1982：1156–1157.

［11］李熙哲，杨玉凤，郭小龙，等.渤海湾盆地压力特征及超压带形成的控制因素［J］.石油与天然气地质，1997，18（3）：236–242.

［12］过敏，李仲东，杨磊，等.川东北飞仙关组异常压力演化与油气成藏［J］.西南石油大学学报（自然科学版），2010，32（1）：175–182.

［13］吴富强，鲜学福.胜利油区渤南洼陷热液型硬石膏的存在［J］.华南地质与矿产，2004，2（4）：52–55.

［14］高霞，谢庆宾.浅析膏盐岩发育与油气成藏的关系［J］.石油地质与工程，2007，21（1）：9–11.

［15］金之钧，龙胜祥，周雁，等.中国南方膏盐岩分布特征［J］.石油与天然气地质，2006（05）：571–583+593.

［16］彭文绪，王应斌，吴奎，等.盐构造的识别、分类及与油气的关系［J］.石油地球物理勘探，2008，43（6）：689–698.

［17］杨传忠，张先普.油气盖层力学性与封闭性关系［J］.西南石油学院学报，1991，16（3）：7–1.

［18］周兴熙.库车坳陷第三系盐膏质盖层特征及其对油气成藏的控制作用［J］.古地理学报，2000，2（4）：51–57.

［19］戈红星，Jackson M P A.盐构造与油气圈闭及其综合利用［J］.南京大学学报（自然科学版），1996，32（4）：640–649.

［20］Koyi H，Petersen K.Influence of basement faults on the development of salt structures in the Danish Basin［J］. Marine and Petroleum Geology，1993，10（2）：82–93.

［21］郑俊章，薛良清，王震，等.含盐盆地石油地质理论研究新进展［C］//跨过油气勘探开发研究论文集.童晓光.北京：石油工业出版社，2015.

第四章 含盐盆地油气成藏机理与分布特征

在含盐盆地中，流体的运动也受盐的影响，包括运移通道、流体动力、流体运动等方面。主要的流体类型包括盐热流体、烃类流体、富金属热流体以及同生水和大气水等。这些流体常常与盐构造有着直接或间接的联系[1]。

第一节 含盐盆地油气成藏模拟实验

一、含盐盆地油气成藏数值模拟

1.滨里海盆地盐构造离散元数值模拟

1）离散元方法简介

离散元方法来自微观尺度上的粒子模拟，例如气体分子运动，后来由美国的 Cundall 等提出并完善了其在岩土工程和地质学领域的应用。由于离散元方法允许单个颗粒产生较大的位移，因此非常适合用于研究与破裂（如断层、节理等）相关的问题。最简单的离散元模型定义在平面内，以圆形颗粒作为基本离散单元，颗粒间仅存在法向斥力和剪切力，Cundall 等通过将模拟结果和岩石实际破裂情况进行对比，发现这种将颗粒简化为圆形的模拟方式能很好地反映含颗粒集合体的性质。随着技术的进一步发展，离散元基本算法中考虑并加入了更多的变量，例如：颗粒的旋转、扭矩以及相应的扭曲刚度、内聚力和抗拉强度，以及弹黏性介质的非线性变形等[2]。

本模拟应用的软件是开源软件 Yade。Yade 是由 C++ 编写并提供 Python 语言接口的三维离散元模拟软件。Yade 提供了非常多的基本颗粒模型：包括仅考虑斥力的摩擦材料 Frictional Material，在代码中以 FrictMat 表示；带有内聚力的固结材料 Concrete Material，在代码中以 CpmMat 表示；介于二者之间的固结摩擦材料 Cohesive Frictional Material ，在代码中以 CohFrictMat 表示；除此之外，还有弹黏性材料、非弹性材料、多孔弹性材料等。Yade 中也允许通过将几个颗粒聚合成团生成复合颗粒。由于其丰富的颗粒模型和算法，Yade 主要用于颗粒材料性质和土木工程中的数值模拟研究。此外，Yade 软件开源的特点大大提升了其可扩展性，使用者可以改写其源代码来尝试新的模型算法。

2）滨里海盆地盐构造离散元模型设置

滨里海盆地盐构造离散元数值模拟总共包括四个模型，各模型设置见表 4-1。模型分别考虑了基底古隆起和沉积模式对盐构造形成及演化的影响。四个模型均存在基底斜坡，模型1、模型2、模型3包含一个盐下基底古隆起，模型4包含2个基底古隆起。模型1的主要沉积作用为快速进积；模型2的主要沉积作用为慢速进积；模型3及模型4包含快速、慢速两种进积作用，在模型的左侧主要是快速进积作用，而模型的右侧主要是慢速进积作用（图 4-1）。

表 4-1　滨里海盆地盐构造离散元数值模拟实验设计

模型编号	基底形态	沉积模式
模型 1	古隆起	快速进积 + 加积
模型 2	古隆起	慢速进积 + 加积
模型 3	古隆起	快速进积 + 慢速进积 + 加积
模型 4	双古隆起	快速进积 + 慢速进积 + 加积

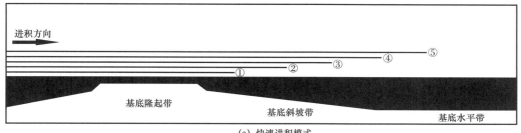

(a) 快速进积模式

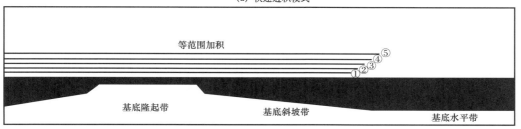

(b) 慢速进积模式

图 4-1　基底形态及沉积加载模式图

（a）模型不仅垂向沉积增厚，而且横向上沉积范围快速增大；（b）模型垂向沉积增厚但其横向沉积范围变化小

3）滨里海盆地盐构造离散元数值模拟结果

（1）模型 1 包含基底斜坡、基底古隆起、快速进积作用。不同阶段的模拟结果如图 4-2 所示。模型 1 的模拟结果显示了快速进积加载作用对盐底辟构造形成与演化的影响。模拟结果显示在差异沉积负载的驱动下，盐体向盆地方向流动，在进积前锋位置形成被动底辟。同时由于模型中沉积物不仅垂向沉积增厚，而且横向上沉积范围快速增大，每一轮次沉积前锋相对上一轮次有较大距离迁移，导致早期被动底辟被后期进积物所覆盖，演化为隐伏盐构造，底辟形态为近三角形。隐伏盐底辟形成后，基本停止生长，不受后期加积作用影响。

（2）模型 2 包含基底斜坡、基底古隆起、慢速进积作用。不同阶段的模拟结果如图 4-3 所示。模型 2 的模拟结果显示了慢速进积加载作用对盐底辟构造形成与演化的影响。与模型 1 相似，模型 2 的模拟结果显示在差异沉积负载的驱动下，盐体向盆地方向流动，并且在进积前锋位置形成被动底辟。但与模型 1 快速进积不同，在模型 2 慢速进积加载模式中，模型垂向沉积增厚但其横向沉积范围变化小，因此底辟附近沉积物进积推进速度缓慢，盐底辟出露地表，形成近柱状底辟，在后期持续加积作用影响下，柱状盐底辟演化为蘑菇状盐底辟。

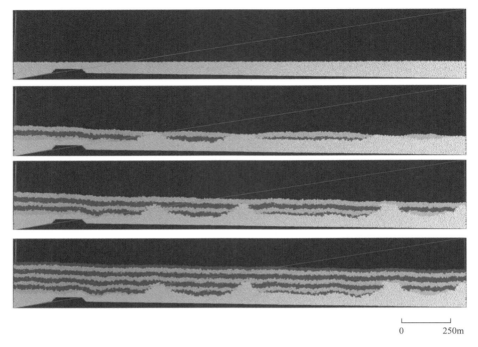

0   250m

图 4-2   模型 1 模拟结果图

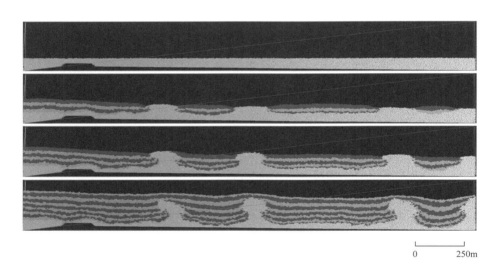

0   250m

图 4-3   模型 2 模拟结果图

（3）模型 3 包含基底斜坡、基底古隆起、快速及慢速进积作用。不同阶段的模拟结果如图 4-4 所示。模型 3 的模拟结果显示了快速、慢速混合进积加载作用对盐底辟构造形成与演化的影响。与模型 1、模型 2 相似，模型 3 的模拟结果显示在差异沉积负载的驱动下，盐体向盆地方向流动，并且在进积前锋位置形成被动底辟。模型左侧为快速进积加载模式，每一轮次沉积前锋相对上一轮次有较大距离的迁移，横向上沉积范围快速增大，导致左侧的两个早期被动底辟被后期进积物所覆盖，演化为三角形隐伏盐构造；模型右侧为慢速进积加载模式，模型垂向沉积增厚但其横向沉积范围变化小，因此底辟附近沉积物进积推进速度缓慢，盐底辟出露地表，形成近柱状底辟，在后期持续加积作用影响下，柱状盐底辟演化为蘑菇状盐底辟。

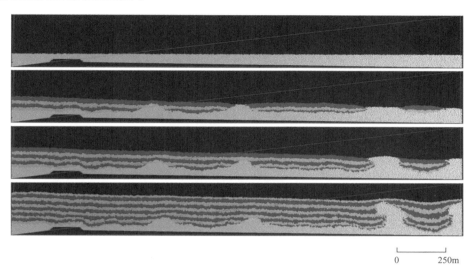

图 4-4　模型 3 模拟结果图

（4）模型 4 包含基底斜坡、双基底古隆起、快速及慢速进积作用。不同阶段的模拟结果如图 4-5 所示。

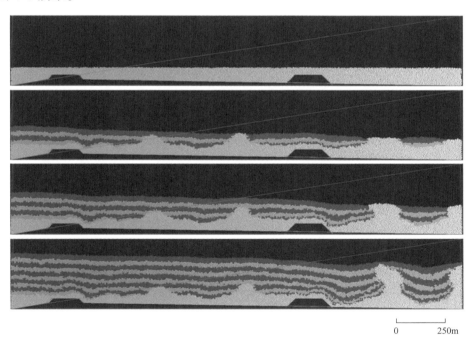

图 4-5　模型 4 模拟结果图

与上述三个模型的模拟结果一样，模型 4 也显示差异沉积负载是盐体向盆地方向流动的主要驱动力，并且在进积前锋位置形成被动底辟。模型 4 的加载模式与模型 3 一样，显示了快速、慢速混合进积加载作用对盐底辟构造形成与演化的影响。模型左侧为快速进积加载模式，横向上沉积范围快速增大，导致左侧的两个早期被动底辟被后期进积物所覆盖，演化为三角形隐伏盐构造；模型右侧为慢速进积加载模式，模型垂向沉积增厚但其横向沉积范围变化小，盐底辟出露地表，形成近柱状底辟，进而演化为蘑菇状盐底辟。与模型1、模型2、模型3不同，模型4包括了两个基底古隆起。古隆起的存在并未明显影响模型中大型盐底辟的位置及其演化，表明盐上差异沉积加载模式对盐构造形成、演化的影响比盐下基底差异的影响更为显著，差异沉积加载是影响盐底辟构造形成演化的主控因素。同时，也注意到模拟结果中基底古隆起边缘通常形成小规模隐伏盐丘构造，这可能与隆起对盐层厚度及盐流动过程中的阻挡效应有关。

4）滨里海盆地盐构造离散元数值模拟结果分析

离散元数值模拟结果显示了进积加载速率对盐底辟的形成演化具有控制作用（图4-2至图4-5、图4-6b）。

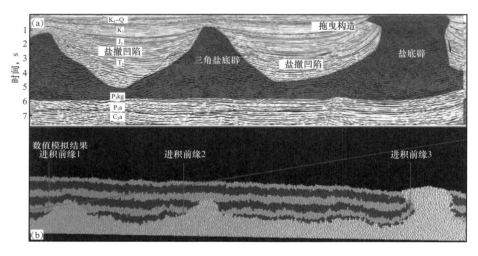

图4-6　数值模拟3剖面图与滨里海盆地B区块地震剖面对比分析图

（a）滨里海盆地B区块Line08测线地震解析图；（b）模型3实验结果图

数值模拟的结果显示在快速进积加载模式下（图4-6b左侧），横向上沉积范围快速增大，导致左侧的两个早期被动底辟被后期进积物所覆盖，演化为三角形隐伏盐构造；同时在慢速进积加载模式（图4-6b右侧）影响下，模型垂向沉积增厚但其横向沉积范围变化小，盐底辟出露地表，形成近柱状底辟，进而演化为蘑菇状盐底辟。根据数值模拟结果，认为滨里海盆地B区块中的隐伏三角盐底辟（图4-6a）的控制因素除了上述讨论中提及的重力扩展作用外，进积速率的影响也可能是另一重要因素。

2. 含盐盆地油气成藏数值模拟

为了研究盐构造对油气运移成藏的影响，进行了含盐盆地的成藏数值模拟。滨里海东缘成藏数值模拟实验表明（图4-7），在碳酸盐岩台地被埋藏之前，发生了由地热驱动的强迫型对流，水文差异对地层流体的流动形式和幅度、热传递及其相关的成岩作用有重要的影响，台地内部沉积物垂向渗透率的降低会极大地降低溶解速率。碳酸盐岩台地在被埋藏后，依然可以发生由地热驱动的自由型对流，可以使一些区带的储层物性得到改善。但与埋藏前的强迫型对流相比,埋藏后的流体流动速率及相应的成岩速率要变慢。由页岩充填的盐间洼地的发育对碳酸盐岩台地内的自由对流有明显的改变作用。盐间洼地之下较高的地温梯度主要集中于自由对流单元的上升翼,溶解作用就会导致孔隙度升高。而且盐间洼地的发育时间、规模、充填物类型、数量等会对下伏碳酸盐岩台地复杂的自由对流系统及相关的成岩孔隙度变化带来不同的影响。

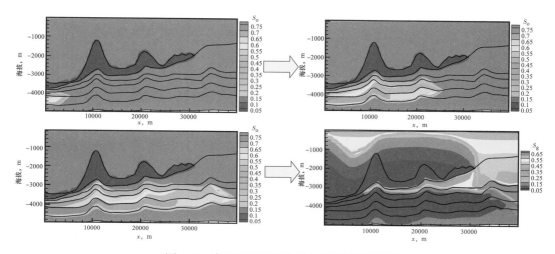

图 4-7 滨里海东缘流体动力学和运动学模拟

数值模拟实验还证实,当盐下油从下层碳酸盐岩层注入后,会在水平和垂直方向上迅速扩散迁移。而其上的泥岩层会成为阻滞层,导致油暂时在下层碳酸盐岩和上覆泥岩的分层界面上聚集。最终,在层内形成高含油饱和带,在上层碳酸盐岩和下伏泥岩的界面附近也形成了一个较薄的油层饱和带。气主要是在盐岩盖层直接覆盖的储层内聚集,表明盐岩的良好封盖性能可能对天然气的聚集成藏更为有效。

阿姆河盆地模拟实验证实(图 4-8),膏盐层的存在阻碍了流体向上的运移,将整个模型分隔为盐下和盐上两个独立的封存箱。而且还可以影响流体密度,并产生浮力效应,导致流体运移速率增加一个数量级(与纯水相比)。此外,处于活动期的断层也可以对流体运移产生促进作用。

针对阿姆河盆地北部断阶带进行的模拟实验表明,受不同层之间渗透率差异的影响,油气在进行横向运移的同时,还发生了一定规模的垂向运移。即使是对渗透率较低的 J_3 下部膏盐层而言,油气也向其顶部进行了一定量的运移,尤其是在有层间断层发育的部位。这也表明,受盐膏岩封盖影响,虽然油气主要是在盐下聚集成藏,但由于厚度较薄的膏盐层并不是完全致密的,盐下的油气仍然可以通过断层、裂缝等通道运移到盐上地层中聚集成藏。

二、含盐盆地油气成藏物理模拟

成藏过程实际上就是油气驱水过程,而物理模拟实验可以阐明石油在岩体中的二次运移过程、机理及其在圈闭中的聚集过程[3]。滨里海盆地阿斯特拉罕—阿克纠宾斯克隆起带是极其有利的油气聚集带。本次实验主要利用二维模拟实验装置,旨在模拟石油在盐构造相关油气藏中的运移聚集过程,建立滨里海盆地研究区内油气成藏模型,指出有利的成藏位置。

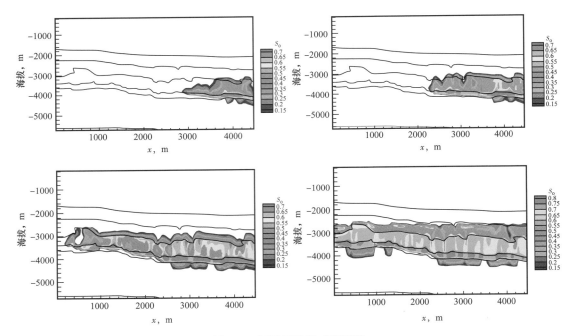

图 4-8　阿姆河盆地成藏模拟

1. 实验目的及实验设计原则

通过建立含盐盆地油气成藏模型及实验室模拟，研究盐构造对流体运动学和动力学的控制机理、对油气的选择性封闭性能，以及对油气成藏过程的控制机制。

以滨里海盆地地震剖面解释结果为依据，结合区域地质和成藏特征分析及周围典型油气藏的解剖，设计合理的实验模型和实验流程。设计成藏模拟实验两组，用以说明研究区的成藏特征及盐构造控藏机理。

2. 实验模型 I ——与盐焊接构造相关的油气成藏模拟

滨里海盆地发育巨厚的下二叠统空谷阶盐岩层，滨里海盆地 B 区块发育多种类型的盐构造，包括盐焊接、盐底辟、盐枕、盐墙等。而毗邻油源的盐焊接构造是油气成藏的重要控制因素之一，在盐底辟之间的盐焊接构造周围可形成多种类型的油气藏[3]。本次实验旨在模拟盐焊接构造相关的油气藏，研究与该类油气藏相关的油气运移通道、巨厚膏盐层对盐下油气的选择性封堵及盐上和盐下储层中有利的成藏位置。

以 B 区块测线 11-12 地震剖面（图 4-9）为依据，盐下多发育高角度的逆断层，而盐上多为与盐体上拱相关的正断层，断层与盐构造相互作用、相互组合，成藏条件复杂。以此，建立了盐焊接构造相关的油气成藏模型，如图 4-10 所示。

3. 实验模型 II ——盐下非均质性油气成藏模拟

油气勘探实践表明，国内外许多受大断裂控制的油田纵向上一般都分布有多套储层，这些储层虽然都与控制运移的断裂相连，但其含油气情况差别很大，有些储层含油，而另一些却不含油或含油较差。

滨里海盆地南缘 M 区块目的层主要为盐下泥盆系、石炭系储层，该区盐构造类型以高幅度的盐墙、盐底辟为主，其间以盐焊接构造或层状盐层相连。通过对田吉兹油田储层

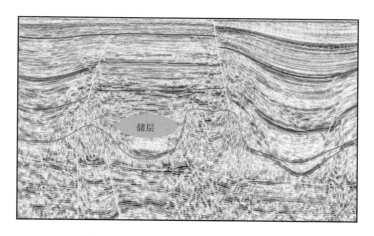

图 4–9　B 区块测线 11–12 地震解释结果

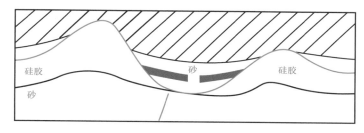

图 4–10　实验模型 I

特征的解剖分析，发现盐下泥盆系和石炭系碳酸盐岩储层具有明显的不均质性，储层物性从下向上逐渐变好。本次实验旨在模拟盐下非均质性油气藏，研究巨厚膏盐层对油气的封闭性能、油气在非均质储层中的运移和聚集特征，以及断层在油气运移中的侧向分流作用。

　　以 M 区块测线 10–13 的地震解释成果（图 4–11）为依据，建立了盐下非均质性油气藏的实验模型（图 4–12）。试验中假定盐下的断层均为输导层，砂层 L_1、砂层 L_2 和砂层 L_3 的孔隙度比为 3：2：1，厚度比为 1：1：3（查实资料后改为 1：2：3）。

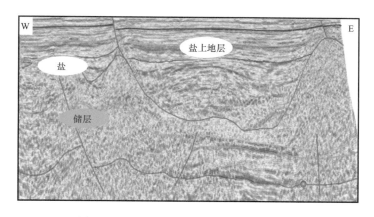

图 4–11　M 区块测线 10–13 地震解释结果

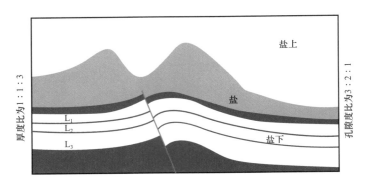

图4-12　实验模型Ⅱ

4. 实验装置及实验方法

本次实验采用的是中国石油勘探开发研究院自主设计的二维实验装置——构造变形与油气运移物理模拟系统（图4-13）。该设备可实现：（1）挤压构造变形过程模拟；（2）高精度位移测量和记录；（3）实时应力测量和记录；（4）油气水充注及可视监控。

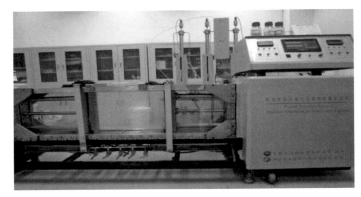

图4-13　构造变形与油气运移物理模拟系统

本次实验模型大小为 $50cm \times 25cm \times 10cm$，模型侧面为有机玻璃板，可用来直接观察石油的运移和聚集，砂体由不同粒度的玻璃微珠组成，膏盐层为硅胶，局部盖层使用的是黏土与玻璃微珠的混合物。注油泵使用 ISCO 三泵系列注油泵，以恒流方式，选择合适的注油速率向模型中注入染色煤油。

此次成藏模拟实验将按照如下实验步骤开展：（1）将不同粒径的玻璃微珠和黏土饱和水后，按照模型需要填入实验装置中；（2）使用 ISCO 三泵系列注油泵，以恒流模式，设定适当的注油速率，向模型中充注染色煤油，白天注油，晚上静置；（3）观察并用相机记录煤油在模型中的运移和聚集过程，记录注入量和压力变化；（4）针对一组模型开展多次实验；（5）对实验结果进行总结分析。

5. 模型Ⅰ实验记录及实验结果

针对模型Ⅰ共开展了10次成藏模拟实验（表4-2），其中仅有第九次实验比较成功，实验效果较好。下面重点针对第九次实验来说明本次实验的意义，以及反映出的滨里海盆地盐焊接构造相关油气藏的地质特点。

表 4-2   模型 I 开展情况及各次实验参数

实验编号	断层	储层	烃源岩	局部盖层	煤油密度 g/cm³	注入量 mL	注油速率 mL/min	压力 kPa
			单位：目					
1	18～25	70～100	300	300+ 黏土	0.75	144	0.1	160
2	18～25	70～100	300	300+ 黏土	0.75	162	0.5/0.1	400/180
3	18～25	70～100	300	300+ 黏土	0.75	330	1.0	850
4	18～25	70～100	300	300+ 黏土	0.75	490	5.0	2400
5	18～25	70～100	无	300+ 黏土	0.75	45	1.0	160
6	18～25	70～100	无	300+ 黏土	0.75	120	1.0	150
7	18～25	70～100	无	300+ 黏土	0.75	16	0.1	70
8	18～25	70～100	无	300+ 黏土	0.75	67	0.1	80
9	18～25	70～100	无	300+ 黏土	0.75	272	0.1	100
10	18～25	70～100	无	300+ 黏土	0.75	40	0.1	50

1）开展实验

2013 年 3 月 5—17 日，在前面八次实验失败教训总结基础上进行了第九次实验（图 4-14）。

（1）实验现象：① 开始注油 100min 后在断层附近出现油气显示，由于模型充填过程较长，而断层所用玻璃珠粒度较粗，其中所含的水易受蒸发作用而变少，输导效果变差，煤油未沿断层运移；② 煤油穿过盐窗向盐上砂层运移，由于浮力作用，首先在盐上层砂体上部聚集；③ 盐下砂体逐渐被煤油充满；④ 模型中煤油逐渐饱和，盐上砂体的下部未出现油气聚集现象。

（2）实验总结：本次实验较为成功，基本指明了油气聚集的有利位置，对说明滨里海盆地油气成藏特征有一定指导意义。

2）实验模型 I 结果分析

如图 4-15 所示，试验中油气易于在盐下利于成藏的构造高部位中聚集（如图 4-15 中圈闭 2 所示），巨厚的膏盐层为其提供了良好的封闭条件，而烃源岩附近盐焊接构造和断层的存在，为油气向盐上运移提供了有利的通道。油气沿着盐窗、盐边和断层向盐间、盐上地层中运移，在运移过程中如遇盐岩侧向遮挡或岩性变化等遮挡因素，可聚集成藏（如图 4-15 中圈闭 1 所示）。由于实验模型所能承受的压力限制，盐上砂层中的下部储层中并没有见到煤油。

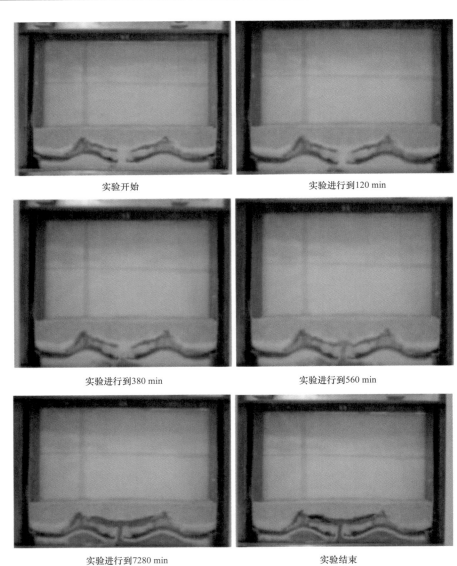

实验开始	实验进行到120 min
实验进行到380 min	实验进行到560 min
实验进行到7280 min	实验结束

图 4-14　第九次实验过程

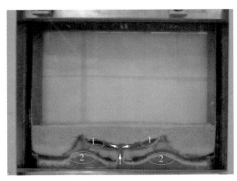

图 4-15　第九次实验最终结果

红色圈代表有利的成藏位置；白色箭头代表煤油运移的路径

研究表明滨里海盆地发育有巨厚的空谷阶膏盐层，由于二叠纪之后的区域构造作用和差异负载等盐构造运动机制的影响，盐岩层变形强烈，而盆地的油藏油源主要来自盐下层系的石炭系和泥盆系[4]。结合实验结果，认为盆地发育的巨厚膏盐层，为盐下油气藏提供了良好的区域盖层，有利于盐下油气在构造高部聚集。滨里海盆地南部盐下层系储层以石炭系和上泥盆统浅海碳酸盐岩台地及生物礁、滩相灰岩为主，碳酸盐岩储层厚度大、分布广，且具有良好的储集性能[5]。比如阿斯特拉汗凝析气田为碳酸盐岩台地型储层，田吉兹油田及卡沙干油田为生物礁、滩型储层。因此，在厚层盐岩之下，长期稳定发育的古隆起和古斜坡上发育的浅水台地相和生物礁相优质碳酸盐岩储层及其圈闭的发育分布控制着盐下油气田（藏）的分布，比如实验中盐下两个背斜圈闭是油气聚集的有利区带。

相比盐下油气成藏条件来说，盐上的成藏条件更为复杂，其所形成的油气藏一般成藏规模较小，但类型较多，而成藏的关键就是盐焊接构造和油源断层的分布。盐焊接构造和断层的发育为油气向盐上运移提供了有利的通道，油气可以通过盐边或盐窗间的垂向断层向上运移。当油气进入盐上层以后，其运移途径也变得复杂，既有垂向运移，也存在水平运移（实验过程也可证实）。2010年张建球在研究滨里海盆地东南部盐上层系油气运移规律时，将其运移方式总结为3种类型：沿盐构造边部运移、沿不整合面或盐间高效输导层做水平运移、沿断裂做垂向运移[6]。

滨里海盆地南部盐上储层主要为上中生界碎屑岩，由于空谷阶构造隆升的影响，盐上地层存在多种类型的圈闭。2002年刘洛夫统计了盐上116个圈闭，将其划分为以下几种类型：背斜型、背斜与断层组合型、断层遮挡型、盐体刺穿遮挡型、地层尖灭型和砂岩透镜体型[7]。在模型Ⅰ中，通过模拟实验说明了在盐体刺穿遮挡、龟背构造等类型的圈闭中的聚集特征。

6. 模型Ⅱ实验记录及实验结果

针对模型Ⅱ共进行了6次实验（表4-3），本次实验主要模拟验证了盆地非均质储层中油气的分布聚集规律，也再次证实了膏盐层对盐下油气藏的封闭性能。通过改变试验中断层所使用的玻璃微珠的粒度，来研究不同输导性能的断层对油气运移和聚集的控制作用，试图找到最符合滨里海油气分布模式的实验结果。下面将介绍几次较为成功的实验，以及从中得到的结论。

表4-3　模型Ⅱ开展情况及各次实验参数

实验编号	断层	隔层	砂层 L_1	砂层 L_2	砂层 L_3	煤油密度 g/cm³	注入量 mL	注油速率 mL/min	压力 kPa
			单位：目						
1	18～25	300+ 黏土	30～40	70～100	150～200	0.75	204	0.1	50
2	18～25	300+ 黏土	30～40	70～100	150～200	0.75	254	0.1	50～70
3	70～100	300+ 黏土	30～40	70～100	150～200	0.75	68	0.2	30
4	70～100	300+ 黏土	30～40	70～100	150～200	0.75	95	0.2	30
5	80～100	300+ 黏土	30～40	70～100	150～200	0.75	68	0.2	—
6	80～100	300+ 黏土	30～40	70～100	150～200	0.75	68	0.2	—

1）开展实验

（1）2013 年 4 月 9—14 日进行第二次实验的现象（图 4-16）：① 煤油充注至 14min 时，断层中见到煤油显示，后静置一晚；② 煤油首先沿着高渗透性的断层运移，将整个断层充满后开始进入顶部物性较好的砂层 L_1；③ 砂层 L_1 充满煤油后，煤油继续向砂层 L_2 中运移，至实验结束砂层 L_3 中始终无煤油进入。实验共注入煤油 254mL，压力保持在 50～70kPa。

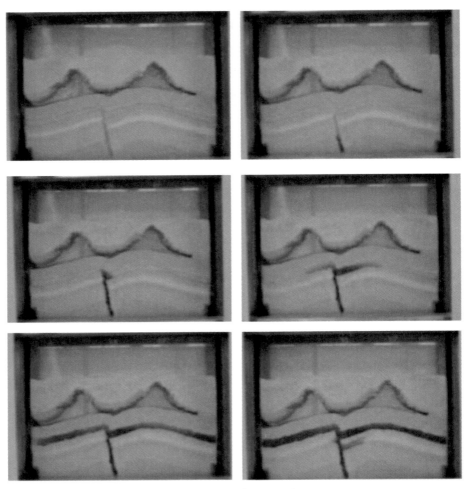

图 4-16　模型 Ⅱ 第二次实验过程

（2）实验总结：① 高渗透性的断层为油气的运移提供了良好的运移通道，油气可沿着该高效输导层快速运移，毛细管力也极力阻止了煤油向下部渗透率较小储层中的运移；② 由于煤油进入物性较好储层的阻力较小，所以煤油首先进入砂层 L_1；③ 煤油能否进入到砂层 L_3 主要取决于油源充足与否、储层的渗透率极差（砂层最高渗透率与最低渗透率之比）和注油速率；④ 本次实验模拟的亚丁斯克阶泥岩（盐丘下部与顶部砂层之间的地层）充填太厚，影响了对盐岩层封堵性的评价。

（3）2013 年 4 月 22—26 日进行第四次实验的现象（图 4-17）：① 煤油充注至 60min

时，断层中见到煤油显示；② 断层渗透率较高，煤油首先沿着高渗透性的断层运移，运移至砂层 L_2 初始，由于断层与砂层 L_2 渗透率一样，煤油开始向砂层 L_2 中渗透；③ 依靠浮力作用，煤油继续沿着断层向上运移，至断层顶部后，向渗透率最好的砂层 L_1 中运移；④ 由于模型未完全压实，其中的空气溢出时，砂层中的煤油随之进入到硅胶中，至实验结束得到如图 4-17 所示的结果。实验共注入煤油 95mL。

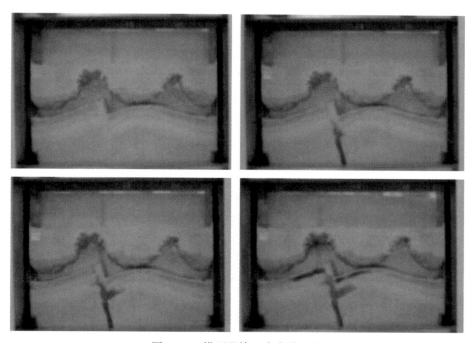

图 4-17　模型 II 第四次实验过程

（4）实验总结：① 随着断层渗透性的改变，油气在非均质性储层中的运移状态也发生改变，先部分扩散到渗透率相同的砂层 L_2 中；② 断层、砂层 L_1 的砂体和硅胶混合在一起，使其丧失了渗透性，造成煤油无法进入该砂层。

2）实验模型 II 结果分析

本次实验模型是根据滨里海盆地地质特征建立，主要模拟研究盐下非均质储层中的油气分布规律。模型中上部砂层（L_1）代表中石炭统巴什基尔阶较好储层，中部砂层（L_2）代表下石炭统维宪阶一般储层，下部砂层（L_3）代表上泥盆统法门阶较差储层。

第二次试验中使用 18～25 目物性最好的玻璃微珠来模拟断层（图 4-18a），而在第四次中使用与砂层 L_2 物性相同、渗透率较差的玻璃微珠来模拟断层（图 4-18b）。通过实验过程发现：在模拟滨里海盆地储层特征的条件下，当断层输导能力较强时（断层的输导能力大于所有类型储层的输导能力），油沿断层向上运移的过程中不会发生侧向分流现象，断层充满煤油后，油首先进入到最上部——位于空谷阶膏盐层之下的巴什基尔阶砂层中富集起来，油在基本充满砂层 L_1 后，才开始进入砂层 L_2；当断层输导能力较弱时，油沿断层向上运移的过程中比较容易发生侧向分流，从而首先充注埋藏较深、物性较断层好的砂层（维宪阶），纵向上比断层渗透性更好的砂层都将有油气充注，但直接位于区域盖层之下的储层（巴什基尔阶）含油饱和度更高。

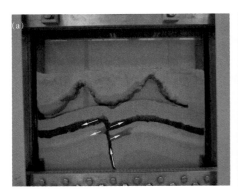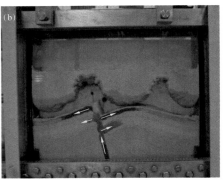

图 4-18　模型Ⅱ第二次实验（a）和第四次实验（b）结果

通过整个实验认为：首先空谷阶的膏盐层对盐下油气藏来说是良好的区域盖层，为盐下油气聚集成藏提供了有利条件；其次，盆地南部的盐下断层对盐下油气的运移、聚集起到了通道和控制作用。油在进入断层以后，主要靠浮力向上运移，加快了油的二次运移速率，而断层的输导性能却控制了油气的运移路径。此外，储层层间非均质性对储层中的油水分布和含油饱和度起着关键的作用。由于层间的非均质性，可以使渗透率较高的巴什基尔阶成为好油层，而渗透率相对较低的法门阶为差油层，甚至为水层。结合盆地地层特征，对该地区的油气成藏规律有了更进一步的认识。

第二节　含盐盆地油气聚集特征

含盐盆地形成于一定的大地构造背景，在时间和空间上经历了特定的构造和古气候演化阶段，形成了有利于有机质堆积、保存和转化的地球化学条件，具备油气生、排、运、聚、保的良好条件，从而形成多套含油气组合、多种类型油气藏[8]。

在对全球含盐油气盆地充分研究及中国石油含盐盆地勘探实践基础上，总结了含盐盆地的 3 类 10 种油气成藏类型（图 4-19）。第一类盐上盆地有背斜型、断块型；第二类盐间盆地有不整合型、龟背斜型、盐顶侧向遮挡型、盐边侧向遮挡型；第三类盐下盆地有断块型、生物礁型、地层—岩性型、断背斜型。以上为含盐盆地油气成藏的基本类型，实际上，各种盐构造均可形成遮挡，形成各种成藏亚型。

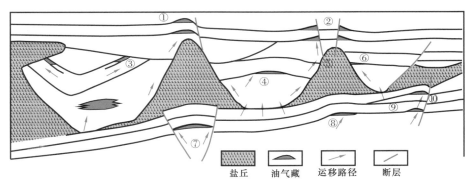

图 4-19　含盐盆地油气成藏类型模式图

①斜型；②断块型；③不整合型；④龟背斜型；⑤盐顶侧向遮挡型；⑥盐边侧向遮挡型；
⑦断块型；⑧生物礁型；⑨地层—岩性型；⑩断背斜型

含盐盆地油气成藏一般具有三个特点：（1）含盐盆地盐下多发育烃源岩，易形成巨型油气藏；（2）盐上油藏受控于输导体系和盐伴生圈闭；（3）盐丘愈陡，盐伴生圈闭规模愈小，反之，盐顶愈宽缓，顶部圈闭规模愈大。

一、盐下油气聚集特点

滨里海盆地盐下油藏数量只占10%，但储量占90%。盐下油气系统发现卡拉恰甘纳克、田吉兹、卡沙甘、肯基亚克、阿斯特拉罕等巨型油田[9]。阿姆河、巴西海岸、中东、北海古生界等盆地盐下油气系统也发现巨型气田。

这些盆地的共同特点是发育被动边缘或裂陷期沉积，后期被膏盐层覆盖后形成完整的生储盖组合。滨里海及伏尔加—乌拉尔盆地早二叠世盐沉积前，南部—东部与乌拉尔—古特提斯洋被恩巴—卡宾斯基等一系列海西褶皱带隔开（图4-20）；红海盆地盐沉积前为大陆裂谷（图4-21）；北海盆地南部荷兰部分，二叠系盐盖层有效封堵了上古生界被动边缘期含油气系统；巴西海上盆地裂谷末期下白垩统 Ariri 组蒸发岩封盖了 K_1gu 碳酸盐岩及其以下地层，形成良好的盐下成藏组合。可见，被动边缘和裂谷均具有良好的成藏地质条件。

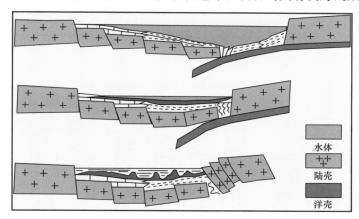

图4-20 滨里海盆地盐沉积前后的构造环境示意图

紫色为盐，演化顺序由上至下

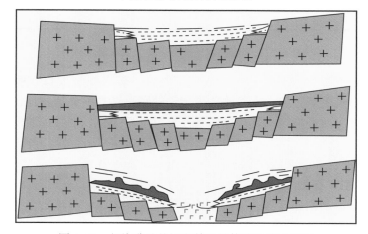

图4-21 红海盆地盐沉积前后的构造环境示意图

紫色为盐，演化顺序由上至下

丰富的烃源岩和良好的盐盖层是大型油气田形成的基本条件[10,11]。在多数含盐盆地中，这两个条件均具备。加上盐下多发育碳酸盐岩，从而使含盐盆地盐下易于形成巨型油气田。

在有些陆相盆地中，发育有深部热卤水形成的石膏层，如渤海湾和柴达木盆地的某些膏盐层即具有类似的成因特征[12]。这些石膏层主要沉积于湖底，常与烃源岩共生。也为油气藏的形成提供了条件。

二、盐上油气聚集特点

来自盐下油源的盐上油气藏受控于与盐发育有关的输导体系；来自盐上油源的油气藏受控于盐上输导体系。盐上油气主要聚集于盐伴生圈闭之中[13]。

对于盐运动不剧烈（盐丘不发育）的盆地，或含盐盆地中无盐盖层的区域，则可能形成大型构造或岩性地层圈闭，从而形成大型油气田。

在阿姆河盆地，盐盖层为"三膏夹二盐"的层状结构，主要形变特点是底部拆离滑脱，盐内底部形变剧烈，但盐体厚度变化不大，未形成大型盐丘，只在盆地中部由于大断裂活动形成一个盐墙并沿断裂形成运移通道（图 4-22），盐上形成油气藏。在盐盖层缺失地区，盐下烃源岩直接运移到盐上圈闭成藏，如阿姆河盆地达乌列塔巴特—顿麦兹气田（图 4-23）。该气田位于盆地南部无盐盖层地区，盐下烃源岩运移到盐上下白垩统砂岩层系成藏，天然气储量规模达到 $1.4 \times 10^{12} m^3$。

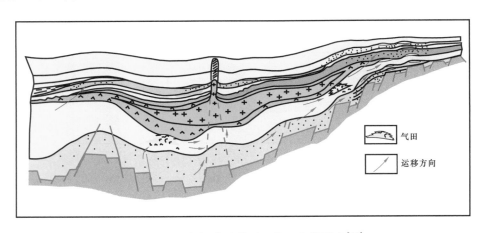

图 4-22　阿姆河盆地盐下—盐上成藏模式[14]

在滨里海盆地，盐焊接薄弱带或盐丘间无盐区，若有断裂发育，油气也向上运移成藏，但规模较小，且轻组分散失，多改造为稠油油藏。在有些含盐盆地，盐上本身也发育烃源岩，如红海、墨西哥湾等，其输导体系发育且类型多样，油气成藏的主控因素为储集空间及其侧向遮挡。

盐丘愈陡，盐伴生圈闭规模愈小；反之，盐顶愈宽缓，顶部圈闭规模愈大（图 4-24）。这与是否刺穿有关。

滨里海盆地盐运动剧烈，形成高陡盐丘，伴生圈闭较小，虽然数量多，但目前已发现的储量只占全盆地的 10% 左右。个别盐丘虽较陡，但若顶部平缓，其上部也形成宽缓背斜型隆起，如肯基亚克盐上油藏（图 4-25）。

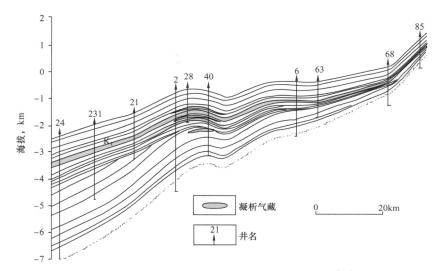

图 4-23　达乌列塔巴特—顿麦兹气田剖面图[14]

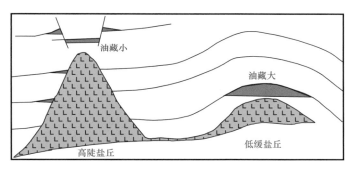

图 4-24　盐丘陡度与油藏规模关系

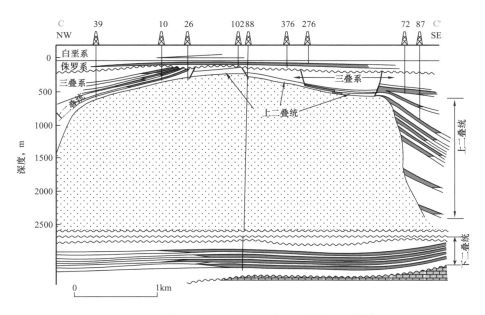

图 4-25　肯基亚克盐下及盐丘伴生油藏剖面图[15]

阿姆河盆地蒸发岩为三层石膏夹两层盐岩，主要形变特点是底部拆离滑脱，膏盐层内部形变剧烈，整体厚度变化不大，多数地区未形成盐丘，因而盐上可发育大型构造圈闭[16]。目前发现的储量，盐下约占 55%，盐上占 45%。

三、含盐盆地油气成藏模式

从含盐盆地目前已发现油气田的成藏模式来看，在成藏要素和成藏机理等方面都有一定的差别，但均与盐层有着密切的关系[17]。一般根据油气藏的发育层位与盐层的关系，简单地划分为盐上油气藏、盐间油气藏和盐下油气藏[18, 19]，没有考虑生油层、油气运移路径与盐层的配置关系。

经过对全球含盐盆地的系统研究，按照盐层与油气源—运移路径—油气藏的配置关系，将含盐盆地油气成藏模式划分为 5 种类型（图 4-26）。

（1）盐下模式：发育在具有多层膏盐层的克拉通盆地，烃源岩、储层均位于盐层之下，由于盆地内部构造活动相对稳定，膏盐层的封盖能力未被破坏，油气只在盐下运移和聚集成藏。如东西伯利亚克拉通盆地下寒武统发育 4 套盐岩层，油气藏为盐下元古宇文德系和下寒武统的岩性地层油气藏和构造油气藏，而油气通过盐下文德系和下寒武统的多次沉积间断（不整合）面经历了三次侧向运移。

（2）盐上模式：多发育在早期裂谷—后期被动边缘的盆地，如大西洋两岸盆地，烃源岩、储层均位于盐上，油气只在盐上运聚，盐层的运动，一是形成盐伴生圈闭，二是盐向上运动直接形成遮挡。如墨西哥湾裂谷盆地中侏罗世末期（卡洛夫阶）发育盐岩，生储盖组合主要为盐上，盐运动形成同沉积可容纳空间和盐构造伴生圈闭。

（3）叠合模式：烃源岩、储层盐上和盐下均存在，油气在盐下和盐上独立运聚成藏，如北海盆地（台地—叠置裂谷型），晚二叠世形成蒸发岩，中生代裂谷形成于古生代克拉通含盐盆地之上，除形成前述盐上模式外，盐下保存了古生代含油气系统，盐下和盐上地层具有独立的生储盖组合，盐层作为盐下油藏的盖层，其构造变形还影响了盐上含油气圈闭类型。

（4）跨越模式：烃源岩只位于盐下，储层盐下和盐上均有，盐下油源既供应盐下圈闭，又通过盐相关输导体系向上运移形成盐上油气藏。如滨里海盆地生油层为盐下古生界石炭系、泥盆系烃源岩，盐上没有烃源岩，盐上储层从上二叠统至第三系均有分布，盐下储层为晚泥盆世—石炭纪—早二叠世的碳酸盐岩和礁滩体，油气除在盐下运聚外，还通过断层、盐相关输导体系进入盐上地层运聚成藏；

（5）复合模式：烃源岩、储层盐上和盐下均有，盐下油气除在盐下运聚外，还跨越盐层在盐上地层中运聚。盐上油气只在盐上地层中运聚，如塔吉克盆地（双前陆）主要沉积层序为中新生界，侏罗系顶部发育蒸发岩，盐上和盐下都存在烃源岩，由于位于前陆盆地，构造活跃，断层起到沟通盐上和盐下的作用，盐上油气藏油源来自盐上和盐下。

油气差异聚集原理是加拿大石油地质学家 W.C. 格索于 1953 年提出的。当油源区形成的油气（饱含气的油）进入饱含水的储层后，会沿着一定路线向上倾方向运移。位于运移路线上的圈闭将被油气所充满（受溢出点控制），那些不在运移路线上的圈闭仍被水所充满。运移和聚集的步骤是，最初饱和气的油往上倾方向运移到达温度和压力较低处时，气

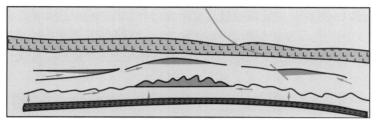

（a）盐下模式（古老克拉通型）

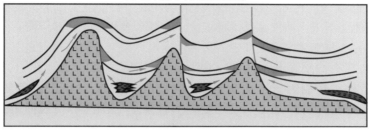

（b）盐上模式（裂谷→被动边缘型）

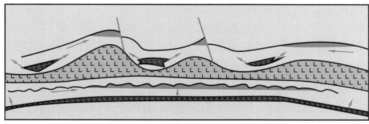

（c）叠合模式（台地→叠置坳陷型）

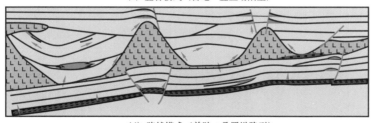

（d）跨越模式（前陆→叠置坳陷型）

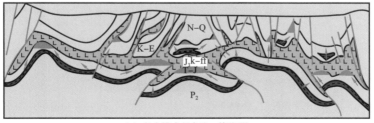

（e）复合模式（台地→前陆型）

图 4-26　含盐盆地 5 种成藏模式图[9]

体就从溶液中析出，油和气在运移途中是聚集在最先遇到的圈闭里。这是油气在圈闭中排出水而聚集的过程，一旦圈闭被充满油气后，重力分异作用就使气顶形成，此时油可溢出并继续运移，但气体仍可进入第一个圈闭中将油驱出，直到圈闭全部被气充满时为止（到溢出点），此后运移来的油气则越过这个圈闭继续运移，并在第二个圈闭中重复上述程序。当气体量不足以充满一个圈闭时，就形成了带气顶的油藏。当这个圈闭充满后，只有油溢出并继续运移。故上倾方向的下一个圈闭仅为油藏。当运移来的油量不足以充满圈闭时，这个圈闭中就会形成一个油水界面，而上倾方向的另一个圈闭中将只含有水，这样就形成了沿上倾方向依次为气藏—油藏—水的分布特征。W.C. 格索发现了石油沿上倾方向的圈闭中有变得越来越重的趋势。他还指出当油气藏基本形成之后，随着盆地的进一步下降，又导致已聚集气体的压缩，其中的一些气又可溶入油中。从而使油水界面上升到溢出点之上[11]。

W.C. 格索的理论特别强调了油源、重力分异、隔层、圈闭和溢出点，以及良好的储集条件和侧向运移等控制因素。从 W.C. 格索的理论可以归纳出形成差异聚集的基本条件是：（1）要有足够的油源；（2）在区域倾斜背景上有圈闭群，其溢出点是依次上升；（3）要有好的盖层和连通性的储层，使油气能做区域性的侧向运移；（4）储层充满地下水而且处于相对静止状态，油和气是同时一起运移的[10]。

世界含盐盆地石油地质研究及其勘探实践表明，油气差异聚集与含盐盆地有着密切的关系，且主要存在于含盐盆地中，目前世界上公认的典型油气差异聚集带主要位于含盐盆地中，而且都有良好的膏盐层作为区域性盖层。

（1）美国内西盆地中中堪萨斯隆起上的油气差异聚集带。

穿过该油气差异聚集带长约 160km 的北东—南西方向的横剖面上有 11 个圈闭（图 4-27）。其斜坡下倾部位的圈闭主要形成气藏，依次向上形成油气藏、油藏。而高部位的圈闭只含盐水。这些圈闭的产层是阿布克组白云岩，埋深 1005～1237m，为不整合面以下的潜山圈闭油气藏。侵蚀面以下的产层，经过淋滤、溶蚀后，孔隙、溶洞、裂缝广泛发育，连通性好。尤其是在不整合面以上有厚 396～550m 二叠系蒸发岩为主的区域性盖层，故使其西南方向凹陷内生成的油气能做长距离的侧向运移，从而使沿途相邻的 l0 个潜山圈闭都聚集了油气。

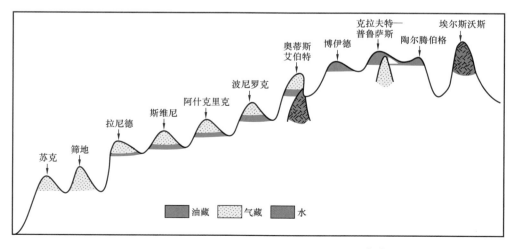

图 4-27　中堪萨斯隆起油气差异聚集示意图[10]

（2）阿姆河盆地边缘差异油气聚集带。

阿姆河盆地由深到浅、由盆地中心到盆地边缘油气聚集具有天然气—凝析气—油的分布特点。盆地北缘和东南缘属于断阶带，这种分布规律更明显[20]。图 4-28 是阿富汗境内断阶带的油气分布图，北部为盐下侏罗系气田，向南高部位依次为凝析气田、盐上白垩系油田。阿姆河盆地南缘和西南缘发育新生代前陆坳陷，目前勘探程度低，但应具有较好的勘探前景。

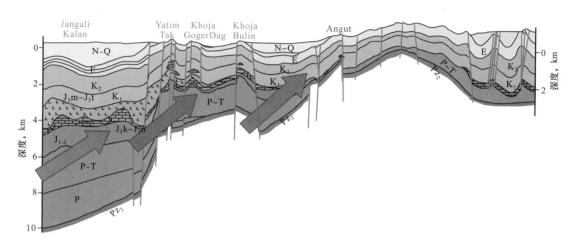

图 4-28　阿姆河盆地东南缘油气差异聚集带

（3）巴西坎波斯—桑托斯盆地的油气差异聚集带。

坎波斯盆地和桑托斯盆地以广泛分布的盐岩为主要特征，盐岩形成类型相同，受上覆沉积物不均匀压实发生变形，导致盐岩在纵向和平面上具有较大差异。纵向上，桑托斯盆地盐岩厚度较大，圣保罗地台盐岩厚度超过 2000m；平面上，盐岩可以分为 4 个区带，分别为盐焊接和盐窗区、伸展背景的盐枕发育区、伸展背景的盐底辟发育区、挤压背景盐底辟发育区（图 4-29）。坎波斯盆地盐焊接和盐窗区面积大，盐岩形变作用大；桑托斯盆地连续盐岩分布广泛，盐窗和盐焊接区相对较小。

由于盐岩分布差异造成坎波斯盆地和桑托斯盆地的成藏要素产生巨大差异，油气藏流体类型也呈现巨大差异。坎波斯盆地以重油和中质油为主，桑托斯盆地则以中质油、轻质油和天然气为主（图 4-30）。坎波斯盆地油气田主要分布在盆地中央隆起带盐上层系中，桑托斯盆地则主要富集在外部隆起区盐下地层中。平面上，坎波斯盆地油气藏主要分布在盐焊接和盐窗分布区，桑托斯盆地则主要分布在连续盐岩分布区的挤压盐底辟发育区。

不同流体油气在坎波斯盆地和桑托斯盆地出现差异富集，烃源岩成熟度差异是原因之一。坎波斯盆地天然气仅富集在盆地西部深坳陷东缘，坳陷内拉格菲组湖相烃源岩已进入生气窗内，以生成天然气为主。西部坳陷相比东部坳陷埋藏更深，但是由于上覆厚层的盐岩具有热传导率低的特点，导致烃源岩推迟成熟，西部周缘反而以气顶油田为主。桑托斯盆地烃源岩埋深远高于坎波斯盆地，同样由于致密盐岩保护，延迟进入生气阶段。盐下油气向上运移过程中易受浊积砂岩中富氧水洗以及浅部细菌作用，轻质组分散失，油质变重，重度值降低，坎波斯盆地原油色谱即呈现明显生物降解特征。桑托斯盆地油气藏埋藏深，为致密盐岩盖层，油气保存条件好，主要富集了中质油、轻质油和天然气[21]。

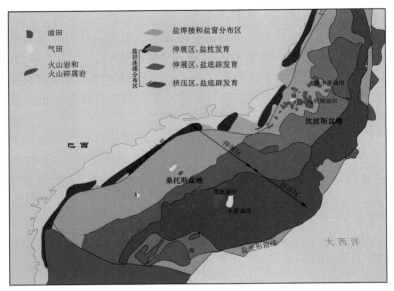

图4-29 坎波斯盆地和桑托斯盆地油气田和盐岩平面分布[21]

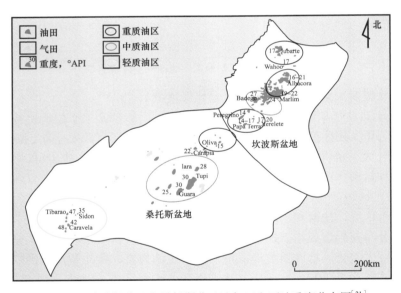

图4-30 坎波斯盆地和桑托斯盆地油气田和石油重度分布图[21]

　　坎波斯盆地和桑托斯盆地油气藏在纵向上和平面上的差异富集和盐岩的形变具有密切关系，不同类型盐岩的形态和分布控制了油气的运移和聚集（图4-31）。连续盐岩区，盐岩封盖盐下油气，促使油气在盐下储层聚集。盐焊接和盐窗区，油气可通过盐窗向上运移，在盐上储层聚集，坎波斯盆地广泛发育的浊积砂岩为运移至盐上油气提供了良好的储集空间，形成了盐上油气成藏组合。盐岩的致密性使盐下油气更好地保存起来，在盐下大量聚集，易于形成巨型和超巨型油气藏。盐上油气藏油气富集，除受储层砂体规模和盖层封闭性制约外，还受盐运动形成断层等影响。另外，连通地表断层和砂体易带来富氧水和活跃的细菌，导致油质变坏，重度值降低。

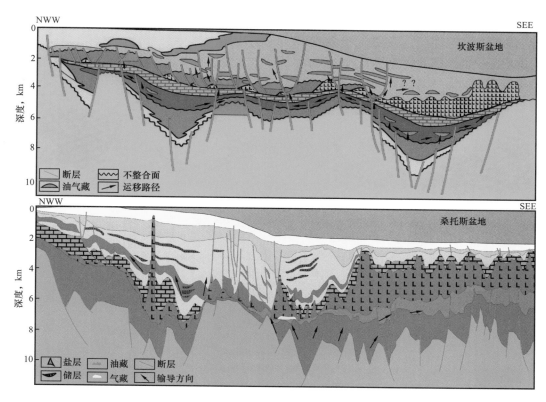

图 4-31　坎波斯和桑托斯盆地油气成藏剖面图[21]

　　此外，再如众所周知的加拿大阿尔伯塔盆地中的瑞姆彼—圣·阿尔伯塔泥盆系生物礁差异聚集油气田。同样也是由于蒸发岩盖层在油气聚集中起了关键性的作用。

　　但是由于某些干扰因素所致的缘故，使得含盐盆地并不一定均显示出差异聚集的特征：（1）后期地壳运动变化，破坏了沉积和构造发育的继承性和稳定性，必然造成油气重新分配；（2）气体溶于石油中的数量随着埋藏深度的多种变化而变化（因随压力、温度条件的改变而改变）；（3）区域水动力条件、水压梯度的大小及水动力方向等都直接影响到油气的分布规律；（4）在油气运移途中，当有另外的支流油气汇入时，则会打乱原来应有的油气分布规律；（5）蒸发岩层薄或缺失，使得区域性盖层条件变差；（6）有机质生油成熟度提高造成的相态变化；（7）成岩作用导致的油气藏改造。

第三节　主要含盐盆地勘探领域

　　含盐盆地的油气聚集区带可分为盐上和盐下两部分。但由于盆地类型的不同，区带的分布也有较大差异。这主要取决于烃源岩和有利储集相带及盐盖层的具体分布特点。一种情况是，只发育盐下有效烃源岩，则以盐下油气聚集为主，如滨里海、阿姆河、东西伯利亚、伏尔加—乌拉尔等盆地；另一种情况是，盐上、盐下均发育烃源岩，则盐上、盐下均有各自的成藏区带，如红海盆地；第三种情况是只发育盐上油气烃源岩，且盐上烃源岩和储层受其下同沉积盐构造的控制，如墨西哥湾深水区。现以典型盆地为例说明含盐盆地区带评价。

一、滨里海盆地

滨里海盆地面积 $50 \times 10^4 km^2$，位于东欧克拉通（也称俄罗斯地台）东南缘，基底为前寒武系变质岩，最大埋深达 20km（图 4-32）。中国石油天然气集团有限公司（以下简称中国石油）在盆地东缘拥有勘探区块。

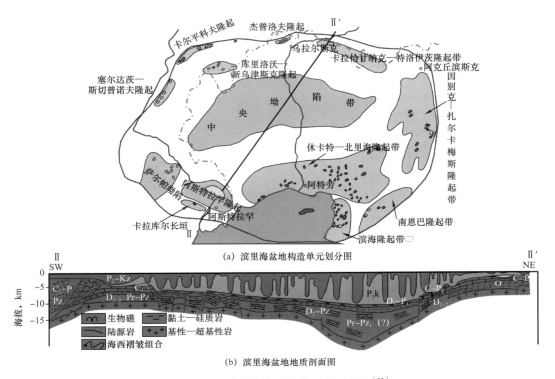

图 4-32　滨里海盆地综合石油地质图[22]

早古生代发育裂陷，晚古生代盆地整体坳陷，中部沉积盆地相泥岩，是主要烃源岩系，盆地边缘发育碳酸盐岩台地和生物礁，是主要的储集岩系[23]。早二叠世晚期，由于乌拉尔洋关闭，空谷期形成巨厚蒸发岩。晚二叠世—中生代又一次整体坳陷，沉积滨海相为主的碎屑岩。滨里海盆地盐下层系的上泥盆统、下—中石炭统及下二叠统海相页岩和碳酸盐岩是盐下最主要的油气源岩。此外，盐上层系中最有生烃潜力的应当是中—晚侏罗世的泥岩。

已证实的储层在中泥盆统—中新统中均发育，其中最重要的储层位于盐下层系。盆地东南部的 South Emba（南恩巴）区和盆地北部斜坡区，中—晚泥盆世的碎屑岩—碳酸盐岩是主要的储层；上泥盆统—下二叠统阿瑟尔阶的碳酸盐岩地层是盆地北部、东部和南部的重要储层，它们往往形成大型的碳酸盐岩台地。

滨里海盆地的区域盖层有两套：下二叠统空谷阶盐岩层和下石炭统泥岩；半区域盖层有上石炭统及下二叠统泥岩；局部盖层有侏罗系及白垩系泥岩。

滨里海盆地盐上层系中油气圈闭条件良好。全盆地分布的下二叠统空谷阶厚盐层在三叠纪末和古近—新近纪发生盐体上拱和刺穿构造活动，在全盆地形成了 1500 多个盐丘构造，同时使上覆储层形成了大量的背斜褶皱、断裂及盐株刺穿遮挡等圈闭。盐下油气藏主要为礁块型（如卡拉恰甘纳克油气田）和背斜型油气藏（如阿斯特拉罕凝析气田），少数为单斜型、地层／岩性型，也有与不整合有关的地层型油气藏。

滨里海盆地目前已发现 200 多个油气田，近 600 个油气藏，绝大多数沿盆地边缘分布。据文献资料，盆地中已发现的油气可采储量为 $458 \times 10^8 bbl$ 油当量，其中 57% 是天然气。该盆地位居美国地质勘探局（USGS）评价（2000 年）的世界待发现油气资源量最大盆地的第 12 位。卡沙甘油田的发现使该盆地的储量大幅度上升。

尽管有近百年的勘探历史，该盆地的勘探程度仍然很低。根据 USGS 于 2000 年评价，滨里海盆地的预测待发现资源量（F50）为：石油 $46658 \times 10^6 bbl$（约 $66.6 \times 10^8 t$），凝析油 $12018 \times 10^6 bbl$（约 $17.2 \times 10^8 t$），合计液态油 $83.8 \times 10^8 t$；天然气 $251.199 \times 10^{12} ft^3$（约 $7.2 \times 10^{12} m^3$）。滨里海盆地的待发现油气资源在面积相对不大的北里海海域比较集中。对于液态石油（石油＋凝析油）来说，海域所占的比例为 54.4%，而陆地部分仅占了 45.6%。对于天然气来说，海域所占的比例为 47.3%，而陆地部分占 52.7%。从总的油气当量来看，海域所占的比例为 51.2%，略高于陆地部分的 48.8%。但考虑到滨里海盆地海域部分面积远远小于陆地部分，因此，海域的剩余待发现油气资源丰度远远高于其陆地部分。

根据前面对滨里海盆地大型油气藏形成的基本油气地质条件分析，认为盆地东部和南部盐下层系为最有利的油气成藏带（图 4-33）。盆地西北部盐下层系为较有利的油气成藏带，盆地盐上层系为次有利的油气成藏带。

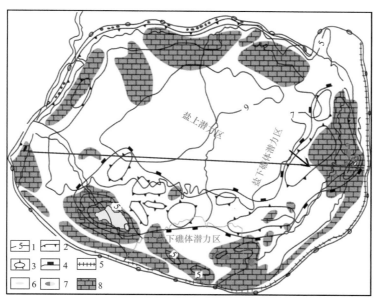

图 4-33　滨里海盆地盐下远景区带预测图

1—盐底埋深，km；2—断裂带；3—局部隆起；4—区域隆起；5—乌拉尔逆冲带；
6—气田；7—油气田；8—碳酸盐岩台地

通过对最有利油气成藏带—盆地东南部盐下层系的分析研究表明：卡拉通—田吉兹为最有利油气区带；因别克—扎尔卡梅斯隆起以及卡拉通—田吉兹东南缘为有利油气区带；南恩巴隆起北缘为较有利油气区带；南恩巴坳陷为次有利区带。

1. 卡拉通—田吉兹为最有利油气区带

泥盆系中—晚期田吉兹地区处于大型的平缓隆起上，为较稳定的开阔浅水内陆架；石炭纪以后田吉兹地区表现为大型的继承性隆起，区域构造部位有利。稳定的开阔浅水内陆架为生物灰岩、生物礁体的形成创造了很好条件，为油气的形成富集奠定了极为有利的物质基础。长期处于隆升背景的继承性大型宽缓构造与该环境下形成了巨型大型碳酸盐岩台地，受到了后期的大气淡水淋滤作用和有机酸脱羧作用的改造，溶解作用普遍，溶解孔洞发育，为油气的富集提供了有利的储集空间。

2. 因别克—扎尔卡梅斯隆起以及卡拉通—田吉兹东南缘有利油气区带

该区分别位于阿斯特拉罕—阿克纠宾斯克隆起带和卡拉通—田吉兹隆起带，为较稳定的开阔浅水内陆架。石炭纪以后表现为大型的继承性隆起，区域构造部位有利，稳定的开阔浅水内陆架为生物灰岩的形成创造了很好的条件。由于晚古生代一直处于较大规模的隆起状态，地层剥蚀较为严重，区域地层发育保存条件相对较差。

3. 南恩巴隆起北缘为较有利油气区带

该区位于南恩巴隆起北缘，为较稳定的开阔浅水内陆架。石炭纪以后表现为大型的继承性隆起区一侧，区域构造部位较为有利，稳定的开阔浅水内陆架为碳酸盐岩的形成创造了很好的条件。由于晚古生代一直处于较大规模的隆起状态，区域地层发育保存条件相对较差。

4. 南恩巴坳陷为次有利区带

该区为盆地东南部的南恩巴隆起和北部的阿斯特拉罕—阿克纠宾斯克隆起带所夹持的坳陷带。盐下层系中石炭世中期发育台地边缘浅滩相沉积，岩性为碎屑灰岩、颗粒灰岩、鲕粒灰岩、内碎屑灰岩；早二叠世早期为台地蒸发岩相，沉积建造以白云岩、石膏、盐岩、泥灰岩为主。中石炭统碳酸盐岩储集岩较发育。

二、东西伯利亚盆地

目前东西伯利亚盆地已证实4种类型的成藏组合，即克拉通主体的里菲系成藏组合、文德系—下寒武统成藏组合、克拉通边缘的二叠—侏罗系成藏组合、侏罗—白垩系成藏组合[24]。目前累计发现油气藏337个，总探明储量（可采）40.7×10^8t油当量，各成藏组合的探明储量及分布见表4-4和图4-34。

表4-4 各含油气组合已发现油藏情况

含油气层系	平面分布	已发现油气藏，个	探明储量，10^8t
里菲系	拜基特隆起	44	4.36
文德系—下寒武统	涅普—鲍图奥滨、安加拉—勒拿阶地	192	27.40
二叠—侏罗系	勒拿—维柳伊前陆	45	3.76
侏罗—白垩系	叶尼塞—哈坦加	56	5.18

1. 里菲系成藏组合

里菲系成藏组合已发现油气藏44个，1996年之前发现28个，探明储量2802×10^6bbl，1996年之后发现16个，探明储量382×10^6bbl，主要以地层—构造圈闭为主。烃源岩为中里菲统—下文德统泥岩/碳酸盐岩；上里菲统多孔白云岩和文德系碎屑岩为储层；半区域盖层主要为下寒武统盐岩，主要分布在盆地西南部巴伊基特隆起区（图4-34）。

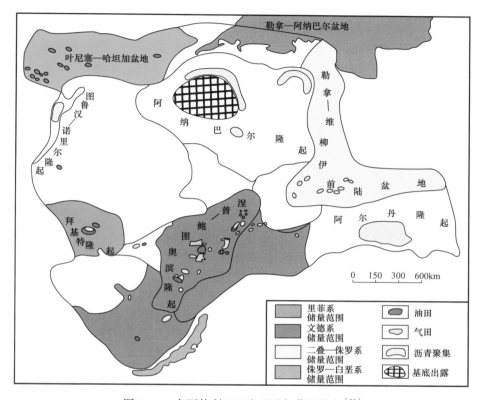

图 4-34 东西伯利亚已发现油气藏的分布[25]

2. 文德系—下寒武统成藏组合

文德系—下寒武统成藏组合已发现油气藏 192 个，1996 年之前发现 167 个，探明储量 18715 × 10⁶bbl，1996 年之后发现 25 个，探明储量 1287 × 10⁶bbl，主要以地层—构造圈闭为主。烃源岩为上里菲统—下文德统泥岩；文德系砂岩及下寒武统碳酸盐岩为储层；区域盖层主要为下寒武统膏盐，主要分布在盆地中南部涅普—鲍图奥滨隆起和安加拉—勒拿阶地。

文德系—下寒武统储集体可以分成三个大型的储层：文德系陆源碎屑岩储层、文德系—下寒武统碳酸盐岩储层和下寒武统碳酸盐岩储层，前两个油气组合占总油气资源量的 92%，它们又可以分成 7 个次一级的储层：维柳昌、下涅普、上涅普、基尔、下达尼洛夫、上达尼洛夫和乌索尔。下面对这 7 个油气层的含油气前景进行评价。

1）文德系区域含油气层

文德系区域含油气层包括文德系陆源碎屑岩，在研究区内几乎全区分布，只有在巴伊基特东北部和涅普—鲍图奥滨西北部个别地区缺失，它们沉积在基底或里菲系之上，而被上文德统—下寒武统碳酸盐层覆盖。

文德系储层是主要的勘探目标，曾完成大量地震勘探和钻井工作，大部分工作集中在涅普—鲍图奥滨隆起，少量集中在巴伊基特隆起和卡丹格鞍部，但分布非常不均匀。在涅普—鲍图奥滨地区几乎所有的钻井和地震勘探工作量都集中在东南部，这里发育最有前景的文德系陆源碎屑岩地层；在巴伊基特隆起主要都集中在中部和部分南部地区，大部分都集中在缺失文德系储层区域；在卡丹格鞍部钻井和地震工作都集中在索滨—杰杰尔凸起，该凸起把整个鞍部复杂化。

文德系区域储层具有非常大的含油气前景，根据最后确认的东西伯利亚地台含油气前景定量评价（2002 年）可采资源量占整个研究区资料量的 40%，一部分（27%）转成工业储量级别。这就证实了至今该储层所含油气储量是非常乐观的，正如上面证实的，可以分成 4 个次一级的储层：维柳昌、下涅普、上涅普和基尔。

（1）维柳昌区域储层：维柳昌区域储层主要沉积在基底表面或里菲系剥蚀面上，是同名的陆源碎屑岩，只分布于研究区东部区域、帕托姆坳陷的东北部及维柳昌鞍部和涅普—鲍图奥滨隆起的结合部（涅普—鲍图奥滨的东南部），发育面积约 $7 \times 10^4 km^2$，渗透层几乎包括整个维柳昌层（B_{14} 层），盖层为该层的碳酸盐化—卤化—砂岩层和下涅普的弱渗透层。

含油气评价结果证实了该层具有较低或中等的含气潜力（图 4-35），预测中等以上含油气前景区资源量为 $7.9 \times 10^8 t$。最有前景区认为在储层尖灭区，以窄条带状（宽 30～50km）从下哈马金到维柳斯克—德热尔滨油田分布，在这里预测到最有利的储层和油气圈闭条件，在该区域划分出别列杜伊—维柳昌气体聚集带。

别列杜伊—维柳昌中等含气聚集带包括最有前景的从下哈马金到维柳伊—杰尔宾气田（地层尖灭岩性油气藏）。在该范围内预测到中等和小型气藏，属于背斜和非背斜型，它们之中有些已经得到落实（维柳伊—杰尔宾、上维柳昌和恰扬金）。

（2）下涅普区域储层：该套储层主要分布在研究区的南部，以宽度 150～250km 条带状分布于前帕托姆区域坳陷和边缘斜坡、涅普—鲍图奥滨隆起穿隆部分、巴伊基特西南翼部和东南围斜，以及整个卡丹格鞍部。储层大部分沉积在基底剥蚀面和里菲系剥蚀面上，只有在前帕托姆区域坳陷的东北部和与涅普—鲍图奥滨隆起、维柳昌鞍部的结合部覆盖在维柳昌储层的上部，分布面积约 $24 \times 10^4 km^2$，储层为 B_{13} 的砂岩层，被下涅普的泥岩盖层覆盖。

下涅普储层分成不同的级别：前景区、中等前景区和低前景区。最有前景区属于储层特性比较好的地层尖灭带和油气圈闭广泛发育区。在这里可以划分出 6 个油气聚集带，预测油气资源量达 $21.6 \times 10^8 t$（图 4-36）。

（3）上涅普区域储层：上涅普区域含油气储层跟上述所描述的 B_{13} 储层相比具有更广泛的分布，只有在涅普—鲍图奥滨隆起的西北部和东北部，以及巴伊基特隆起的中部和东北部该套地层缺失。它沉积在基底或里菲系之上（研究区的北部），以及下涅普储层之上。储层为陆源碎屑岩层，分布面积 $39 \times 10^4 km^2$，（研究区面积的 70%），渗透层包括哈马金、亚拉克京、马尔科夫砂岩，封堵层为上涅普上部的泥板岩。

大部分地区预测为低前景区。高前景区属于储层特性比较好且储层比较厚的地区，通常距地层尖灭带 20～70km。可以分成 7 个油气前景区，其中①号前景区以背斜型为主，其余的以岩性尖灭型岩性圈闭为主，预测地质资源量达 $26.1 \times 10^8 t$，如图 4-37 所示。

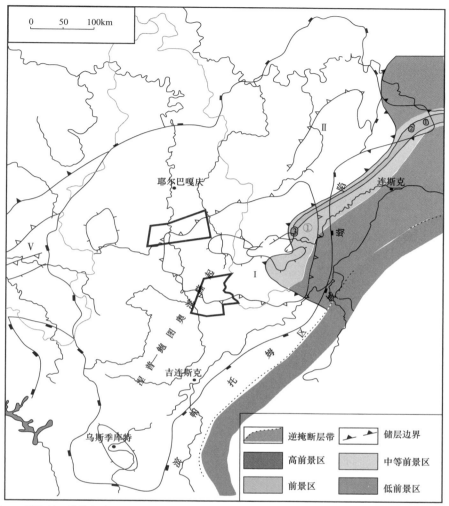

油气田：1—维柳伊—德热尔滨，2—上维柳昌，3—恰扬金；二级正向构造：Ⅰ—涅普穿隆，Ⅱ—米尔宁凸起，
Ⅴ—索滨—杰杰尔凸起；油气聚集带：①别列杜伊—维柳昌中等前景油气聚集区

图 4-35　东西伯利亚地台南部维柳昌层含油气前景评价图

（4）基尔区域储层：基尔区域储层只分布在涅普—鲍图奥滨隆起区，以楔形带状宽度
50～250km 从基尔储层上部和马尔科夫地区向隆起构造末端延伸，除此之外在隆起东南局
部范围内发育，在吉列卡河上游发育。主要沉积在上涅普储层之上，隆起东北部沉积在下
涅普和基底地层之上。储层岩性成分复杂，主要包括陆源碎屑岩、泥质碳酸盐岩、泥质碳
酸盐岩、硫酸盐化碳酸盐岩和卤化—硫酸盐化碳酸盐岩。渗透层为鲍图奥滨、巴尔非诺
夫、哈雷斯坦和基尔储层上部砂岩（B_5），分布面积约 $9 \times 10^4 km^2$（研究区面积的 16%）。

基尔储层分成不同的级别：前景区、中等前景区和低前景区，最有前景区是在分布区
域的中部、储层特性最好、厚度最大的区域，可以分成两个油气聚集带，预测地质资源量
达 $41.6 \times 10^8 t$（图 4-38）。

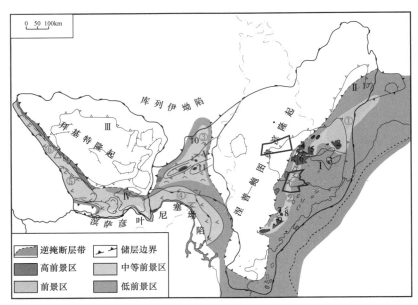

油气田：1—中鲍图奥滨，2—恰扬金，3—塔拉坎，4—瓦库那伊，5—德姆布奇坎，6—上乔，7—杜里斯明，8—阿阳，9—亚拉克京，10—拜金，11—索滨；二级正向构造：Ⅰ—涅普穹隆，Ⅱ—米尔宁凸起，Ⅲ—卡莫夫穹隆，Ⅳ—伊尔京—恰多别复合凸起，Ⅴ—索滨—杰杰尔凸起；油气聚集带：①恰扬金—鲍卢拉赫前景气体储集区，②阿阳—上乔中等前景油气聚集区，③中卡丹格中等前景油气聚集区，④恰多别—上卡丹中等前景油气聚集区，⑤上杰岭—安卡尔中等前景油气聚集区，⑥威尔明—上卡门中等前景油气聚集区

图 4-36　东西伯利亚地台南部下涅普层含油气前景评价图

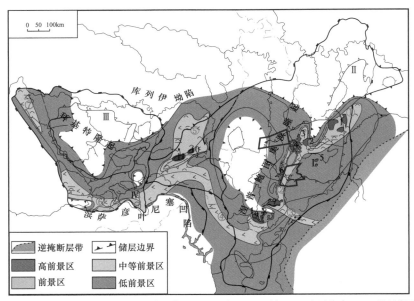

油气田：1—恰扬金，2—德姆布奇坎，3—瓦库那伊，4—上乔，5—阿林，6—达尼洛夫，7—杜里斯明，8—阿阳，9—亚拉克京，10—拜金，11—索滨；二级正向构造：Ⅰ—涅普穹隆，Ⅱ—米尔宁凸起，Ⅲ—卡莫夫穹隆，Ⅳ—伊尔京—恰多别复合凸起，Ⅴ—索滨—杰杰尔凸起；油气聚集带：①恰扬金前景气体储集区，②亚拉克京—上乔前景油气聚集区，③库都列斯克—恰扬金中等前景油气聚集区，④恰多别—列中等前景油气聚集区，⑤卡丹格—齐恩前景油气聚集区，⑥滨安卡尔中等前景油气聚集区，⑦威尔明中等前景油气聚集区

图 4-37　东西伯利亚地台南部上涅普层含油气前景评价图

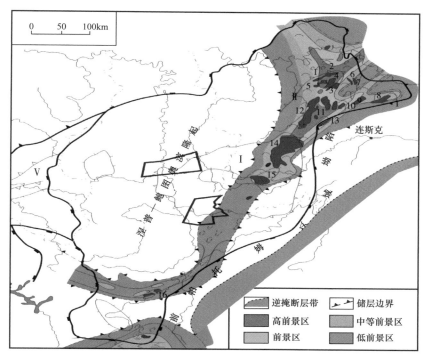

油气田：1—马奇乔滨，2—伊列利亚赫，3—涅尔滨，4—北涅尔滨，5—米尔宁，6—斯塔那赫，7—涅里亚得，
8—上维柳昌，9—伊克杰赫，10—别修里亚赫，11—塔斯—尤里亚赫，12—中鲍图奥滨，13—豪托卡—穆尔拜，
14—恰扬金，15—塔拉坎，16—马尔科夫；二级正向构造：Ⅰ—涅普穹隆，Ⅱ—米尔宁凸起，Ⅴ—索滨—杰杰尔凸起；
油气聚集带：①别列杜伊—修尔纠卡尔高前景油气聚集区，②上吉列中等前景油气聚集区

图4-38 东西伯利亚地台南部基尔层含油气前景评价图

2）上文德统—下寒武统区域含油气层

上文德统—下寒武统区域储层包括文德系和下寒武统的碳酸盐层，在研究区内全区分布，沉积在文德系储层或里菲系岩层（巴伊基特隆起东北部）之上，被寒武系卤化—碳酸盐岩覆盖。

文德系—下寒武统比起前面描述的文德系地质—地球物理研究程度明显低很多，因为大多数研究人员都把它当成伴生的勘探目标来研究。与陆源碎屑岩相比具有更复杂的结构，该层岩心资料、分析资料和矿场地球物理资料都比较少，试油工作也不多，通常只进行中途测试等。

根据2002年最后一次定量评价结果上文德统—下寒武统储层含油气前景在研究区内是非常高的，比陆源碎屑岩高11%，特别是寻找油藏更有潜力。但是碳酸盐岩储层的开发是很复杂的，勘探工作也很难开展，碳酸盐岩层的试油和开发工艺有限（含油气前景只能依靠井筒中酸化处理揭示）。在涅普—鲍图奥滨隆起兼探碳酸盐岩储层的时候发现了一系列高油气储量的油气藏（上乔、塔拉坎等），C_1+C_2石油储量约$2.02 \times 10^8 t$，相当于陆源碎屑岩层的59%，这再一次说明了上文德统—下寒武统碳酸盐岩油气藏的含油气前景。众所周知，可以分成三套油气层：下达尼洛夫、上达尼洛夫和乌索尔。

（1）下达尼洛夫区域储层：下达尼洛夫层在研究区内全区分布，沉积盐下碳酸盐岩，主要是基尔储层之上。在涅普—鲍图奥滨隆起的西北部覆盖在上涅普储层之上，而在巴伊

基特隆起的东北部覆盖在里菲系之上，上覆沉积的是中达尼洛夫层。

储层岩性成分不同：碎屑岩化碳酸盐岩、碳酸盐化碎屑岩、泥质碳酸盐岩、泥质—卤化碳酸盐岩和卤化—硫酸盐化碳酸盐岩。渗透层在研究区的大部分属于普列奥勃拉任的碳酸盐岩（Б$_{12}$），巴伊基特隆起的西南部和涅普—鲍图奥滨隆起的西北部地层范围较广，一级构造的渗透层为从普列奥勃拉任到奥莫林层（包括托哈姆的下部和中部），二级构造渗透层从普列奥勃拉任到耶尔巴嘎庆层，封堵层为乌斯布、卡丹格和托哈姆层中—上部的泥岩、硬石膏质白云岩、泥板岩、泥灰岩和硬石膏互层。

下达尼洛夫储层有不同的含油气前景级别：前景区、中等前景区、低前景区。最有前景区分布范围有限，主要发育在涅普—鲍图奥滨隆起和巴伊基特隆起，在研究区的大部分地区下达尼洛夫储层都属于低前景区（图4-39）。在涅普—鲍图奥滨隆起预测最有前景的在中部和西北部，在此可以划分出两个油气聚集带，预测地质资源量48.3×10^{8}t。

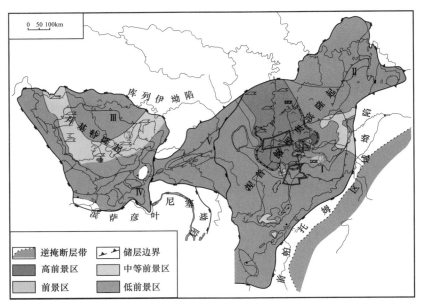

油气田、油气藏：1—尤罗勃钦；二级正向构造：Ⅰ—涅普穹隆，Ⅱ—米尔宁凸起，Ⅲ—卡莫夫穹隆，Ⅳ—伊尔京—恰多别复合凸起，Ⅴ—索滨—杰杰尔凸起；油气聚集带：①杰杰斯克—上乔高前景油气聚集区，②别列杜伊前景油气聚集区，③瓦伊维京—姆托兰中等前景油气聚集区

图4-39 东西伯利亚地台南部普列奥勃拉任层含油气前景评价图

（2）上达尼洛夫区域储层：上达尼洛夫油气区域储层在研究区内全区分布，下伏地层为中达尼洛夫层，上覆盖层为下乌索尔层。

上达尼洛夫的渗透层由两套碳酸盐岩储层组成：Б$_5$和Б$_{3-4}$，被薄层的泥质—硫酸盐化碳酸盐岩层封隔。Б$_5$可划分为两个中等前景油气聚集带（图4-40），预测地质资源量10.1×10^{8}t；Б$_{3-4}$也可划分为两个中等前景油气聚集带（图4-41），预测地质资源量11.4×10^{8}t。

（3）乌索尔区域储层：乌索尔区域储层全区分布，包括盐层下部，下伏为上达尼洛夫层，其上覆盖托尔巴恰储层。

渗透层在研究区的大部分为奥欣层（Б$_{1-2}$），在涅普—鲍图奥滨的东北部地层扩大，封堵层为上乌索尔的卤化—碳酸盐岩层。

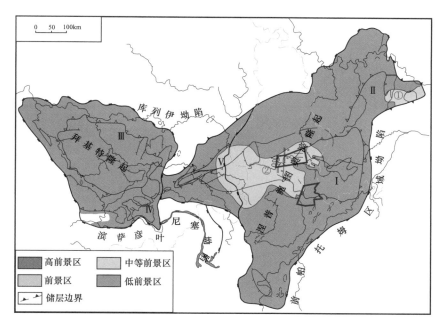

二级正向构造：Ⅰ—涅普穹隆，Ⅱ—米尔宁凸起，Ⅲ—卡莫夫穹隆，Ⅳ—伊尔京—恰多别复合凸起，
Ⅴ—索滨—杰杰尔凸起；油气聚集带：①维柳昌中等前景油气聚集带，②阿尔德泊—上乔中等前景油气聚集带

图4-40 东西伯利亚地台南部乌斯季库特Ⅱ层含油气前景评价图

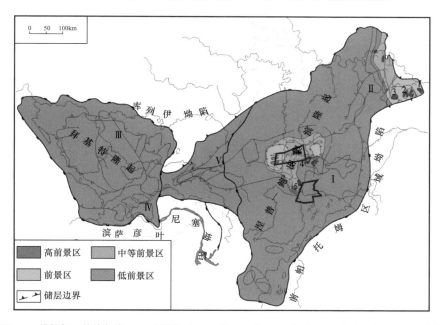

油气田：1—维柳伊—德热尔滨，2—上维柳昌，3—伊克杰赫，4—上乔，5—达尼洛夫；二级正向构造：
Ⅰ—涅普穹隆，Ⅱ—米尔宁凸起，Ⅲ—卡莫夫穹隆，Ⅳ—伊尔京—恰多别凸起，Ⅴ—索滨—杰杰尔凸起；
油气聚集带：①维柳昌前景油气聚集带，②阿尔德泊—上乔中等前景油气聚集带

图4-41 东西伯利亚地台南部乌斯季库特Ⅰ层含油气前景评价图

乌索尔的含油气前景很大，分成不同的级别：前景区、中等前景区、低前景区。前景区和中等前景区广泛发育，通常在涅普—鲍图奥滨隆起北—中部和巴伊基特隆起以及卡丹格鞍部分布。含油气前景区分成 3 个油气聚集带（图 4-42），预测地质资源量 $69.8 \times 10^8 t$。

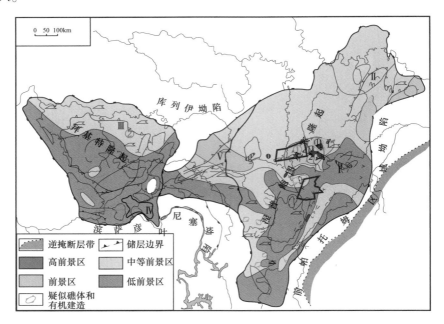

油气田：1—瓦库那伊，2—上乔；二级正向构造：Ⅰ—涅普穿隆，Ⅱ—米尔宁凸起，Ⅲ—卡莫夫穿隆，
Ⅳ—伊尔京—恰多别复合凸起，Ⅴ—索滨—杰杰尔凸起；油气聚集带：①—卡丹格—维
柳昌前景油气聚集带，②万维京—塔塔伊姆滨中等前景油气聚集带

图 4-42　东西伯利亚地台南部乌索尔层含油气前景评价图

3. 二叠—侏罗系成藏组合

二叠—侏罗系成藏组合已发现油气藏 45 个，全部都是 1996 年之前发现，探明储量 $2746 \times 10^6 bbl$，主要以地层—构造圈闭为主。烃源岩为二叠系煤系泥岩；上二叠统—侏罗系砂岩为储层；上二叠统—侏罗系泥岩为半区域—局部性盖层。主要分布在盆地东部勒拿—维柳伊次盆（参见图 4-34）。

4. 侏罗—白垩系成藏组合

侏罗—白垩系成藏组合已发现油气藏 56 个，1996 年之前发现 42 个，探明储量 $30.8 \times 10^8 bbl$，1996 年之后发现 14 个，探明储量 $7 \times 10^8 bbl$，主要以地层—构造圈闭为主。烃源岩为中—下侏罗统泥岩；中侏罗统—白垩系砂岩为储层；中—上侏罗统、白垩系泥岩为半区域盖层，主要分布在盆地北部叶尼塞—哈坦加次盆（参见图 4-34）。

三、阿姆河—阿富汗—塔吉克盆地

阿姆河盆地面积 $30 \times 10^4 km^2$，位于中亚古生代形成的土兰地台南缘，属于中生代裂陷—坳陷盆地（图 4-43）。

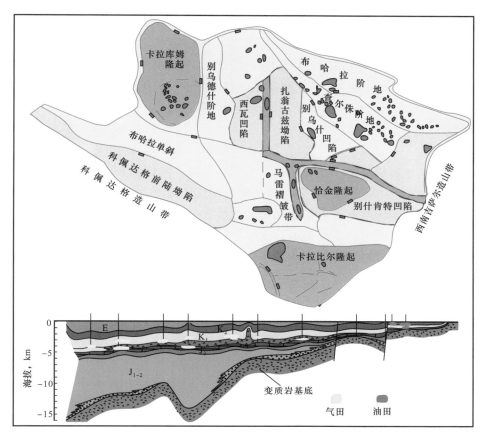

图 4-43 阿姆河盆地综合石油地质图

阿姆河盆地于 1948 年首次在北部开始区域地震勘探，20 世纪 50 年代主要在乌兹别克斯坦境内，60 年代在土库曼斯坦境内开展工作。勘探方法主要包括深部地震、折射波地震勘探和反射波地震勘探等。

钻井工作开展较早。第一批探井于 1948 年钻在乌兹别克斯坦东部的布哈拉阶地，直到 1953 在该阶地上发现了盆地内的第一个气田——赛坦兰捷列气田。从 1953 年至 1956 年间，相继在乌兹别克斯坦境内又发现了两个大型天然气—凝析气田，即坦吉库杜克和加兹利，从此该盆地的油气勘探潜力开始得到重视，并进入大型油气田发现期。

20 世纪 70 年代是阿姆河盆地勘探最成功的阶段，相继发现了一些大型和巨型气田，如纳伊普气田（气储量为 $1584 \times 10^8 m^3$）、基尔皮切利气田（气储量为 $1000 \times 10^8 m^3$）、达乌列塔巴特—顿麦兹气田（$14000 \times 10^8 m^3$）、舒尔坦气田（$5000 \times 10^8 m^3$）。

2001 年至今，木尔加布坳陷中的奥斯曼气田是这个时期最重要的发现，主要储层为卡洛夫—牛津阶盐下碳酸盐岩礁台，2007 年估算储量约 $10000 \times 10^8 m^3$。该气田的发现展示了盐下勘探的巨大潜力。

阿姆河盆地是原苏联地区油气极其丰富的地质区域，在天然气的产量和储量上仅次于西西伯利亚。到目前为止已发现大小油气田 306 个，油气主要产于上侏罗统盐层覆盖的碳酸盐岩和盐上下白垩统的砂岩储层中[26]，大约 85% 为天然气和凝析气田，其中有 60% 的油气田位于乌兹别克斯坦，40% 位于土库曼斯坦。

该盆地还有较大勘探潜力。根据 USGS（2000）评价结果，全盆地未发现总资源量，油为 2.53×10^8 bbl、气 $43000 \times 10^8 m^3$，凝析油 36×10^8 bbl。

中国石油在阿姆河盆地拥有"阿姆河右岸"和"卡拉库里"等勘探区块。区块勘探程度较高，已发现一些油气藏。东部吉萨尔山区和山前逆冲构造带和西部查尔朱隆起区低幅度构造带盐下层系具有较好勘探前景。斜坡带岩性圈闭和中—下侏罗统硅质碎屑岩是长远勘探的主要领域。

阿富汗—塔吉克盆地位于阿富汗、塔吉克斯坦、乌兹别克斯坦、土库曼斯坦和阿富汗五国境内，盆地四周环山，北面和西面为吉萨尔山，南面和东面分别为兴都库什山和达尔瓦兹山。盆地四周以深大断裂为界，属碰撞造山型盆地。盆地基底为古生界变质岩，沉积盖层可分为侏罗—古近系被动大陆边缘拉张裂谷沉积建造和新近系—第四系造山期巨厚磨拉石建造，上侏罗统为数百米厚含盐层系。根据盆地沉积和构造特征，可将盆地演化分为 3 个阶段：弧后前陆阶段（P_2–T）、断陷—坳陷发育阶段（J–E）和再生前陆盆地阶段（渐新世末至今）。盆地定型于晚二叠世，主要沉积物和构造变形是后两个阶段形成的。主要勘探目的层为中—上侏罗统碳酸盐岩，盖层为晚侏罗世晚期钦莫利—提塘阶膏盐层。

阿富汗—塔吉克盆地已发现的油气藏主要位于盆地西北、东北和中部，盆地南部的勘探程度很低，盆地南部与盆地北部具有类似的成藏特征，具有很大勘探潜力。该盆地盐上断层极其发育，断鼻、断块等构造圈闭呈带状分布，已发现的大部分油气田均位于上述构造圈闭中，此类构造圈闭有进一步深入挖潜的潜力。盐下中—下侏罗统烃源岩为阿富汗—塔吉克盆地的主力烃源岩，盐下具有较好储集物性的储层为碳酸盐岩，加之上侏罗统厚层盐岩的有效封盖，三者在纵向上构成有利的生储盖组合，具有形成大气藏的有利条件。上述目标区均是阿富汗—塔吉克盆地的重要勘探领域。

盐下侏罗系具有发现巨型气田的潜力。在相邻的乌兹别克西部，已于侏罗系礁灰岩中发现了油气藏。在塔吉克境内的盆地北缘，也已发现侏罗系气藏，证实了盐下的生储盖条件。因此，盐下侏罗系有巨大的远景资源潜力，有可能找到深部的生物礁灰岩储层。盐下油气勘探的不利因素是目的层深度大，多大于 6000m，且由于整个盆地均卷入逆冲带，构造样式极为复杂。

1）塔吉克 Bokhtar 区块区带评价

资源评价表明，塔吉克盆地盐下资源潜力大，是该区主要的勘探目的层。目前，受区块地形、施工等限制，区内盐下资料品质差、缺乏有效钻井，加之盐下目的层埋藏深、研究程度低等因素，因此盐下碳酸盐岩层的勘探是该区长期的主要风险勘探领域。

当前重磁反演认为，研究区中东部地区存在基底古隆起，其上沉积盖层具有继承性发育特征，且地震初步解释认为该区构造较发育。因此，认为该区具有形成盐下大型圈闭的构造背景（图 4-44）。

区域地层对比及沉积相分析认为，中东部地区主要发育礁滩相，为有利的储集相带发育区，推测储集条件较好（图 4-45）。

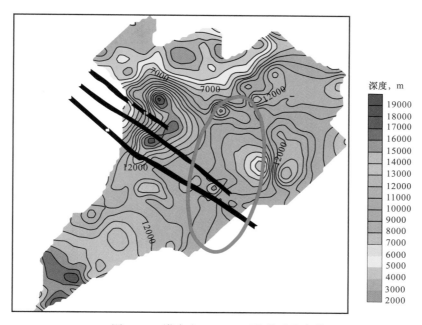

图 4-44　塔吉克 Bokhtar 区块构造发育带

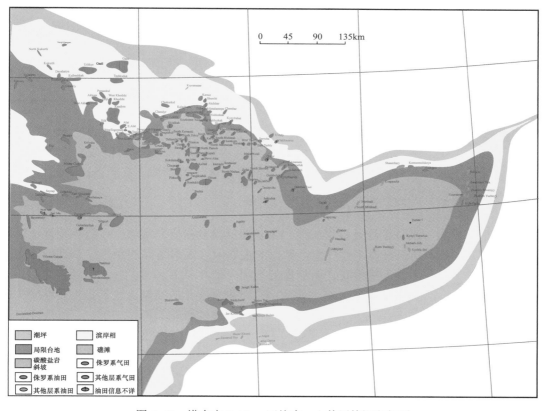

图 4-45　塔吉克 Bokhtar 区块中—上侏罗统沉积相图

根据区域油气成藏规律及油气田产层信息，推测区块中东部地区位于膏盐层尖灭线之内，盐膏盖层比较发育，因此，具有形成盖层的有利条件（图 4-46）。

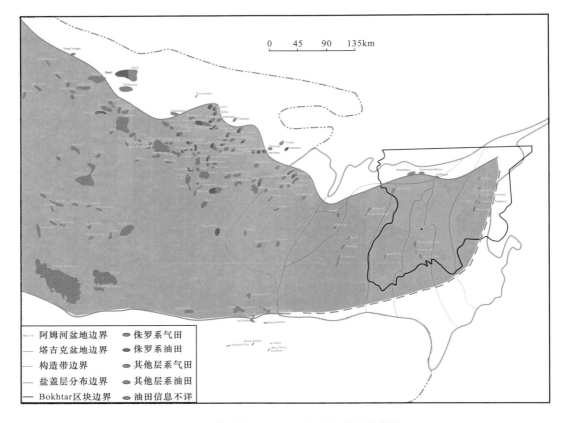

图 4-46　塔吉克 Bokhtar 区块盐膏盖层分布图

此外，航磁反演表明在盆地西南部及西北部存在基底深凹区，可能发育中—下侏罗统，推测中—下侏罗统烃源岩较发育，而中东部隆起区则位于油气有利运聚方向，因而，初步推断区内中东部地区为油气勘探区带。

2）阿姆河右岸区带评价

阿姆河右岸中—下侏罗统及深层碎屑岩为长期风险勘探研究领域。该层系东部地区有3 口井获微气，目前尚未获得工业气流。勘探的主要风险因素是储层条件。东部地区中—下侏罗统和深层埋深浅、裂缝发育，是勘探的有利区带之一。

东部地区构造圈闭的发育及分布主要受构造背景及演化的控制，尤其是主要期次构造运动形成的一系列逆断裂，对构造圈闭的发育具有明显的影响。通过二维、三维连片追踪解释，落实了不同构造层的构造圈闭。由表 4-5 可以看出，研究区构造圈闭继承发育好，尤其是 SQ2、SQ3 层序顶底面及最大湖泛面，构造圈闭的类型、规模基本一致，体现了圈闭发育形成时期基本相同的特点，但圈闭规模差异较大。而 SQ1 层序底界构造圈闭发育略有差异，主要受早期局部正断裂发育的影响。

构造圈闭的有效性不仅取决于圈闭的规模（面积、幅度）、圈闭的形成时期、圈闭的类型，储层砂体类型及埋深也是影响圈闭有效性的关键因素。在圈闭要素统计分析分析的基础上，对研究区各构造层的圈闭进行了综合评价，进而优选出有利目标圈闭进行分析。受研究区目的层储层发育特征及埋藏深度的影响，本次圈闭综合评价的原则是"面积大、幅度高、埋藏浅"，这类圈闭对阿姆河右岸深层勘探储备具有更重要的意义。

表 4-5　研究区各构造层圈闭发育特征统计总表

构造层	圈闭个数，个	总圈闭，km²	最大面积，km²	最小面积，km²
MFS2	32	1054.48	193.50	0.96
MFS3	33	867.46	150.86	2.01
SB1	34	727.44	108.27	1.22
SB2	36	962.18	205.84	1.25
SB3	37	1045.23	164.12	2.94
SB4	35	886.64	142.62	3.33
总计	207	5543.43		

同时，由于研究区 SQ2、SQ3 层序界面及最大湖泛面圈闭形态具有很好的继承性，以 SB2 为代表层，对圈闭进行综合评价。尽管各构造层圈闭面积及幅度略有差异，但圈闭类型及构造位置基本相同，代表了该区中深层圈闭发育的整体特征和规律。

通过层序界面全区追踪解释，落实了有利目标圈闭 21 个。根据上述评价的基本原则，目的层埋深小于 4000m、圈闭面积大于 20km²、圈闭幅度大于 400m 的圈闭为最有利的 I 类圈闭，而圈闭埋深大于 4000m、圈闭面积小于 20km²，尽管圈闭幅度也很大，综合评价为 II 类；圈闭面积小、埋藏深度大的圈闭为 III 类（图 4-47）。

综合评价分析认为，由于研究区构造圈闭幅度一般在 400m 以上，圈闭面积及高点埋深是评价的关键因素，这主要考虑到研究区储层砂体岩性及物性条件。在落实的 21 个目标圈闭中，I 类圈闭 4 个、II 类圈闭 7 个、III 类圈闭 10 个。其中，研究区东部山前二维区发育了多个较大规模的构造圈闭，这些圈闭形态落实、圈闭形成机制明确、埋藏深度较浅，是深层勘探的有利圈闭目标。

通过对储层成岩的分析，明确了中—下侏罗统及深层在大规模抬升前，最大埋深达到 4000～5000m，压实与胶结作用强，基质孔隙不发育，裂缝是最主要储集空间。

通过对东部山区的形成机制与运动学特征的研究，明确了东部山区在基底构造楔作用下隆升，发育大型的断展背斜。在东部山区北侧基底构造楔规模大，表明挤压应力作用更强，裂缝也相对更加发育，形成构造圈闭面积大、埋深浅。同时山区在二叠—三叠纪为三角洲平原相，早—中侏罗世为扇三角洲前缘相，砂体发育是中—下侏罗统勘探最有利区域。在该区带形成大型构造圈闭 11 个，面积 335km²，高尔达克和北高尔达克地区都是相对有利的勘探目标。

另外杜戈巴—召拉麦尔根构造带也是中—下侏罗统及深层勘探的相对有利区。该构造带在二叠—三叠纪期间为近东西向深洼；但在晚三叠世经历隆升剥蚀，形成了角度不整合面以及风化壳；在早—中侏罗世沉积古地貌高、砂体发育。因此该构造为继承性发育的构造带，具有较好的储层发育条件，处于生烃中心有利于早期圈闭充注成藏，因此是相对有利勘探区，前人在 Dug-4 井中—下侏罗统钻遇含气层，4213～4237m 井段，测试 2 层，日产气（0.4～0.5）×10^3m³。

但东部地区的成藏条件存在较大的风险。从 Gok-21 井钻探情况来看，中—下侏罗统及深层裂缝发育，但裂缝规模小、连通性差，酸化对强烈压实的含煤层系作用有限。

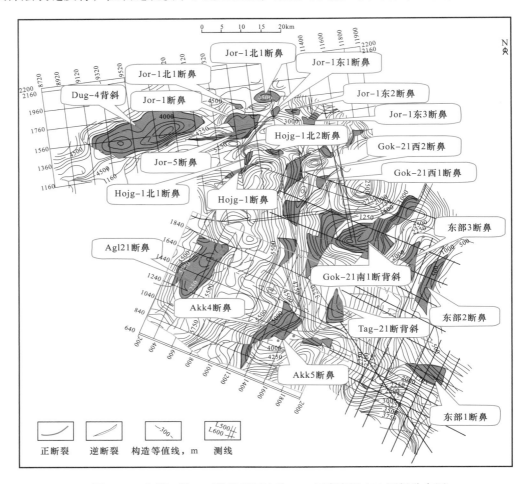

图 4-47 东部二维、三维地震区连片 SQ2 层序底界 SB2 圈闭分布图

参 考 文 献

［1］刘晓峰，解习农. 与盐构造相关的流体流动和油气运聚［J］. 地学前缘，2001，8（4）：343-34.

［2］张洁，尹宏伟，孔令森，等. 主动底辟盐构造的二维离散元模拟［J］. 地球物理学进展，2008，23（6）：1924-1930.

［3］杨泰，汤良杰，余一欣，等. 滨里海盆地南缘盐构造相关油气成藏特征及其物理模拟［J］. 石油实验地质，2015，37（2）：246-258.

［4］胡杨，谭凯旋，谢焱石，等. 哈萨克斯坦滨里海盆地东部地区油气成藏条件分析［J］. 南华大学学报（自然科学版），2014，28（3）：46-50.

［5］李永宏，Burlin Y K. 滨里海盆地南部盐下大型油气田石油地质特征及形成条件［J］. 石油与天然气地

质，2005，26（6）：840-846.

［6］张建球，米中荣，周亚彤，等.滨里海盆地东南部盐上层系油气运聚规律与成藏［J］.海外勘探，2010，5（3）：58-62.

［7］刘洛夫，朱毅秀，张占峰，等.滨里海盆地盐上层的油气地质特征［J］.新疆石油地质，2002，23（5）：442-447.

［8］宋明雁，李莉.世界含盐盆地油气分布规律及其勘探经验［J］.世界石油工业，1998，5（5）：14-17.

［9］郑俊章，薛良清，王震，等.含盐盆地石油地质理论研究新进展［M］//童晓光.跨过油气勘探开发研究论文集.北京：石油工业出版社，2015.

［10］马新华，华爱刚，李景明，等.含盐油气盆地［M］.北京：石油工业出版社，2000.

［11］胡炳煊，杨遇时，李大荣.谈含盐盆地与油气差异聚集的关系［J］.江汉石油科技，1991，1（1）：104-111.

［12］湖北省石油学会.蒸发岩与油气［M］.北京：石油工业出版社，1985.

［13］贾承造，赵文智，魏国齐，等.盐构造与油气勘探［J］.石油勘探与开发，2003，30（2）：17-19.

［14］C&C Reservoirs. Malay Field, Amu Darya Basin, Turkmenistan. Reservoir Evaluation Report, 2003.

［15］C&C Reservoirs. Kenkiyak Field, North Caspian Basin, Kazakhstan. Reservoir Evaluation Report, 2003.

［16］徐文世，刘秀联，余志清，等.中亚阿姆河含油气盆地构造特征［J］.天然气地球科学，2009，20：744-748.

［17］姜敏，丁文龙.中国含油气盆地盐构造特征及其与油气聚集的关系［J］.新疆石油天然气，2008，4（1）：34-38.

［18］苏传国，姜振学，郭新峰，等.苏丹红海中部地区盐构造特征及油气勘探潜力分析［J］.大庆石油学院学报，2011，35（4）：1-7.

［19］余一欣，汤良杰，王清华，等.库车坳陷盐构造与相关成藏模式［J］.煤田地质与勘探，2005，33（6）：5-9.

［20］余一欣，殷进垠，郑俊章，等.阿姆河盆地成藏组合划分与资源潜力评价［J］.石油勘探与开发，2015，42（6）：750-756.

［21］梁英波，张光亚，刘祚冬，等.巴西坎普斯—桑托斯盆地油气差异富集规律［J］.海洋地质前沿，2011，27（12）：55-62.

［22］徐可强.滨里海盆地东缘中区块油气成藏特征和勘探实践［M］.北京：石油工业出版社，2011.

［23］祝嗣安，李建英，陈洪涛，等.滨里海盆地南部隆起带盐下成藏条件与主控因素分析［J］.石油地质与工程，2018，32（3）：28-33.

［24］徐树宝，王素花.东西伯利亚含油气盆地石油地质特征和资源潜力［J］.环球石油，2007：33-38.

［25］杜金虎，杨华，徐春春，等.东西伯利亚地台碳酸盐岩成藏条件对我国油气勘探的启示［J］.岩性油气藏，2013，25（3）：1-8.

［26］田雨，徐洪，张兴阳，等.碳酸盐岩台内滩储层沉积特征、分布规律及主控因素研究：以阿姆河盆地台内滩气田为例［J］.地学前缘，2017，24（6）：312-321.

第五章　含盐盆地油气勘探技术

含盐盆地中盐构造空间几何特征及侧向速度差的复杂性，造成盐下构造（深度和形态）落实难度大、盐伴生圈闭识别困难以及储层物性的复杂性，给勘探技术带来重大挑战。依托国家油气重大专项，通过持续攻关研究，形成四项系列技术：盐下构造圈闭识别技术、盐下碳酸盐岩储层预测技术、盐伴生圈闭勘探评价技术、盐下礁滩体识别与评价技术。依靠这些技术在滨里海、阿姆河等含盐盆地发现了大型油气田，同时也应用于阿富汗—塔吉克、东西伯利亚等含盐盆地的勘探实践中。

2006—2015年，中国石油对含盐盆地成因机制、盐膏层形变、成藏机理与富集规律、盐下构造圈闭识别（速度建模）和碳酸盐岩储层预测技术等方面有了进一步的深化和提高。盐下构造圈闭识别技术包括叠后变速成图及叠前处理技术。其中叠后变速成图技术在"十一五"只针对盐层、礁滩两种速度异常体的层位控制法基础上，发展为应用模型层析法针对6种速度异常体进行分体建模；叠前处理技术在"十一五"的单程波动方程叠前深度偏移基础上发展为双聚焦、逆时偏移（双程），盐下构造成图的深度误差由"十一五"的2%降至1.5%以下。盐下碳酸盐岩储层预测技术从"十一五"的地震属性分析、叠后地震反演发展为地震多属性分析、多参数地震联合反演、谱分解、"两宽一高"地震勘探技术、频率域含油气性检测、测井储层与流体参数等综合评价技术，预测符合率由"十一五"的75%提高至80%。

第一节　盐下构造圈闭识别技术

一、难点与技术现状

膏盐层由于其易塑性变形的特征，常形成各类高陡盐丘，这给盐下目标的勘探带来诸多难点。一是陡翼地震波反射造成偏移处理困难，使盐下目标成像发生水平偏移[1]；二是盐体使盐下地层普通地震勘探方法的反射能量弱，给复杂目标解释带来困难；三是高速盐体造成盐下地层反射同相轴上拉，深度归位困难[2]。盐下构造圈闭准确识别，除需提高采集质量外，还需准确刻画盐构造边界，建立盐上、盐下及盐丘间的综合地质模型；另外，还要求准确的地震成像和精准的地震速度拾取，建立准确的速度模型。叠前深度偏移技术为更好地解决以上问题提供了新的手段[3,4]，但速度建模方面的研究及其适用性还需不断完善。无论地震叠前还是叠后处理，速度建模是关键[5]。

盐下构造圈闭是否存在，需要地质与地球物理技术综合判断。包括盆地各区带构造应力机制及其演化研究，以确定盐下构造圈闭形成机制及主要发育部位；各种地球物理手段建立准确的速度模型，保证深度误差在允许范围内；各种检验手段用以验证发现的构造是否可靠。

复杂巨厚盐丘的存在导致速度变异，致使盐下圈闭很难准确识别和评价，加上盐下地震勘探资料品质差、构造假象多，因此圈闭落实难，钻井深度误差大。随着盐下勘探的不断深入，越来越多的勘探技术和研究手段应用到盐下构造研究中。目前使用的主要技术有：边缘检测技术、宽方位角技术、VSP 技术、速度分析技术、AVO 反演技术和深度偏移技术等。另外还有一些新的技术，如 CRAM 技术、共同方位角偏移技术、波偏移技术、Q 因子衰减补偿技术等也开始用于盐下构造地震勘探。不可否认的是，有些方法技术含量及成本要求很高，不能广泛应用。比如宽方位角技术，优点是可以提高空间分辨率，成像清晰，缺点是成本过高，主要用于勘探潜力比较大的地区；VSP 技术以及 AVO 反演技术也都存在类似的成本过高，操作流程较复杂，多种地质信息的联合带来数据冗余等问题。

二、复杂盐下构造圈闭识别技术

滨里海盆地下二叠统空谷阶沉积了巨厚的盐岩层，由于盐丘和围岩速度之间的差异很大，造成了下伏地层在时间剖面上存在上拉的现象，形成了一些构造假象或者构造幅度被拉大。为了准确落实盐下构造，采用多种手段进行层位标定、多种显示方法进行交互解释，深化速度研究；多种技术变速成图、构造成图精度逐渐提高，进一步完善了构造导向滤波盐丘刻画[6]、模型正演、层位控制法变速成图等盐下圈闭识别与评价配套技术。盐下构造成图精度由"十一五"的 2% 提高至 1.5%。

盐丘的发育及丘间地层剧烈形变，以及其他速度异常体，使速度建模复杂化，给准确刻画盐下圈闭带来困难。针对含盐盆地地质问题，为了精确落实盐下构造圈闭，制订了如图 5-1 所示的技术思路。

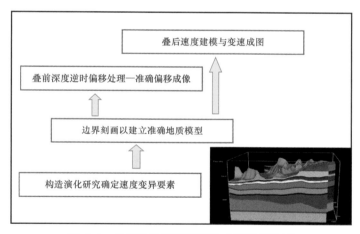

图 5-1 盐下构造圈闭识别技术研究思路图

通过分析国内外盐下地层地震成像技术现状、相关研究成果及未来发展方向，根据多年盐下构造地震解释及速度建模研究，并结合巨厚盐岩区的实验室模拟，针对技术研究思路中的盐丘刻画技术、速度变异因素识别、叠后速度建模技术、叠前处理技术等几项关键技术点分别进行了深化研究。并在"十一五"基础上不断发展（表 5-1），形成了较完善的盐下构造圈闭识别配套技术流程（图 5-2），为具有类似地质特征的地区提供一些成功的经验。盐下构造圈闭识别配套技术系列和流程包括以下 4 个部分：构造动力学预测盐下构造圈闭发育区带、层位与盐丘边界刻画、速度建模与时深转换、圈闭有效性评价。每个部分包含不同的技术组合，从而形成完整的技术体系。

表 5-1　盐下构造圈闭识别技术"十一五"与"十二五"对比表

要素	十一五	十二五
速度变异因素识别	盐层、礁滩	盐层、碳酸盐岩礁、低速泥岩、砾岩、盐丘间膏盐、碳酸盐岩台地
盐丘刻画技术	导向滤波 + 边界检测	相干 + 瞬时相位 + 偏移速度扫描 + 导向滤波
叠后速度建模技术	层位控制法	针对 6 种速度异常体分体建模，包括速度反演法
叠前处理技术	单程	双聚焦、逆时偏移（双程）
深度误差	2%	1.5%

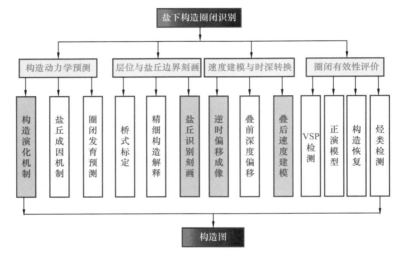

图 5-2　盐下构造圈闭识别配套技术流程图

1. 叠后速度建模技术

在海外勘探实践中，新拿到的区块往往只有叠后处理成果，因此叠后速度建模也需不断探索和完善。

地震波在地层中的传播速度是地震勘探资料处理和解释中非常重要的参数。地球物理学家和地质学家所需要的地下速度信息，除了来自井孔和实验室测量之外，更多地依靠地震勘探资料处理。地震勘探资料处理中最常见而又最常用的就是叠加速度，从这个基本参数出发，就能推导出地下各层介质的其他速度数据。地震波传播速度研究的目标是提高地震勘探最终成果的精度，提高地震勘探成像质量和速度应用的效率，同时为相关的地震、地质解释提供可靠的速度参数。变速成图的主要任务是根据资料处理后的地面地震勘探数据，通过一定的速度计算手段得到地下速度分布—速度场。因此，构造形态校正最实用的方法就是建立地下地层的速度场，实现时间域向深度域的转换。

滨里海东缘受到乌拉尔逆冲的影响[7]以及盐丘的发育，纵向地层结构复杂，横向地层速度变化较快，且发育多类速度异常体。盐丘的发育及丘间地层剧烈形变，以及其他速度异常体，使速度建模复杂化，给准确刻画盐下圈闭带来困难。

在原理上，用迪克斯（Dix）公式计算的层速度可以直接用于深度转换，但是在含盐盆地原理与实际之间存在巨大的鸿沟。首先，计算的层速度是真正的水平速度，而不是垂向速度。同时，滨里海盆地发育多类地质异常体，储层非均质性强，因此用作速度分析的地层也并不是均质的。最后，由于高陡盐丘的存在，反射的倾角或者曲率都会影响叠加速度的测定，可以简单地说明，叠加速度等于均方根速度除以反射倾角的余弦，所以 10° 倾角引起的误差是 1.5%，20° 倾角引起的误差超过 6%。因此用于速度转换的最终速度模型必须表现为与该区的地质模型相结合，并且尽力接近一致。

上述分析结果表明，该区地质情况复杂，有盐岩层并发育众多盐丘，为了提高构造图的成图精度，进行速度研究是十分必要的，其中速度建模是关键。应用速度谱资料分析地质体建立速度模型，结合周边油田井震速度分析结果，对速度谱进行校正，以提高成图精度。

1）叠后异常体速度分析

建立速度模型的实质就是如何求取各反射层的准确层速度。研究区复杂的地质情况导致，从浅层到深层无法采用一个统一的层速度计算方法，经分析认为速度模型的建立分 3 步进行：（1）在分析钻测井资料、地震勘探资料，以及速度谱资料的基础上，找出工区内所有类型的速度异常体，并将其划分归类；（2）通过地震相、沉积体系的研究划分，建立地质模型，在此基础上，分类型对地质异常体的发育范围及分布空间进行刻画、描述，尽量与地质模型保持一致；（3）分类型对地质异常体进行速度分析、求取，建立准确的速度模型（图 5-3）。下面进行逐步论述。

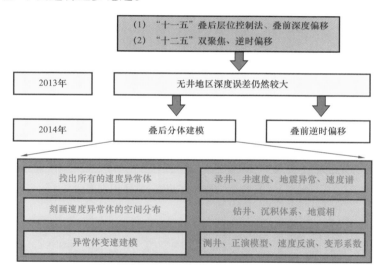

图 5-3　叠后分体建模技术路线图

首先通过构造导向滤波、边缘检测、波阻抗反演、相干等物探技术识别刻画出各类速度异常体。从分析结果来看，滨里海盆地东缘主要发育以下六大速度异常体：高速盐丘体、生物礁建造、砾岩沉积区、盐丘间膏盐、碳酸盐台地、低速度泥岩。下面以高速盐丘体和生物礁建造为例介绍异常体速度求取方法。

（1）高速盐丘体：纯盐岩段层速度计算从 VSP 速度统计、声波测井速度分析、井震层速度转换等几个方面综合分析求取。纯盐岩段是指上述解释的盐丘部分，地震勘探剖面上表现为丘状近似空白的反射特征。VSP 速度统计法是在中区块和肯基亚克有 20 口井钻穿巨厚的盐丘部位，将中区块 KUN-1 井、SIN-1 井、肯基亚克 104 井等多口井 VSP 资料和岩性资料分析对比发现，纯盐岩段地层层速度为 4400～4600m/s，平均值为 4500m/s，且纯盐岩段岩性较纯，层速度比较稳定，说明在整个滨里海盆地东缘下二叠统盐岩有着类似的沉积环境。由于沉积环境相似，由此统计出的纯盐岩的速度可以应用到本工区，即本工区的纯盐岩段层速度平均值应为 4500m/s。本工区钻遇纯盐岩段的井有 40 余口，声波测井速度分析指根据其声波测井资料统计，纯盐岩段地层层速度为 4350～4550m/s，平均值接近 4500m/s（图 5-4 至图 5-6）。

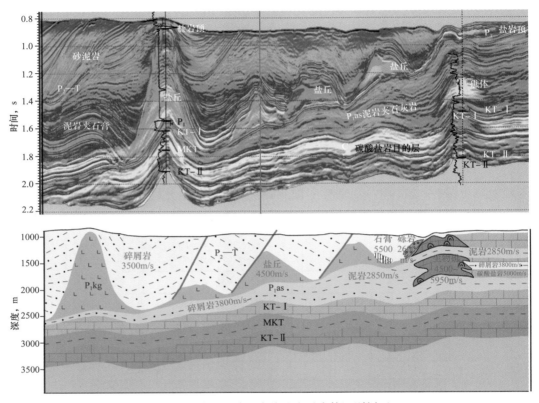

图 5-4　滨里海盆地东缘速度异常体识别剖面

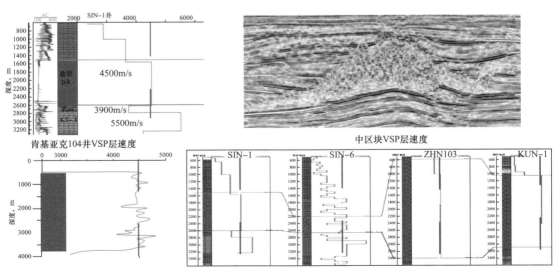

图 5-5　纯盐岩层 VSP 层速度统计

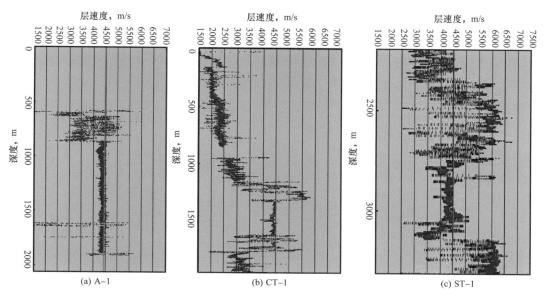

图 5-6 盐岩层声波测井资料层速度统计

（2）生物礁建造：为解决东部隆起的生物灰岩刻画，首先根据井震标定结果及多种地球物理成像方法精细解释其发育范围；为了解决异常体对速度建模的影响，设定如下模型。模型中的围岩速度为层速度，T 为无畸变的层段的 T_0 厚度，T_d 为异常体发育区时间厚度，经过推导得到公式 Ratio=T/（$T-T_d$），定义为异常体变形系数。其次通过已知井区的钻测井等井资料求取生物礁造成下伏地层的变形系数，推导了石灰岩速度公式。将变形系数与井速度交会，通过变形系数与速度之间的关系公式定量的计算异常体带的速度：$V_f=V_s \cdot$ Ratio。并利用地震速度谱资料推广到无井区，从而计算出生物礁发育范围的速度模型（图 5-7）。

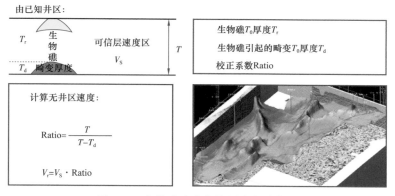

图 5-7 生物礁建造分体层速度计算图

其他 4 种速度异常体的速度求取方法与生物礁建造异常体的速度求取方法基本一致，在此不再赘述。

2）分体速度模型建立

建立速度模型的实质就是如何求取各反射层的准确层速度（图 5-8）。研究区复杂的地质情况导致，从浅层到深层无法采用一个统一的层速度计算方法。经分析认为将其分为3 种情况进行分别研究最为适合（图 5-9）：（1）将盐上地层和盐下地层这两种不含盐地层归为一类；（2）纯盐岩层，即地震剖面上表现为近似丘状空白反射的盐丘层，偶夹薄层能量较强层状反射；（3）还有一套存在于厚盐丘之间的具有较强振幅的低丘状反射层，经钻井揭示它是盐岩和碎屑岩的互层段，称之为非纯盐岩层，岩性的不同导致其速度也要单独求取。针对这3种情况采用不同的方法进行层速度的求取，下面进行逐一论述。

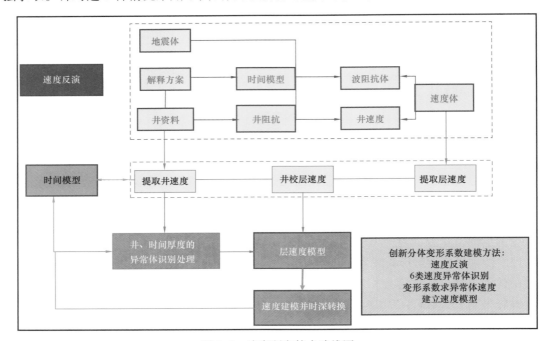

图 5-8　速度研究技术路线图

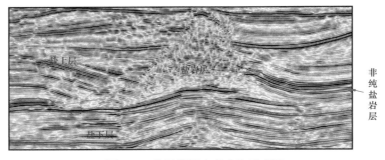

图 5-9　分层段层速度求取示意图

（1）盐上地层和盐下地层层速度计算方法：三维射线模型法。

盐上地层和盐下地层符合正常地层的速度变化规律，利用三维射线模型法，使用地震叠加速度资料，直接计算各套地层的层速度。三维射线模型法是以深度和初始层速度模型为基础，依据施耐尔定律进行非零炮检距射线追踪，得到一组实际时距曲线，用理论时距曲线方程拟合均方根速度，与叠加速度比较，通过其匹配程度，获得地层层速度，并通过反复迭代获得与叠加速度匹配最好的层速度。

三维射线模型法适合于复杂山地及高陡构造地区速度研究成图，是以层位控制法为基础的。为了实现以三维射线模型法计算层速度，收集和准备资料及配套措施如下：

以钻井、测井和VSP资料为主，综合分析不同层段和岩性段的速度变化特征，归纳总结速度变化规律。充分利用钻井资料和地震勘探资料，进行层位精细综合标定，分析各地质层段对应的地震反射特征。合理选择 T_0 控制层位，加强浅层非目的层的解释和对比。在本区选择的控制层位有 J 底、T 底、非纯盐段顶、P_1K 顶（盐岩顶）、P_1K 底（盐岩底）、KT–I 顶 6 个控制层位。对原始速度谱进行检查和异常点剔除，提高原始基础数据的质量，确保研究成果准确可靠。优选钻井资料数据校正速度场。

通常采用下述速度研究方法和流程：以资料处理过程中得到的叠加速度分析结果——叠加速度谱为基础速度资料，以 T_0 层位解释结果为基础控制层位，以钻井数据等作为井约束资料，基于"三维射线模型法"计算层速度，进行速度建场，进而完成时深转换变速成图。

在上述工作的基础上，按照三维射线模型法分别求取盐上和盐下正常地层的各层层速度，为建立速度模型准备层速度资料。

（2）高速盐丘和生物礁建造速度建模。

地层中由于异常体的存在，使得横向速度变化较大[8]。异常体与围岩的速度差将影响下伏地层在时间域地震勘探剖面的显示。例如速度差为正数时，下伏地层表现为上凸，速度差为负值时，表现为下凹，这些都不是地层的真实形态。通过分别刻画速度异常体并用不同方法建模来消除其影响。

其中针对生物礁、盐丘等地质异常体速度建模的方法主要是：首先刻画生物礁体的发育范围；统计求取生物灰岩等引起的构造变形系数；通过公式计算出生物礁等地质异常体的层速度，并分体建立速度模型；消除盐上生物礁等地质异常体的范围及其对下伏地层平均速度的影响，从而建立准确的速度模型（图 5-10）；最后把求得的生物礁等地质异常体的层速度替换到最终的速度模型中，建立准确的全区速度模型。

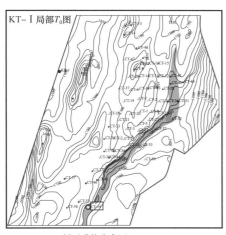

刻画礁体发育区　　　　礁体发育引起的构造变形系数　　　　礁体发育区速度

图 5-10　生物礁异常体的速度影响的消除方法

3）层位控制法速度建场时深转换技术

盐丘的存在不仅对盐下地层造成影响，由于速度谱解释原因，盐丘同样对盐上地层造成影响。通过多种速度建场方法对比分析，层位控制法建立平均速度场适合本研究区的时深转换方法。

层位控制法建立平均速度场，使用相对合理的替换层速度区带速度模型中的盐层层速度，可以有效地消除盐丘影响造成的构造假象，对盐上地层、盐下地层层速度进行处理，消除盐丘低速异常影响，最终建立的速度场更接近地下真实形态。

层位控制法与平均速度法的相同点都是基于DIX公式计算速度。不同点是平均速度法直接平滑目的层的平均速度，而层位控制法是对各层的层速度进行平滑。本方法考虑了层速度横向连续变化，在层速度平滑的基础上用井资料约束建场。

2. 高陡盐丘叠前深度偏移技术

常规时间偏移是建立在水平层状或均匀介质理论基础上的，当地下构造复杂、地层速度横向变化大时，不能实现准确的反射波偏移归位。盐丘、逆掩推覆体、高陡构造以及速度纵横向剧烈变化情况下的准确程序成为数据处理的难题，即使是时间域成像精度最高的叠前时间偏移，对盐下地层的成像也无能为力。叠前深度偏移技术突破了水平层状、均匀介质的假设，弥补了时间偏移的不足，为正确认识地下复杂地质构造提供了可能。叠前深度偏移是解决速度横向变化剧烈地区构造成像的最好方法。叠前深度偏移技术的应用，国际上大的地球物理公司都有成功实例，但大多为海上资料，像陆上复杂盐丘的叠前深度偏移处理成像成功的实例还鲜有报道。故复杂盐丘区叠前深度偏移成像研究在技术层面上有一定的前瞻性[4]。

目前在生产中主要采用克希霍夫叠前深度偏移方法，分为3个部分：速度模型建立、旅行时计算和叠前深度偏移。速度模型的精度如何决定了叠前深度偏移的成像效果，速度模型的建立在叠前深度偏移中至关重要。速度模型建立的过程实际上就是叠前深度偏移的迭代处理过程，由初始速度模型产生叠前深度偏移共成像点道集，从而检测速度误差结果。通过对道集进行剩余动校正分析，拾取得到量化的剩余动校正量，逐步逼近真实的地层结构。

由于在叠前深度偏移运算过程中，上覆地层的速度会对下伏地层的速度场产生影响，即速度误差会向下传递。因此道集的剩余动校正量不能直接转换为剩余速度，需要采用层析成像的方法进行速度调整，从而达到消除剩余动校正、修正速度场的目的。最终速度模型是在多次迭代、反复修改的基础上建立起来的，最终得到准确构造图。

针对滨里海盆地研究区内盐丘的具体特点，制定了分目标、分步骤的叠前逆时深度偏移成像处理流程。对盐上沉积层、盐间沉积层，盐丘的侧翼（盐顶）、盐丘的底界和盐下目的层这些特征不同却存在着紧密制约的目标体，逐步建立合适的叠前逆时深度偏移处理的一整套处理对策。

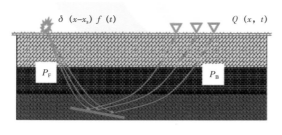

图5-11 叠前逆时深度偏移处理原理图

叠前逆时深度偏移成像技术主要是基于有限差分方法求解波动方程的算法，对模型没有任何限制[5]。它基于波动理论，采用全波方程（图5-11），应用逆时外推对波场进行重构，在对方程中的微分项进行差分离散时近似程度小，因此不受倾角和偏移孔径的限制，并能有效地处理物性纵横向的剧烈变化，获得精确的动力学信息，具有良好的保幅功能，有利于地层、岩性油气藏地震数据的成像。

　　但由于占用空间大、计算量大和固有的低频成像噪声，使叠前逆时深度偏移成像技术应用受到了很大的限制。逆时偏移一般由逆时延拓和波场成像两大步骤组成，关键环节是正演模拟和成像条件，正演模拟一般采用声波方程和有限差分方法，成像条件一般采用零延迟互相关。

　　叠前逆时深度偏移原理如下：

　　三维介质的双程声波方程为

$$\frac{1}{v}g\frac{\partial^2\varphi}{\partial t^2}=\nabla^2\varphi+s \qquad (5-1)$$

式中　g——介质密度的倒数；

　　　∇^2——拉普拉斯算符；

　　　$\varphi=\varphi(x, y, z, t)$——介质的压力场；

　　　$v=v(x, y, z)$——速度场；

　　　$s=s(x, y, z, t)$——震源函数。

　　式（5-1）是一个双程波波动方程，其解可以精确描述上行波、下行波的波场传播特征。逆时偏移成像条件为

$$I(x)=\int F(x, t)R(x, t)\mathrm{d}t \qquad (5-2)$$

式中　$F(x, t)$——正向外推的震源波场；

　　　$R=R(x, t)$——反向外推的记录波场；

　　　$I=I(x)$——点 x 的成像结果。

　　假设子波为脉冲函数，则纵波传播时正向震源波场 $F(x, t)$ 可表示成

$$F(x, t)=\delta(t-t_{\mathrm{p}}) \qquad (5-3)$$

式中　$\delta(t-t_{\mathrm{p}})$——δ 函数；

　　　t_{p}——从地震波炮点到空间任意点 x 的走时。

　　依据式（5-3）将式（5-2）变为

$$I(x)=\int \delta(t-t_{\mathrm{p}})R(x, t)\mathrm{d}t=R(x, t_{\mathrm{p}}) \qquad (5-4)$$

　　逆时偏移是以逆时的方式从最大的时间（$t_{\max}$）偏移，如果在某个时间点（$t_1<t_{\max}$）、某个空间位置 $t_1=t_{\mathrm{p}}$，则可以得到点 x 的矢量波场。

　　假设炮点波场 $S(t, z, x)$ 代表下行波场，检波点波场 $R=R(t, z, x)$ 代表上行波场，则式（5-2）可进一步简化为

$$I(z, x)=\sum_z\sum_t S(t, z, x)R(t, z, x) \qquad (5-5)$$

　　叠前逆时深度偏移技术的特点为：（1）相对于单程波场延拓而言，逆时偏移技术运用的是双程波波场延拓，避免了上、下行波的分离处理，且不受倾角的限制；（2）解决了盐下地层、盐丘侧翼的成像问题，实现了对盐丘边界及盐丘侧翼的准确归位，消除了盐丘速度异常对下伏地层造成的时间域构造畸变，使盐下地层在深度域能够准确成像。盐丘顶界面、盐丘侧翼边界、大于90°盐丘侧翼特殊盐下构造能精确成像，解决盐下构造成像和构

造恢复的问题。

逆时偏移技术的优点是考虑激发和接收双程波路径，减少了对速度的依赖性，大大提高了成像质量。与普通偏移技术相比，逆时偏移技术的成像角度无限制，更适合速度变化剧烈、构造复杂及各向异性大的区块。从双聚焦和逆时偏移处理攻关效果来看，盐下地震勘探资料成像的信噪比和成像精度得到有效提高，盐丘侧翼和边界刻画及盐下碳酸盐岩内幕成像更为清晰。

速度建模与偏移算法的结合是地震精确成像的关键。逆时偏移是当前精度最高的深度域成像方法，可使高角度反射界面的反射波，甚至超过 90° 反射界面进行精确成像。从逆时偏移成像中看到，双程波波动方程深度域成像技术解决了盐下地层、盐丘侧翼的成像问题，实现了对盐丘边界及盐丘侧翼的准确归位，消除了盐丘速度异常对下伏地层造成的时间域构造畸变，使盐下地层在深度域能够准确成像。盐丘顶界面、盐丘侧翼边界、大于 90° 盐丘侧翼特殊盐下构造能精确成像。陡峭的盐岩侧翼波至（也许来自向上转折的界面），这些同相轴可能来自棱镜波照明。像盐丘这样的复杂地质体是用许多波道来照明的，这些盐体不能用常规单程传播算子来成像。通过双程波动方程偏移方法，能明显改善盐丘侧翼及盐下地层的成像质量。

从单程波动方程偏移与逆时偏移处理剖面对比结果看，叠前逆时偏移深度处理方法不仅能解决高陡盐丘刻画及盐下构造圈闭识别问题，而且能解决地层内幕结构成像问题（图 5-12，表 5-2）。

表 5-2　普通偏移与逆时偏移处理方法特点对比表

特点	普通偏移	逆时偏移
成像角度	<90°	无限制，可描述：回转波、近水平波、棱柱波、多次波
适应速度	速度均匀	剧烈变化
适应构造	简单构造	复杂构造和各向异性

3."两宽一高"地震勘探技术

所谓"两宽一高"，泛指野外采集中使用宽频带的激发震源、宽方位的观测排列和高密度的空间采集。数据处理和资料解释中采用相适应的方法和技术，获得更为可靠的信息服务于复杂储层的刻画和描述。该方法适用于薄互层发育区的油藏描述、各向异性发育区的裂缝预测、深层目标勘探和特殊岩性体的勘探，也是改善复杂区构造成像的有效手段。

"两宽一高"技术特点包括：（1）宽方位地震勘探资料蕴含着更为丰富的信息，有利于识别严重的方位异向性，进行速度、AVO 响应随方位变化分析，在岩性和裂隙型油气藏勘探领域具有广阔的应用前景；（2）小面元采集，噪声的规律性越强，更容易清楚地区分有效信号和噪声；（3）拓宽目的层频带宽度 8～15Hz，提高垂向分辨率，便于开展岩性体预测；（4）低频地震适合于探测深层油气藏，可以实现 1.5Hz 的低频信号采集；（5）提高目的层成像精度。

从滨里海中区块"两宽一高"三维地震与常规三维地震采集的观测系统对比来看（表5-3），"两宽一高"三维地震实现了真正意义的宽方位、宽频带、高密度地震采集。

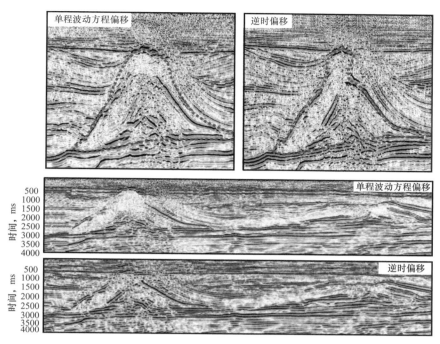

图 5-12 单程波动方程偏移与逆时偏移处理剖面对比图

表 5-3 "两宽一高"三维地震与常规三维地震观测系统对比表

	宽方位高密度地震方案	常规三维地震方案
观测系统类型	36 线 8 炮 320 道正交	12 线 6 炮 160 道正交
震源类型	低频震源	常规震源
激发类型	2 台 1 次	8 台 2 次
面元	12.5m × 12.5m	25m × 25m
覆盖次数	720 次（18 × 40）	120 次（6 × 20）
接收线距	200m	300m
炮线距	100m	200m
排列总道数	11520 道	1920 道
横纵比	0.90	0.45
炮密度	400 炮 /km²	100 炮 /km²

围绕复杂盐下碳酸盐岩目标层预测，基本形成了高密度数据保真提高信噪比技术、高密度数据综合静校正处理技术、震源子波约束低频补偿技术、井约束保真高频拓展处理技术、宽方位数据分方位速度分析技术和基于 COV 域的宽方位处理技术系列（图 5-13）。拓宽了目的层频带宽度，提高盐下碳酸盐岩成像精度，准确刻画盐丘顶底、礁滩体分布边界，为有效开展斜坡区岩性体油层组的流体识别等储层预测工作提供高品质的基础资料。此外，"两宽一高"叠前数据是多维数据体，需要从多个层面、多个角度、多个尺度进行系统性研究，形成完善的应用技术流程，才能更加有效地识别和描述复杂油气藏。

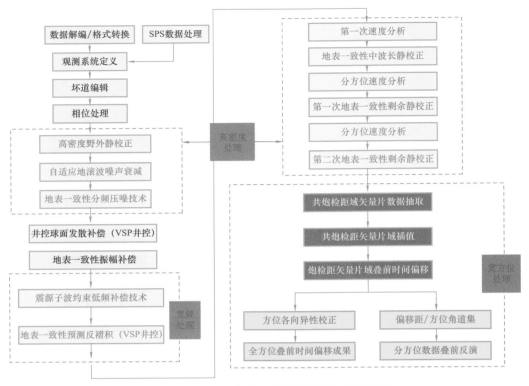

图 5-13 "两宽一高"地震数据处理技术流程图

在多年采集技术方法攻关基础上，采用针对项目具体特点的"两宽一高"地震勘探技术方法，包括 5 项核心技术，具有以下主要技术特点：

（1）宽方位观测系统：能提高盐下照明度及各向异性速度分析精度，有利于地层各向异性特点研究；

（2）宽频激发技术：可显著拓宽低频、提高高频，有效提升分辨率；

（3）小采样间隔采集：提高时间分辨率，增加小尺度地质体地震波场采样点数、提高成像精度、提高横向空间分辨率；

（4）单点激发、接受：减少组合混波响应，提高分辨率；

（5）高炮道密度：保证高信噪比与能量。

滨里海"两宽一高"地震资料是中国石油首次采用 1.5Hz 的低频可控震源在海外项目采集的高密度资料，低频信息比较丰富，有利于开展全波形反演研究工作。

在研究过程中准备了两套地震数据（原始数据、偏移前炮集数据）和通过克希霍夫叠前深度偏移技术建立的初始速度模型（图 5-14）。主要试验基于 GeoEast-FWI 的全波形反演建模方法，该建模方法可以分为以下三个阶段：第一阶段利用原始低频单炮数据的初至时间，试验 Laplace- 频率域全波形反演技术，建立精确的中浅层速度模型；第二阶段是在第一阶段的速度模型基础上，应用图像域的全波形反演（或称频率域偏移速度分析）技术，拉平偏移距道集；第三阶段试验频率域基于反射能量的全波形反演，修正最终的速度模型。在每一个阶段，都利用建立的速度模型、偏移的 CRP 道集、单程波动方程偏移或逆时偏移检查模型建立的准确性。

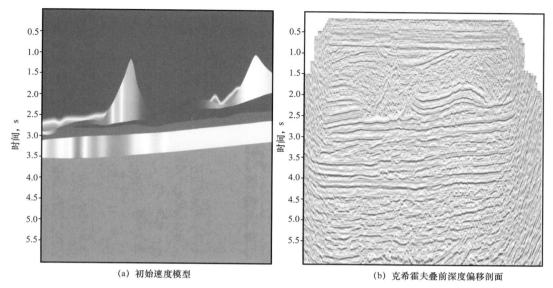

(a) 初始速度模型　　　　　　　　　　　　　(b) 克希霍夫叠前深度偏移剖面

图 5-14　初始速度模型和对应的克希霍夫叠前深度偏移剖面

图 5-15 是常规叠前深度偏移速度模型和 FWI 反演后的叠前深度偏移速度模型对比图。可以看出，两个速度模型的速度趋势（或称低频分量）基本保持一致，FWI 反演后的速度模型在细节方面刻画更加清楚。

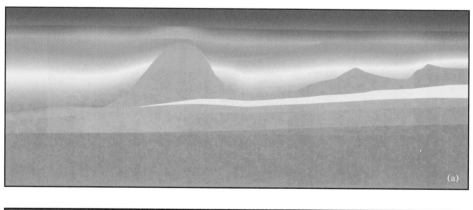

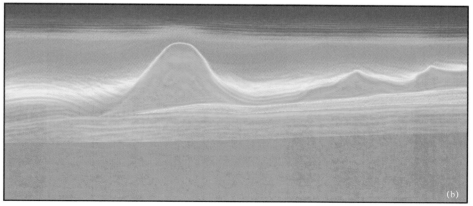

图 5-15　常规叠前深度偏移速度模型（a）与 FWI 反演后的叠前深度偏移速度模型（b）对比

FWI 反演后的 CRP 道集基本拉平，说明通过 FWI 反演后的速度细节刻画是准确的。图 5-16 是 FWI 更新前后中浅层的效果对比，可以看出，中浅层的成像更加清楚，尤其是断层和低幅构造的成像改善比较明显。图 5-17 和图 5-18 分别是 FWI 更新前后盐下地层的效果对比，同样可以看出，盐下地层的成像更加聚焦，恢复了盐下地层真实的构造形态。

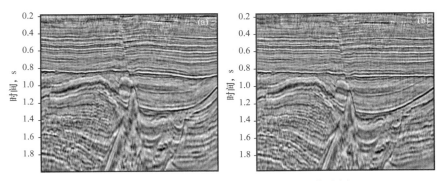

图 5-16　FWI 更新前（a）后（b）中浅层的偏移剖面

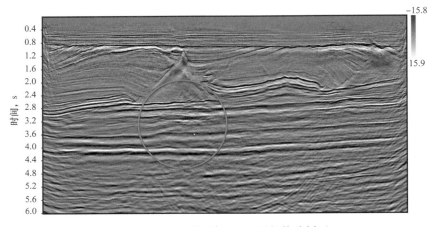

图 5-17　FWI 更新前盐下地层的偏移剖面

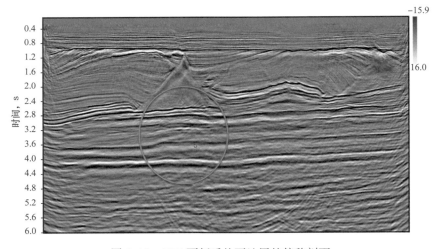

图 5-18　FWI 更新后盐下地层的偏移剖面

从"两宽一高"三维地震与常规三维地震最终的 KT-Ⅱ 段目的层顶面构造图，以及构造图对井的误差对比表可以看出，"两宽一高"三维地震技术提高了构造成图的准确性，构造识别精度有很大提高（图 5-19，表 5-4）。

表 5-4 常规三维地震与"两宽一高"三维地震 KT-Ⅱ 段顶面构造图误差对比表

井名	KT-Ⅱ段顶面海拔 m	常规 m	误差 m	"两宽一高" m	误差 m
A1	−3143	−3094	49	−3148	−5
A2	−3177	−3147	30	−3172	5
A3	−3077	−3048	29	−3075	2
A4	−3080	−3062	18	−3079	1
A5	−3253	−3274	−21	−3261	−8
AL1	−3147	−3097	50	−3147	0
CT29	−2913	−2924	−11	−2915	−2
CT31	−2886	−2871	15	−2885	1
CT37	−2934	−2912	22	−2935	−1
CT47	−3019	−3041	−22	−3021	−2
CT48	−2985	−3012	−27	−2991	−6
CT61	−3038	−3021	17	−3037	1
CT62	−3128	−3114	14	−3121	7
CT63	−3045	−3017	28	−3032	13
CT64	−3115	−3123	−8	−3123	−8
CT65	−3182	−3144	38	−3178	4
L−1	−3302	−3287	15	−3300	2
L−2	−3305	−3265	40	−3298	7
L−3	−3175	−3157	18	−3178	−3

为了检验上述构造校正结果的精度，收集了 10 口钻井的数据，将钻井揭示的 KT-Ⅰ、KT-Ⅱ 顶面深度与成图深度进行对比统计，其中二维地震区平均误差精度为 1.55%，三维地震区平均误差精度为 1.30%。综合分析认为，经过"十二五"的深化完善，盐下构造成图精度由"十一五"的 2% 提高到 1.5%（表 5-5）。

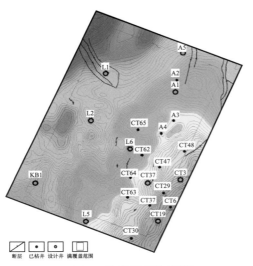

(a) KT-Ⅱ顶界构造图（常规）

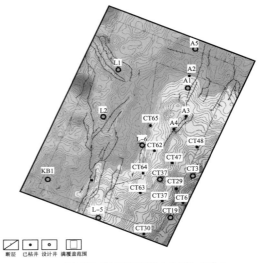

(b) KT-Ⅱ顶界构造图（"两宽一高"）

图 5-19　常规三维地震与"两宽一高"三维地震 KT-Ⅱ段顶面构造对比图

表 5-5　二维、三维地震区主要目的层构造平均深度误差统计表

井号	层位	设计深度，m	实钻深度，m	误差，%	备注
VIch-2	Б3-4（ε1）	1866	1889.0	1.22	二维地震平均误差精度区：1.55%
	B10（V）	2125	2165.8	1.88	
T-1	KT-Ⅰ	2462	2542.0	3.15	三维地震平均误差精度区平均误差：1.30%
	KT-Ⅱ	3106	3212.0	3.30	
G-75	KT-Ⅱ	3875	4029.0	3.97	
CT-50	KT-Ⅰ	2280	2304.9	1.08	
	KT-Ⅱ	3030	3041.7	0.38	
CT-61	KT-Ⅰ	2472	2520.6	1.92	
	KT-Ⅱ	3243	3298.2	1.67	
B-1	KT-Ⅱ	3828	3770.8	1.52	
A-5	KT-Ⅰ	3097	3097.7	0.02	
	KT-Ⅱ	3451	3493.3	1.21	
DZH-1	KT-Ⅰ	2997	3002.0	0.17	
	KT-Ⅱ	3711	3864.0	3.95	
L-2	KT-Ⅰ	2755	2756.0	0.04	
	KT-Ⅱ	3530	3551.0	0.59	
LZ-3	KT-Ⅱ	3526	3514.0	0.34	

第二节 盐下碳酸盐岩储层预测技术

盐下碳酸盐岩储层物性受沉积相带和后期成岩作用的控制，盐膏岩又对其具有多重影响[9]。集成相应技术以准确预测有利储层发育带是勘探商业成功的关键之一，也是进一步寻找岩性圈闭的必要手段。

随着地震勘探技术和计算机性能的进一步提高，碳酸盐岩地震勘探技术在地震采集、处理和解释上均形成了相应的关键地震技术。针对碳酸盐岩的地震采集技术包括基于子波一致性的潜水面下优选介质岩性的小药量激发技术，针对不同干扰波类型和特点的组合接收技术，复杂地表和特殊波场的观测系统设计技术，基于表层结构特点的表层调查及静校正技术等；针对碳酸盐岩的地震处理技术包括振幅处理技术、叠前噪声压制技术和叠前偏移成像技术等；形成针对缝洞型储层和礁滩孔隙型储层及其含油气性检测技术在内的碳酸盐岩储层地震解释技术。

一、盐下碳酸盐岩储层预测技术现状与进展

缝洞型储层和礁滩孔隙型储层国内外均有较为深入的研究，形成的针对性配套技术在塔里木盆地和四川盆地的油气勘探中发挥了重要作用。但在碳酸盐岩裂缝型储层及孔隙—溶洞—裂缝复合型储层的预测方面，仍以单项地震技术预测为主，以定性—半定量为主，且系统性和有形化有待进一步完善[10]。

由于地震地质条件复杂、非均质性强、成藏规律复杂，碳酸盐岩地震勘探存在问题较多，技术难度大。主要矛盾和技术问题可以概括为 6 个方面：（1）地表地震地质条件复杂，提高信噪比难；（2）储层埋藏深度大，提高分辨率难；（3）碳酸盐岩内幕反射弱，成像难度大；（4）喀斯特风化壳发育，偏移成像难；（5）储层非均质性强，地震预测困难；（6）油气水关系复杂，烃类检测准确性较低。

国内碳酸盐岩油气藏一般为具有低孔隙度特征的风化壳潜山型储层和礁滩孔隙型储层，地震预测技术发展和配套较为成熟。但海外区块的碳酸盐岩储层一般具有双重—多重介质的特征，具有较高的基质孔隙度，沉积相对储层展布有明显的控制作用，有一定的岩溶现象，而裂缝发育是高产的重要保证[11]。由于碳酸盐岩具有多种储集空间，非均质性极强，成为目前制约风险勘探成功率的重要因素之一[12]。解决这些问题并形成相应的勘探配套技术，可为海外风险勘探项目取得商业勘探突破和获取更多高效规模储量提供技术保障。

据统计，滨里海盆地已发现油气储量的 90% 来自盐下碳酸盐岩，多属于生物礁型油气藏，纯粹的构造型油气藏较少。但滨里海东缘多发育台地相碳酸盐岩，缺少大型生物礁，绝大多数碳酸盐岩储层为孔洞型，油气藏受控于储层发育的有效空间，呈层状特征，油水关系复杂。单凭某一项技术难以有效预测优质储层的分布范围和搞清油气层的空间分布规律。

基于国家专项研究，经过多年的持续技术攻关与生产实践，在盐下碳酸盐岩储层评价方面形成了以测井评价、层序和沉积相划分、多参数地震反演以及多属性分析等技术系列和流程（图 5-20），在高效油气勘探中发挥了重要作用。

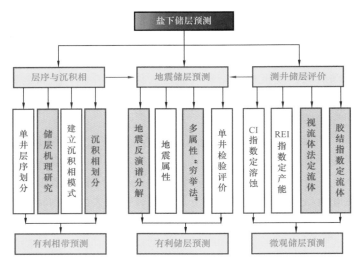

图 5-20 盐下碳酸盐岩储层预测技术流程

二、碳酸盐岩储层测井评价技术

复杂碳酸盐岩储层中，最重要和最常见的是由裂缝、孔隙构成的具双重介质结构的储层。对于复杂碳酸盐岩而言，储层非均质性极强，在纵向和平面上基质孔隙、裂缝、溶蚀孔洞发育程度均极不一致，对应的测井响应特征也各不相同，且部分曲线测井响应特征不太明显，因此要综合各方面的信息，才能对复杂碳酸盐岩双重介质储层做出正确评价[13]。

1. 储层测井响应特征研究

由于碳酸盐岩储层成岩机理及孔隙演化较碎屑岩储层更为复杂导致其储层类型更加多样，储层类型划分及其相应的测井响应特征是定量评价技术的基础。碳酸盐岩储层识别是基于侧向电阻率相对致密层段的高背景值下的低值层段，在此基础上根据各曲线组合特征划分相应储层类型。

（1）孔洞缝复合型储层基质孔隙度发育，不同探测深度电阻率之间有差异，微球形聚焦曲线与深、浅侧向曲线有明显分离，且与深、浅侧向曲线相比在形态上出现畸变；（2）微裂缝—孔隙型储层基质孔隙度发育，微球形聚焦曲线与深、浅侧向曲线略有分离，形态与深、浅侧向曲线不一致；成像测井表征为孔隙发育，裂缝规模较小；（3）孔隙—溶孔型储层基质孔隙度较为发育，不同探测深度之间有差异；微球形聚焦曲线变化趋势与双侧向曲线同向，形态与深、浅侧向曲线一致；（4）裂缝型储层基质孔隙度基本不发育，深探测值低于致密层电阻率，仅在水平裂缝极为发育处呈尖峰状减小形态；微球形聚焦曲线表现为低值且与深探测曲线明显分离，形态与深、浅侧向曲线不一致；（5）溶孔（洞）型储层孔隙度发育；电阻率曲线表现为低值，微球形聚焦曲线与深探测曲线明显分离，成像描述为溶孔洞发育，大块暗色团状。

2. 测井储层参数定量评价

储层类型的分类及裂缝参数定量评价是碳酸盐岩储层测井定量评价的基础。裂缝是碳酸盐岩储层的重要渗流通道和储集空间，因此其测井评价较常规的油藏描述就更加复杂和困难，如何定量描述裂缝大小、密度及其对储渗性能的贡献，是该类储层测井评价的关键。

但在实际工作中，发现裂缝孔隙度的理论模型存在一定操作难度，即裂缝孔隙度指数mf的确定必须是在流体类型及裂缝角度明确的基础上。另一方面在成像测井资料欠缺的情况下，裂缝孔隙度的计算必须依赖于常规测井曲线，因此适合研究地区的裂缝孔隙度计算模型亟待建立。通过实践总结认为，碳酸盐岩储层裂缝的识别主要依据不同探测深度电阻率的大小、形态、三者变化趋势的不一致性，即三者的相对组合关系综合反映了裂缝的发育程度，因此考虑采用岩心标定法建立碳酸盐岩裂缝孔隙度模型。

以双侧向测井仪器的纵向分辨率长度为单元层厚度，将被描述的岩心分为单元岩心层段，计算出各岩心层段的裂缝体孔隙度；将各岩心层段所对应的地层定义为单元层，各岩心的裂缝体孔隙度为单元层的裂缝体孔隙度；对岩心进行归位处理，统计出每个单元层的电阻率测井响应，在此基础上进行多元一次线性回归：

$$\phi_f = 5.2109 \times 10^{-5} R_D - 1.213 \times 10^{-4} \times R_S + 0.0037 \times R_{MFL} + 0.1599$$

式中　　ϕ_f——裂缝孔隙度，%；

　　　　R_D、R_S——深侧向电阻率、浅侧向电阻率，$\Omega \cdot m$；

　　　　R_{MFL}——微球形聚焦电阻率，$\Omega \cdot m$。

以上为某勘探区块的实际计算模型。通过实践，裂缝孔隙度计算结果与岩心分析缝隙度在同一数量级中，该模型基本反映裂缝发育程度（图5-21和图5-22）。虽然该模型存在欠缺，在个别层段未有较好效果，但不失为现阶段裂缝孔隙度定量评价的较为有效手段之一。

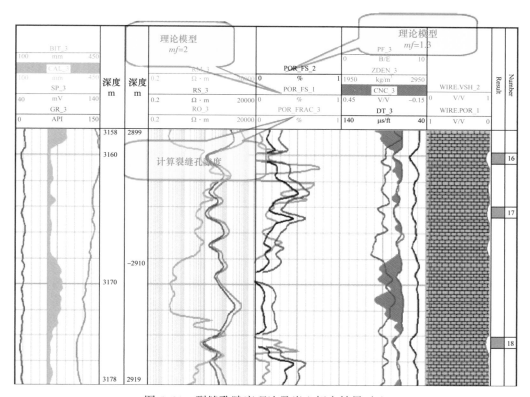

图 5-21　裂缝孔隙度理论及岩心标定结果对比

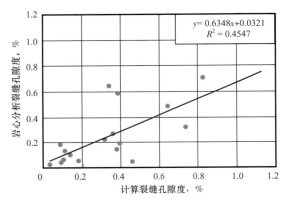

图 5-22　裂缝孔隙度计算与岩心分析结果对比

在勘探生产实践中，今后碳酸盐岩储层测井评价研究的重点是充分利用岩心分析资料，结合本地区碳酸盐岩储层类型及测井响应特征，挖掘反映储层最敏感测井曲线信息，建立适合本地区的储层参数计算模型。

（1）建立溶洞评价 CI（cave index）指数：孔隙度函数，利用中子、声波时差、密度三个孔隙度曲线测量机理的不同，根据三个孔隙度值的组合作为溶蚀孔洞的大小指标。

$$CI = (\phi_{RHOB} - \phi_{DT}) / (\phi_{DT} - \phi_{NPHI})$$

CI 大于 0 时为纯孔隙储层；CI 小于 0 时为含溶蚀孔洞，且数值越大则溶洞的孔隙度越大。根据 CI 指数，结合基质孔隙度和裂缝孔隙度，制作了盐下碳酸盐岩储层类型划分标准（表 5-6）。

表 5-6　盐下碳酸盐岩储层类型划分标准

储层类型	基质孔隙度，%	裂缝孔隙度，%	CI 指数
孔洞缝复合型	>7	>0.08	<0
微裂缝—孔隙型	>5	>0.08	>0
孔隙—溶孔型	>7	<0.08	≥0
微裂缝型	基本不发育	>0.08	
溶洞型	>7	<0.08	<0，数值越大，孔洞越发育

（2）建立产能评价 REI（reservoir evaluation index）指数，对储层进行了半定量综合评价：

$$REI = \frac{(R_D - R_S) \times (R_S - R_{MFL})}{R_D}$$

式中　R_D、R_S——深侧向电阻率、浅侧向电阻率，$\Omega \cdot m$；

　　　　R_{MFL}——微球形聚焦电阻率，$\Omega \cdot m$。

深、浅侧向电阻率 R_D、R_S 及微球形聚焦电阻率 R_{MFL} 曲线的排列组合呈顺序排列（$R_{MFL} < R_S < R_D$ 或 $R_D < R_S < R_{MFL}$）且存在较大差异，储层产能较高；反之乱序排列且较小差异，储层低产或不产液。根据 REI 指数，结合基质孔隙度，制作了盐下碳酸盐岩储层产能类型划分标准和图版（图 5-23，表 5-7）。

3. 流体识别方法

（1）建立视流体密度法油气水判别标准（图 5-24）：地层孔隙含有轻质油气时，地层密度测井值减小，声波时差测井值增大。比较视流体参数与原始流体参数的差别，有效识别油气层。

表 5-7　盐下碳酸盐岩储层产能类型划分标准

储层类型	孔隙度 ϕ, %	REI 指数	油气产出情况
Ⅰ类储层	>12	>0	不经任何措施，有工业产出
Ⅱ类储层	7~12	>10	经酸化压裂，有工业产出
Ⅲ类储层	7~12	2~10	酸化压裂有少量产出
Ⅳ类储层	<9	<0	经酸化压裂，无产出

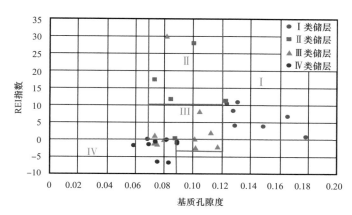

图 5-23　盐下碳酸盐岩储层产能类型划分图版

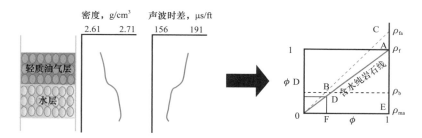

图 5-24　视流体密度法油气水判别原理图

$$\rho_{fa} = \rho_{ma} - \frac{\rho_{ma} - \rho_b}{\phi}; \quad DT_{fa} = DT_{ma} + \frac{DT - DT_{ma}}{\phi}$$

定义：$TX = \rho_{fa}/\rho_f$，$DX = DT_{fa}/DT_f$；$TSD = TX - DX$，$TRD = TX / DX$

式中　ρ_{fa}、DT_{fa}——分别为视流体密度，g/cm^3，视流体时差，$\mu s/m$；

　　　ρ_f、DT_f——分别为原始流体密度，g/cm^3，流体时差，$\mu s/m$；

　　　ρ_{ma}、DT_{ma}——分别为地层骨架密度，g/cm^3，骨架时差，$\mu s/m$；

　　　ρ_b、DT——分别为密度，g/cm^3，声波时差测井值，$\mu s/m$；

　　　ϕ——为测井计算总孔隙度，%。

通过在滨里海盆地东缘勘探区块的应用（图 5-25），建立了相应的储层流体判断标准：油层为 $TRD \geq 1.3$，$TSD \geq 0.3$；水层为 $TRD < 1.3$，$TSD < 0.3$；干层为 $TRD \leq 1$，$TSD \leq 0$，$TX \approx DX$ 且均小于 1。

（2）建立胶结指数差值法油气水判别标准：该方法的原理是用反映岩石与流体总信息的视胶结指数减去只反映岩石信息的胶结指数得到反映流体信息的 MARD 指数（图 5-26）。

通过在滨里海盆地东缘勘探区块的应用（图 5-27），建立了相应的储层流体判断标准：油层为 $\phi \geqslant 7\%$，$S_{\mathrm{o}} \geqslant 68\%$，MARD $\geqslant 1.7$；油水同层为 $\phi \geqslant 7\%$，$50\% < S_{\mathrm{o}} < 68\%$，$1.4 < \mathrm{MARD} < 1.7$；水层为 $\phi \geqslant 7\%$，$S_{\mathrm{o}} \leqslant 50\%$，MARD $\leqslant 1.4$。

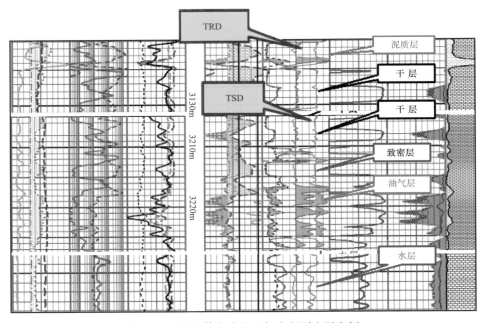

图 5-25　视流体密度法油气水判别应用实例

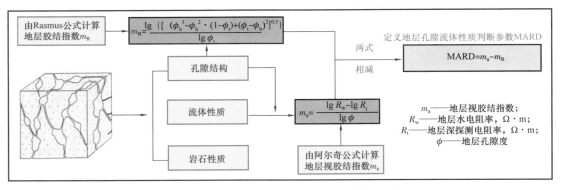

图 5-26　胶结指数差值法油气水判别原理图

三、沉积相分析技术

碳酸盐岩储层的发育程度既受控于早期的沉积环境，又受控于后期的成岩作用[13]。沉积相的研究可以预测储层的原生孔隙类型、发育程度、平面展布、纵向分布规律，以及可能发生的成岩作用[14]。

1. 钻井高分辨率层序地层分析

在滨里海盆地东缘，以研究区石炭系的岩电标准层作为参考依据，以钻井资料的综合特征为主，结合区域构造等资料和前人的研究成果，在综合利用岩心、测井、地震等多项资料的基础上，进行识别、追踪不整合面、沉积间断面以及能够与它们连续延伸的整合面，完成对全区 20 口井的高分辨率层序地层分析研究。在石炭系碳酸盐岩共识别出 7 个三级层序（S1～S7），相应的 8 个三级层序界面（SB1～SB8）。在三级层序的基础上，共识别出 13 个四级层序，即 PS1～PS13，相应的 14 个四级层序界面为 PSB1～PSB14。

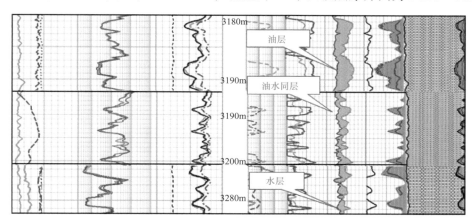

图 5-27　胶结指数差值法油气水判别应用实例

1）三级层序界面识别

三级层序界面主要是识别大的冲刷面及基准面旋回转换面，根据构造位置和所处发育时期判定层序的发育。下面对各主要三级层序界面特征进行分析。

（1）SB1 层序界面：为石炭系的底界面，由于缺少钻井资料，只能依靠地震反射特征来进行相关研究。

（2）SB2 层序界面：为巴什基尔阶与上覆莫斯科阶的分界面，呈不整合接触，在个别井上发育一层几米厚的泥质夹层（图 5-28）。界面之上主要为低伽马、中低阻粒模孔、粒间孔亮晶颗粒灰岩与低伽马、中高阻致密亮晶颗粒灰岩互层；界面之下主要为高伽马、低阻泥岩和中高伽马、中低阻、扩径非常明显的泥质灰岩，测井曲线在界面之上表现为自然伽马增大或突跳、电阻率降低的特征。

（3）SB3 层序界面：为莫斯科阶下部维列依层内部地层不整合界面。界面之下石灰岩岩性较界面之上纯，曲线多表现为"漏斗型"特征，电阻率表现为突然升高，界面之下孔隙度突然增大。该段中泥岩横向分布较为稳定，可作为工区内小层对比的标志层，整体为向上变深的正旋回特征（图 5-29）。

（4）SB4 层序界面：为莫斯科阶内 KT-Ⅱ段和上覆 MKT 段之间的不整合面。界面之下为亮晶颗粒灰岩，局部发育岩溶角砾岩，与上覆的泥岩层呈突变接触，由于暴露受大气淡水的影响，一般孔隙度都较高，是有利的储层发育层段。测井曲线上表现为自然伽马和自然电位曲线突然减小、电阻率曲线突然升高的陡坎状特征。

（5）SB5 层序界面：位于 KT-Ⅰ段下部。继 MKT 最大海泛期泥质岩沉积后，进入高位体系域，形成进积的碳酸盐岩沉积序列。因此，在界面之下，岩性上呈现泥晶灰岩、颗粒灰岩和泥岩的互层，而界面之上则为稳定的大套碳酸盐岩沉积。测井曲线总体表现为自然伽马和声波时差曲线逐渐减小、电阻率逐渐升高，且曲线严重锯齿化，总体表现为由进积到退积的转换面。

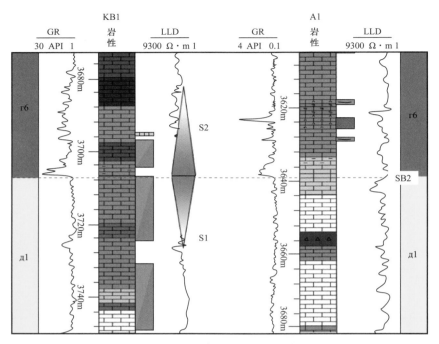

图 5-28　SB2 层序界面的测井响应特征

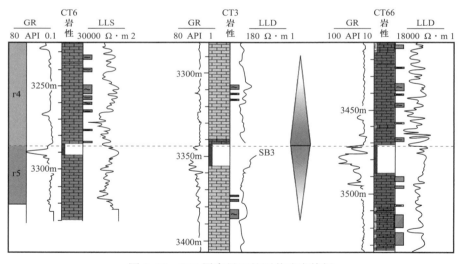

图 5-29　SB3 层序界面的测井响应特征

（6）SB6 层序界面：为莫斯科阶上部波多利层上部一不整合面。不整合面之下泥岩含量明显增加，自然伽马值明显升高，孔隙度曲线下降幅度较大。从地层横向对比上也可以看出，曲线多为"锯齿型"或"漏斗型"特征，代表了一种水体变化较快的沉积环境（图 5-30）。

（7）SB7 层序界面：为莫斯科阶与上覆卡西莫夫阶的不整合面。界面之下为稳定的石灰岩沉积，而界面之上，发育了白云岩、膏岩沉积。测井曲线上表现为低自然伽马和声波时差、高电阻率背景下的微齿化陡坎状突变为总体大幅度锯齿化，此外，当上覆膏岩较发育时，电阻率曲线会呈现异常高值（图 5-31）。

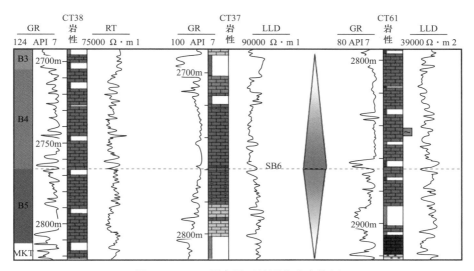

图 5-30　SB6 层序界面的测井响应特征

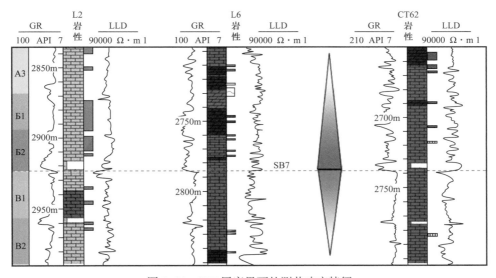

图 5-31　SB7 层序界面的测井响应特征

（8）SB8 层序界面：为石炭系顶界与二叠系之间的不整合面。界面上下岩性发生突变，界面下为碳酸盐岩沉积，之上为碎屑岩沉积。测井曲线响应特征明显，自然伽马和声波时差曲线急剧减小，电阻率曲线急剧升高。

2）单井测井高分辨率层序地层分析

根据钻测井资料的岩电特征和测井曲线叠加样式，对工区内已钻井的层序界面进行识别，在石炭系内部共划分出 7 个三级层序，在 KT-Ⅱ段和 KT-Ⅰ段内识别出 S1、S2、S3、S5、S6、S7 这 6 个三级层序，MKT 段为 S4 三级层序。由于 S4 三级层序在工区内主要作为盖层和生油层，钻测井资料及录井资料相对较少，因此在研究中选取多口井，对目的层段内钻测井资料相对较全的 S1、S2、S3、S5、S6、S7 这 6 个三级层序进行详细分析（图 5-32）。

3）钻井高分辨率层序地层格架建立

等时地层格架的建立是层序地层学研究的关键。地层格架的建立包括连井地层格架的建立和地震反射界面的追踪对比[15]。在单井层序划分及分析的基础之上，利用连井剖面做到井间层位的全区统一，下面对主要连井地层格架进行介绍。

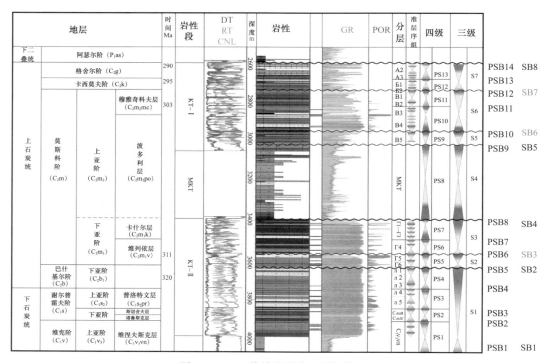

图 5-32　A1 井单井层序地层柱状图

L2—L6—CT62—CT47—CT3 井连井剖面位于工区中部，呈北西—南东走向。图 5-33 是 KT-Ⅱ段层序地层对比剖面，在该图中由于各井钻探深度不同，KT-Ⅱ段下部 SS1 三级层序钻遇地层厚度不同，仅显示了 S1 三级层序的基准面下降半旋回地层部分特征。从剖面上看，S1 基准面下降半旋回的地层厚度变化较稳定，各井地层厚度相差不大；S1 三级层序整体岩性稳定，发育大段稳定石灰岩沉积，但局部的沉积微相控制的岩性变化在横向上依然存在。S2 三级层序地层厚度整体较稳定。在纵向上其表现为不对称的沉积旋回特征，基准面上升半旋回地层较薄，基准面下降半旋回地层沉积较厚。S2 三级层序岩性依然稳定，发育大段稳定石灰岩沉积。S3 三级层序地层厚度整体上有从东向西减薄的趋势，其在纵向上同样表现为不对称的沉积旋回特征，最大海泛面附近沉积的泥岩在整条剖面上可以对比追踪。在基准面下降半旋回内存在多期的海平面震荡，形成多个泥岩夹层段和局部沉积岩相的横向变化，在 L6、CT62 井区，亮晶灰岩、生屑灰岩等台内滩亚相的沉积物发育较厚。

图 5-34 是工区内南北向层序地层对比剖面，经过 CT38、CT37、CT61、CT66 和 A1 井，为 KT-Ⅱ段层序地层对比剖面，由于该剖面上钻井较浅，未钻遇 S1 三级层序，因此未对 S1 三级层序进行分析。从钻遇的 S2 三级层序可知其厚度整体上较为一致，但岩性在横向上变化较快。S3 三级层序在横向上也较为稳定，变化相对较小，纵向上表现为不对称的沉积旋回特征，基准面上升半旋回地层较薄，基准面下降半旋回地层沉积较厚。在基准面下降半旋回内存在多期的海平面震荡，造成横向地层岩性的变化，南部的 CT37 井区

泥岩含量较高，中部 CT61 井区为大套块状石灰岩层，北部的 CT66 井区和 A1 井区，亮晶灰岩、生屑灰岩较发育。

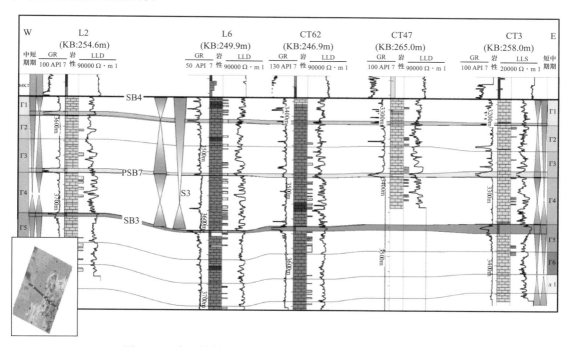

图 5-33　中区块斜坡区东西向 KT- Ⅱ段层序地层划分对比图

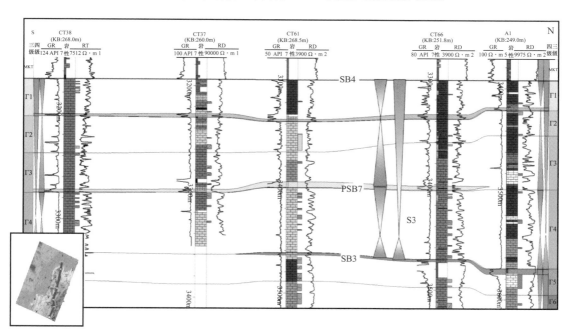

图 5-34　中区块斜坡区南北向 KT- Ⅱ段层序地层划分对比图

2. 地震层序地层识别与划分

基于录井、测井、高分辨率地震反射资料和区域地质特征，对中区块斜坡区主要目的层石炭系开展层序地层划分研究。本次研究将该区石炭系地层划分为 7 个三级层序，从下向上依次为 S1、S2、S3、S4、S5、S6 和 S7，在三级层序内部划分为上升、下降两个半旋回。

在单井层序地层划分基础上，对关键剖面井也进行了层序地层划分分析，选取典型剖面进行对比分析，全区都有较好的对应关系和可比性，在地震剖面上也能够协调一致，证明划分方案是可行的。

L2 井—L6 井—CT62 井—CT47 井—CT3 井连井层序标定剖面近似东西向，垂直特鲁瓦油田所处的台内礁滩体发育带，整体上位于台内复合滩的主体位置。从图 5-35 看出，台内滩主体部位各三级层序厚度变化较小，沉积时期所处的沉积环境较为相似。从地震反射特征上看，各三级层序的内部特征较为相似，层序界面上下地层接触关系在横向上协调一致，层序界面的划分较为可靠。

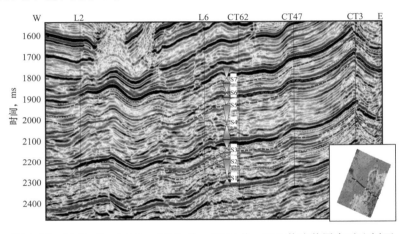

图 5-35　过 L2 井—L6 井—CT62 井—CT47 井—CT3 井连井层序对比剖面

由于中区块斜坡区具有特殊的构造特征，包括的地域相对较广，因沉积背景不同、沉积古地貌差异、沉积后受抬升暴露程度不同，现今残留的地层层序个数也有差异。三级以上层序界面的识别主要是通过识别地震剖面上的不整合面（包括水淹不整合面）或与之可对比的整合面来确定。地震剖面上不整合面主要依据地震反射同相轴的终止方式来确定。研究区目的层石炭系中存在着明显的不整合接触关系，根据不整合接触关系在石炭系内识别出 8 个不整合界面，自下而上分别是 SB1、SB2、SB3、SB4、SB5、SB6、SB7、SB8，将石炭系划分为 S1、S2、S3、S4、S5、S6、S7 共 7 个三级层序。

3. 沉积相划分

在研究区层序格架建立的基础上，通过薄片分析、单井相划分、井震对比、地震相划分和分析，结合地层等厚图和地震属性平面分布图分析，开展了中区块各三级层序平面沉积体系的研究，绘制了各个层序沉积相平面图。KT-Ⅱ段含油层段沉积时期，区内整体表现为水进—水退的过程，其中在水位达到最高点时的 PS5 四级层序沉积时，区内储层最为发育，之后随着水退的过程，储层发育规模也逐渐减小。而 KT-Ⅰ段含油层段沉积时期，区内整体为局限台地相，表现为水退过程，随着水退的发生，储层发育规模逐渐增大，到 PS13 四级层序沉积时期，储层发育规模达到最大，因此其也是 KT-Ⅰ段的主力产油层（图 5-36 和图 5-37）。

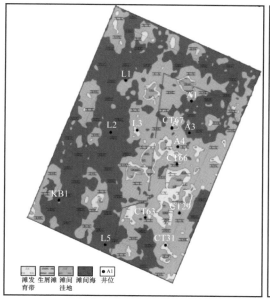

(a) 特鲁瓦西斜坡高精度三维地震区KT-Ⅱ段
PS4四级层序沉积微相图
(相当于KT-Ⅱ段Д1～Д3层)

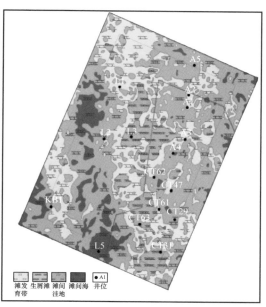

(b) 特鲁瓦西斜坡高精度三维地震区KT-Ⅱ段
PS6四级层序沉积微相图
(相当于KT-Ⅱ段Г4层)

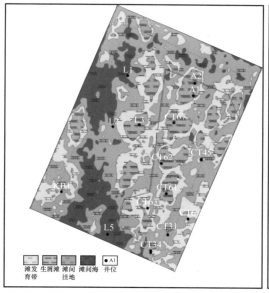

(c) 特鲁瓦西斜坡高精度三维地震区KT-Ⅱ段
PS7四级层序水进半旋回沉积微相图
(相当于KT-Ⅱ段Г2＋Г3层)

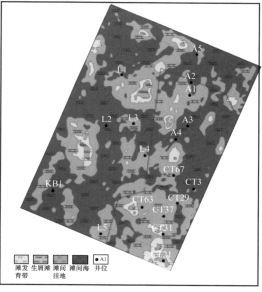

(d) 特鲁瓦西斜坡高精度三维地震区KT-Ⅱ段
PS7四级层序水退半旋回沉积微相图
(相当于KT-Ⅱ段Г1层)

图5-36 石炭系 KT-Ⅱ段各层序沉积微相图

四、碳酸盐岩储层地震预测技术

滨里海盆地东缘发现的油气藏多属于构造岩性复合油气藏，储层的非均质性强，主要表现为岩性的多样性、储层物性和厚度快速变化。西部斜坡带在特鲁瓦油田油水界面之下多口井位获得工业油气流，与特鲁瓦主体不属于同一个油藏。西部斜坡带与特鲁瓦油田主体相比，埋藏深度大，主要目的层埋藏顶界深度比特鲁瓦主体低 200～300m。储层厚度横向变化大，成藏规律复杂，KT-Ⅱ段主力油层组厚度大致在 25m 左右，而单油层厚度最大可达 9.4m，而最小仅 0.8m，如图 5-38 中区块西斜坡油藏剖面所示。

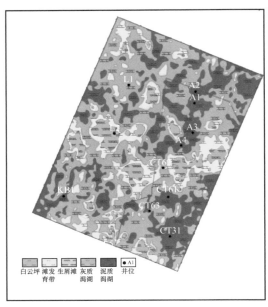

(a) 特鲁瓦西斜坡高精度三维地震区KT-Ⅰ段
PS11四级层序沉积微相图
（相当于KT-Ⅰ段B1＋B2层）

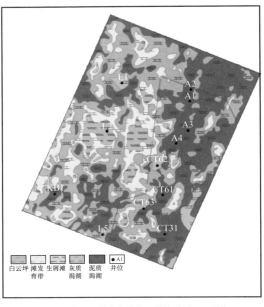

(b) 特鲁瓦西斜坡高精度三维地震区KT-Ⅰ段
PS12四级层序沉积微相图
（相当于KT-Ⅰ段Б1＋Б2层）

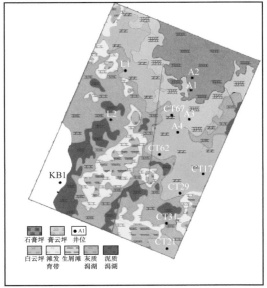

(c) 特鲁瓦西斜坡高精度三维地震区KT-Ⅰ段
PS13四级层序水进半旋回沉积微相图
（相当于KT-Ⅰ段A3层）

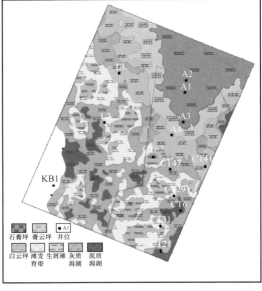

(d) 特鲁瓦西斜坡高精度三维地震区KT-Ⅰ段
PS13四级层序水退半旋回沉积微相图
（相当于KT-Ⅰ段A2层）

图 5-37　石炭系 KT-Ⅰ段各层序沉积微相图

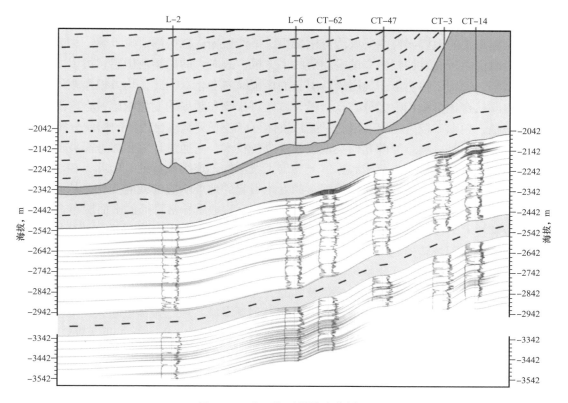

图 5-38　中区块西斜坡油藏剖面

综合本区优质储层预测的实际效果，总结出盐下碳酸盐岩储层预测五项关键技术：地震多属性分析技术、地质统计学反演、"穷举法"多参数地震反演技术、"两宽一高"地震资料反演技术、"两宽一高"地震资料油气检测技术。

1. 地震多属性分析技术

油气勘探领域中广泛应用的三维地震数据蕴含着丰富的地质信息。地震多属性分析技术就是通过不同种类地震属性的提取和分析，并结合钻井、采油成果，寻找和筛选敏感参数，然后进行属性参数优化组合，最终应用模式识别、神经网络等综合分析技术进行预测，为含油气储层预测提供技术支持。目前地震属性的数目已达到几百种，大致可以分为几何属性和物理属性两大类。几何属性包括倾角、方位角和不连续性等属性，物理属性分为振幅、相位和频率类属性。按照使用的地震勘探资料，这些属性可以进一步分为叠前属性和叠后属性两大类，也有人将地震属性分时间类、振幅类、频率类和衰减类四类。多属性分析技术基本原理就是利用地震勘探资料中的多种单一属性，用相应的、适合探区地震地质条件的数学关系将它们组合起来，形成能反映储层特性，反映油气显示为主的综合信息。多属性分析技术注重将地震属性与测井信息互相参照，由点、线、体三步属性提取步骤完成，由此形成对属性提取分析的质量控制，有针对性的提取有利地震属性，从而减少工作总时间，提高工作效率。

在滨里海盆地，综合利用地震属性分析技术对石炭系 KT-I 和 KT-Ⅱ 两套碳酸盐岩储层进行了预测，主要应用了均方根振幅、构造导向滤波、相干体属性、频谱分解技术等，取得了较好的效果[16]。

从地震勘探资料中提取的地震属性，与储层有关的信息包含在与振幅相关的地震属性中。与振幅相关的地震属性主要有均方根振幅、平均振幅、总振幅、弧长等。均方根振幅是对分析时窗内所有点振幅平方的平均值的平方根，故对大的振幅值敏感，可以区分强振幅和弱振幅，适用于检测由于地层岩性引起的振幅横向变化。因此，均方根振幅属性较好的把台内滩从台地沉积相中区分开来；弧长属性对振幅和频率的变化敏感，台内滩与台地沉积相振幅、频率有较大变化。因此，弧长属性可以较好刻画出台内滩的横向分布。

相干体技术是一项重要的几何类地震属性分析技术，它通过计算相邻地震波形的相似性将三维地震数据体转换为相干数据体，突出了波形的不连续性特征。因此，相干体能够度量由于构造、地层、岩性、油气等因素的变化引起的地震响应的横向变化，从而有效揭示断层、裂缝、岩性体边缘和不整合等地质现象，反映地质异常特征的平面展布。

谱分解技术（spectral decomposition）是地震勘探中一项广泛应用的处理和解释技术，它将地震数据由时间域转换到时频域，利用不同频率数据体反映各种地质异常体敏感程度的差异，定量表征地层厚度变化、刻画地质异常体的不连续性，并能在一定程度上克服地震勘探资料分辨率的限制。因此，谱分解技术的研究在复杂储层预测和岩性油气藏勘探中具有重要的作用。其原理是地震数据由时间域转换到频率域，通过振幅谱陷频周期反映薄层厚度的变化；通过相位谱的不稳定性反映地层的横向不连续性。Wigner-Ville（WV）分布应用到地震数据的谱分解中，得到了一种时频分辨率高的谱分解算法，在此基础上提取了地震衰减属性，应用到礁滩相碳酸盐岩储层预测中[17]。这种基于WV分布的高分辨率频谱分解算法应用到KT-Ⅰ段和KT-Ⅱ段的碳酸盐岩储层预测中，取得了良好的效果（图5-39）。

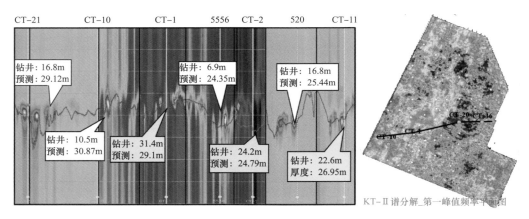

图 5-39　谱分解预测储层剖面及平面图

地震属性体聚类技术是一项利用多种地震属性体聚类来进行地震相分析的技术。其基本原理是根据属性体的响应特征将地震数据体分为几种类型，每一种类型反映一种沉积体，代表一种地震相体。然后，采用神经网络技术对地震属性体进行优选和聚类处理，得到反映沉积体特征的体属性。多属性聚类中的一个关键问题是选取合适的属性以及确定属性的个数[18]。

综合利用地震属性分析技术对滨里海盆地东缘中区块石炭系KT-I和KT-Ⅱ两套碳酸盐岩储层进行了预测，主要应用了三瞬地震属性（瞬时振幅、瞬时频率、瞬时相位）、相干体属性、曲率体属性和频谱分解属性，取得了较好的效果。由图5-40可见，对KT-Ⅱ的主力产层段（Γ2 层至 Γ5 层）进行波形聚类分析后，不同类别呈现出明显的相带分异特征，第三类（红色）为较有利区带。这一分析结果与已知钻探结果有较高的吻合度。几口特高产井均位于红色相带中，而已知的低产井（或储层较差的井）均位于红色相带之外。

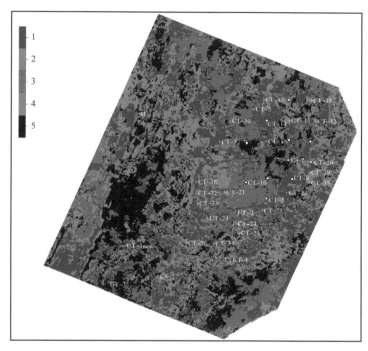

图 5-40　波形聚类分析结果（KT-Ⅱ段底界）

2. 地震反演技术

地震勘探资料在储层预测过程中起主要作用，其质量的好坏直接影响到储层预测的成败。本次储层预测采用的是"两宽一高"地震数据，针对每一个方位需要开展地震勘探资料的质量控制和优化处理。通过分解原始的宽方位道集数据，可以发现方位道集数据存在明显的噪声过大，同时道集存在一定的残余动校正的问题。

在方位道集 7°～37° 的道集对比图上（图 5-41），处理后道集的信噪比明显提高，同时对于道集的残余动校正也进行了适当的校正。从波形特征来看，二者之间也并没有多少改变，起到了保幅的效果。

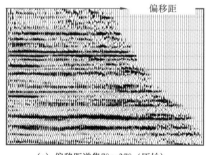
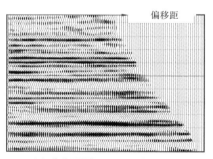

（a）偏移距道集7°～37°（原始）　　　　　（b）偏移距道集7°～37°（处理后）

图 5-41　单一方位角道集处理前后对比图

不同储集类型的碳酸盐岩，其地球物理响应特征是不同的，因此在应用地震勘探资料对储层进行预测之前，必须进行地震岩石物理研究。

对滨里海盆地东缘盐下碳酸盐岩，结合区内已钻井的测井、试油资料，对 KT- Ⅰ 段和 KT- Ⅱ 段的测井曲线进行统计分析，确定储层测井响应特征和敏感性参数，以指导有效地识别储层。

KT- Ⅰ 层段的主力产层为顶部白云岩，厚 6～18m，储层段在测井曲线上具有低速、低自然伽马、高孔隙度的特征。进一步比较可以看出，高产井储层段速度比围岩约低 1200m/s，而相对低产井储层段速度比围岩约低 300m/s，可见速度是识别优质储层的重要标志之一。

为了进一步对储层测井参数定量敏感性分析，分别在 KT- Ⅰ 和 KT- Ⅱ 目的层段进行速度和 GR 交会图分析（图 5-42 和图 5-43）。图中黑色代表泥岩，蓝色代表致密灰岩，红色表示储层。

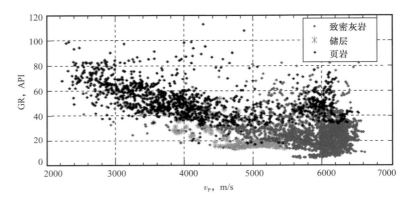

图 5-42　CT-4 井 KT- Ⅰ 目的层段 v_p 与 GR 交会图

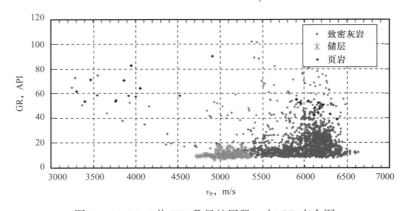

图 5-43　CT-4 井 KT- Ⅱ 目的层段 v_p 与 GR 交会图

KT- Ⅰ 段岩性复杂，发育石灰岩、泥岩和白云岩（储层）。从图 5-42 中可以看出，速度上储层、泥（灰）岩和致密灰岩重叠区域较大，难于区分。GR 参数可以较好地把泥岩和储层区分开来，在区分岩性的基础上，通过速度（储层速度范围为 4300～5500m/s）识别储层和致密灰岩。

KT- Ⅱ 段岩性简单，以石灰岩为主，局部夹泥岩。从速度上比较容易区分储层，储层速度大致分布在 4700～5400 m/s。

对工区内多口井的测井资料对比分析，确定了滨里海盆地东缘石炭系碳酸盐岩储层预测的基本思路：通过自然伽马区分岩性，在区分岩性的基础上，利用速度反演找相对低速识别储层。

同时对滨里海东缘薄储层开展叠前反演岩石物理分析认为（图 5-44），部分泥岩在阻抗及纵横波速度比参数上均与部分储层叠置，反演需要精确的层位约束以降低可能存在泥岩的影响风险；阻抗能够一定程度区分孔隙层和致密层；纵横波速度比对含油层有响应，但与含水层有较多重叠，且识别窗口较小。

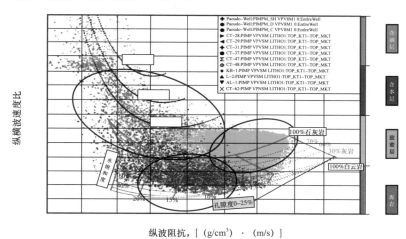

图 5-44 薄储层岩石物理分析图版

在滨里海盆地，中国石油首次采集了"两宽一高"地震数据。此类型地震数据主要强调高信噪比采集、宽频带采集以及宽方位采集这三类优势，下面针对这三类特点进行针对性分析。

（1）高信噪比：本数据的覆盖次数最大高达 685 次。高的覆盖次数可以有效地压制噪声。叠前反演运算过程中，主要对不同角度或者偏移距叠加后的多个地震数据体同时进行反演，生成纵波阻抗、横波阻抗、纵横波速度比等。对于每个部分叠加数据体应用相同的褶积模型，并且应用 Knott-Zoeppritz 方程或者 Aki-Richards 近似方法，确定适合每个部分叠加数据的反射系数。在这个流程中分叠加数据体的个数与求取弹性参数的精度有直接关系，如图 5-45 所示，基于 3 个分叠加数据的反演与基于 12 个分叠加数据的反演求取的弹性参数对比看，纵波阻抗与纵横波速度比二者相差不大，但细节上纵横波速度比边界更为清晰；而从密度体来看，12 个分叠加数据效果明显更好。一般来说，在考虑信噪比的基础上，常规道集数据只能分成很少的分叠加个数，而新采集的这套数据具有 685 次覆盖，可以保证信噪比基础上分成达 12 个叠加，这样可以很好地求取弹性参数，甚至包括密度体。

为了保证叠前同时反演获得良好的结果，对原道集资料利用 Ranna 随机噪声抑制手段进行了随机噪声衰减等道集优化处理流程，提高了道集资料的质量。图 5-46 是随机噪声压制前后的道集对比，可以看出，压制后的道集在保持地震振幅的基础上信噪比明显提高，使得道集能够满足叠前同时反演的要求。

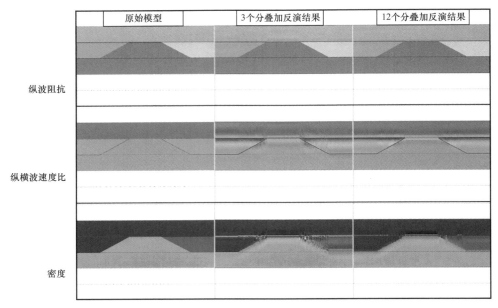

图 5-45　不同数目分叠加数据反演对比

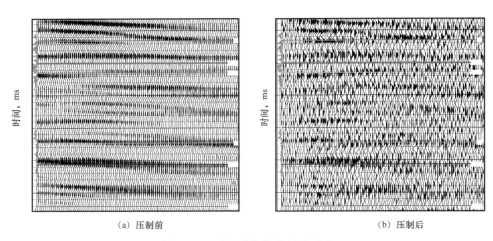

（a）压制前　　　　　　　　　　　　　　　　（b）压制后

图 5-46　地震道集优化处理对比

　　将处理后的道集与合成道集进行比较（图 5-47），可以看出，无论从地震的 AVO 特征还是相位变化，处理后的道集相比于之前的道集，与测井资料合成道集表现出较强的一致性，由此也可以判定道集优化的处理过程是保持了振幅的特征，但道集的近道数据和远道数据存在一些问题，与正演道集的差别较大。

　　（2）宽频带：新采集的频带范围为 3～65Hz，主频是 35Hz（图 5-48），这套数据很好地保留低频和高频信息，这些信息的保留有利于储层预测的精度。

　　地震频带对于储层预测具有重要作用，不同的频带成分对地质体的表现能力有很大差别，低频对于反映砂体的空间分布能力以及定量地震解释有重要作用。通过低频可以有效降低子波的旁瓣效应，将反射系数变成合理的弹性参数，增强属性的空间连续识别能力和增强岩性的解释能力。丰富的低频信息可以有效减少模型化对于反演的影响，进而提高反演效果（图 5-49）。

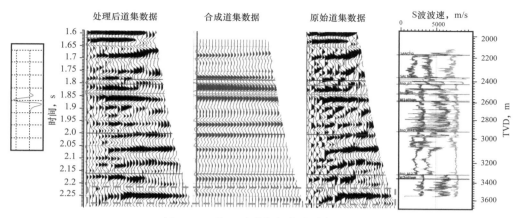

图 5-47　处理后道集与合成道集对比

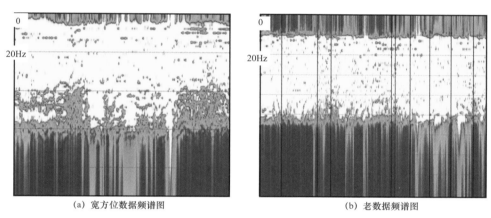

（a）宽方位数据频谱图　　　　　　　（b）老数据频谱图

图 5-48　数据频谱分析图

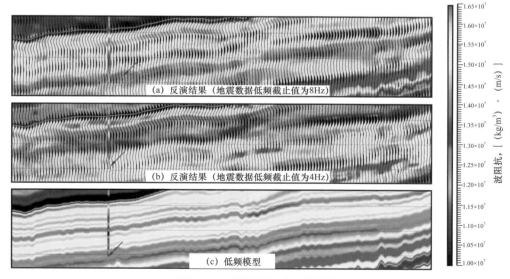

图 5-49　低频优势对比分析图

高频一定程度上可以提高储层的边界和薄层的预测效果，尤其是对于薄储层可以利用分频的方法进行检测。如图 5-50 正演模型所示，频谱中的高频信息反映薄层的存在，尤其是对于滨里海盆地斜坡区这种稳定沉积的碳酸盐岩储层，高频振幅异常更多的是反映异常薄储层的信息。

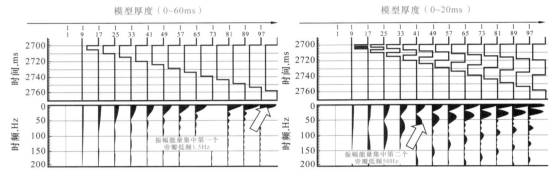

图 5-50　高频优势对比分析图

（3）宽方位："两宽一高"地震数据的第三个特点就是宽方位。宽方位采集的数据目前主要用于裂缝预测。裂缝和水平应力差可以引起地层速度各向异性。各向异性意味着速度会随方向的变化而变化。在 P 波地震数据中，由方位地震振幅和方位旅行时变化引起的各向异性可以被观测。笔者的目的就是要利用这些各向异性信息来进行裂缝和应力场的预测。在地层中传播的地震波有两种不同的类型，而它们传播的速度也是不同的：P 波（压缩波）质点振动方向与波的传播方向一致；S 波（剪切波）质点振动方向与波的传播方向是垂直的。在横波的传播过程中，因为质点的振动方向与波的传播方向垂直，因此其运动方向或偏振方向有两种可能：一个方向是沿 X 轴方向，另一个方向是沿 Y 轴方向（用红点表示，垂直于平面往外的方向）。这两种波称之为 SV（垂直偏振横波）和 SH（水平偏振横波）；对于各向异性岩石来说，可以称为 S_1 和 S_2，或 S_{fast} 和 S_{slow}，这取决于各向异性的类型。平行于裂缝的方向上，地震波速度要快，因此 $V（0^\circ）>V（90^\circ）$，这种各向异性介质，称之为 HTI。宽方位采集过程中将方位角的信息保留下来，记录了一系列炮点—检波点对，它们具有不同的偏移距和方位，并且被存放在同一个面元下，尽量保证每一个方位都有地震信息记录（图 5-51），这样为预测 HTI 各向异性裂缝提供了基础。

1）地质统计学反演

叠前同时反演得到了地震分辨率下精确的岩石弹性参数体，如纵波阻抗、纵横波速度比，这些数据体符合岩石物理模型，忠实于地震的响应，但是其纵向分辨能力受到地震分辨率的限制。

地质统计学反演就是专门为此目的而开发的反演引擎。地质统计学反演工作流程充分应用测井资料、地质统计资料，在很好地与地震勘探资料匹配基础上，生成横向上连续的高分辨率阻抗模型和岩性体。该工作流程通常可解决下列问题：低于地震分辨率的薄层问题；解决单地震属性叠置的岩性多解性问题等[19]。

总体研究思路是首先根据井点统计的各岩相分布情况，结合岩石物理解释模板和叠后确定性反演得到的纵波阻抗数据体进行统计获得岩性概率体，为后续结合岩性体和高分辨率纵波阻抗数据打下基础。

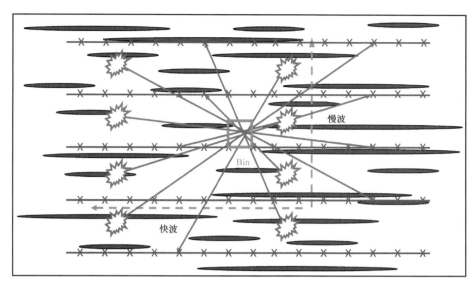

图 5-51　宽方位数据采集示意图

地质统计学反演的关键是反演得到的纵波阻抗和横波阻抗及子波褶积所得到的合成记录要与地震数据相匹配。因此在进行地质统计学反演之前，需要做一个确定性反演，保证地震信息与测井信息的高度统一。此外，如果输入的地震数据为部分角度叠加体，则算法会自动应用全 Zoeppritz 方程进行 AVA 叠前地质统计学反演。

在提高纵向分辨率的同时会引入误差，通过应用多次的等概率模拟（实现），可以使用户能够客观地对误差进行评价，所有的模拟结果均和井资料、地质信息，以及主要的连续变量—地震勘探资料相吻合。依据这种"信息协同"的方式将井资料、地质统计学信息、地震勘探资料进行结合，是目前解决横向非均质性很强的岩性油气藏描述问题的最佳方案。

在进行高分辨率的岩性模拟时，应用马尔科夫链—蒙特卡洛模拟同时生成高分辨率的岩石弹性参数体，然后合成各个偏移距的地震记录并与实际地震数据进行对比以此控制单个岩性实现的合理性。这个工作流程在整个三维数据体内进行迭代，其中马尔科夫链—蒙特卡洛算法的应用保证了每个网格节点的扰动是随机的，而模型和地震数据的匹配是全局优化的。

为了减小单次模拟造成的统计学涨落误差，进行岩性模拟，然后根据解释的需要，统计了岩性概率体和极大似然岩性体用于后续地质解释的储层厚度、储层连通性。

在协模拟阶段，比如对孔隙度协模拟，需要借助通过之前反演得到的若干阻抗体。首先，统计阻抗的概率密度函数；然后，通过阻抗和孔隙度测井曲线统计二者的相关关系，即云变换关系；最后结合实测孔隙度曲线，就可以协模拟出一系列孔隙度实现。笔者通过分析对比一系列反演的实现来研究储层在空间物性分布的不确定性，进而评估后续钻井的风险。

地质统计学模拟 / 反演还可以用来研究通过确定性反演无法识别出的薄储层，也可以在粗化到角点网格后作为油藏模拟的数据输入。如果能把反演结果与构造、地质和生产数据整合到一起，将能够更好地进行油藏描述和研究烃类集聚。

地质统计学反演的研究思路是通过地质统计学参数和地震数据结合，充分利用地震的横向分辨率对储层分布和岩相进行分析。具体的工作流程包括：地质统计学参数的测试和确定、地质统计学反演、地质统计学反演结果的分析。

在 RockMod 反演工作流程中，通过对井资料和地质信息的分析后获得概率分布函数和变差函数，然后由马尔科夫链—蒙特卡洛算法根据概率分布函数获得统计意义上正确的样点集，即根据概率分布函数能够得到何种岩相组合的结果。岩相及属性模拟的样点产生过程并不是完全"随机"的，因为反演引擎要求在引入高频数据信息的同时，每次岩相及属性模拟所对应的合成地震记录必须和实际的地震数据有很高的相似性。

RockMod 地质统计学反演的特点包括：反演结果以明确的在合适位置处具有"尖锐"层界面的岩相体构成。包含详尽的细节（非均质性），提高了地震反演结果的纵向分辨率，横向趋势由地震控制。

在提高纵向分辨率的同时难免会引入误差，通过应用多次的等概率模拟（实现），可以使用户能够客观地对误差进行评价。所有的模拟结果均和井资料、地质信息，以及主要的连续变量—地震资料相吻合。依据这种"信息协同"的方式将井资料、地质统计学信息、地震资料进行结合，是目前解决横向非均质性很强的岩性油气藏描述问题的最佳方案。

在进行高分辨率地质统计学反演时，每一种岩相对应的岩石物理参数分布范围由井点实际测量的数值统计而来，通过应用马尔科夫链—蒙特卡洛模拟可以同时生成高分辨率的岩石弹性参数体，并通过合成地震记录来控制单个岩相实现是否符合实际的地震数据。

为了减小单次反演造成的统计学涨落误差，进行了 15 次反演，得到 15 个实现的岩相体和纵波阻抗体，然后根据地质解释的需要统计了不同岩相概率体、极大似然岩相体以及平均纵波阻抗体（图 5-52 至图 5-55）。

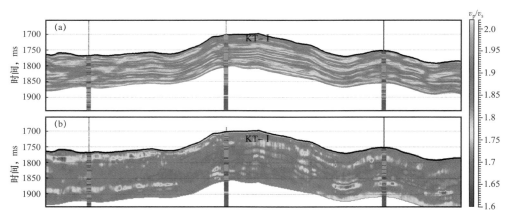

图 5-52　叠前地质统计学 v_p/v_s（a）与叠前同时反演 v_p/v_s（b）连井剖面

2）"穷举法"多参数地震反演技术

地震反演技术发展很快。从单参数到多参数是标志之一。利用多种地球物理数据，通过地质体的岩石物性和几何参数之间的相互关系，求得同一地下地质地球物理模型的联合反演技术，正在蓬勃发展（徐洪斌，2012）。目前使用最普遍的反演方法为测井—地震联合反演，针对盐下储层，更强调综合多参数反演的技术。测井—地震联合反演是一种基于模型的波阻抗反演技术。这种方法从地质模型出发，采用模型优选迭代摄动算法，通过不断修改更新地质模型，使正演合成地震勘探资料与实际地震数据最佳吻合，最终的模型数据便是反演结果。由于受地震频带宽度的限制，基于普通地震分辨率的直接反演方法，其精度和分辨率都不能满足盐下台地碳酸盐岩储层预测的要求。测井约束地震反演技术以测井资料丰富的高频信息和完整的低频成分补充地震有限带宽的不足，用已知地质信息和测井资料作为约束条件，推算出高分辨率的地层波阻抗资料，为储层厚度、物性等精细描述提供可靠的依据。

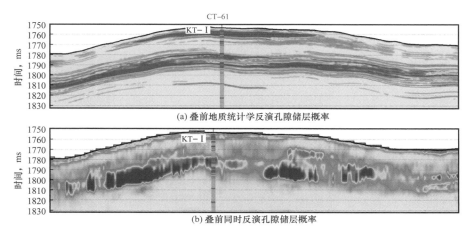

图 5-53　叠前地质统计学孔隙储层概率（a）与叠前同时反演孔隙储层概率（b）连井剖面

红色和黄色的部分为储层

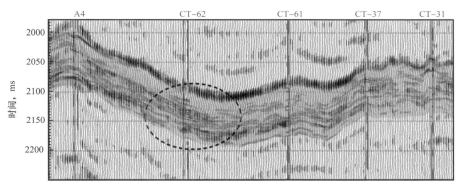

图 5-54　叠前地质统计学孔隙储层概率连井剖面

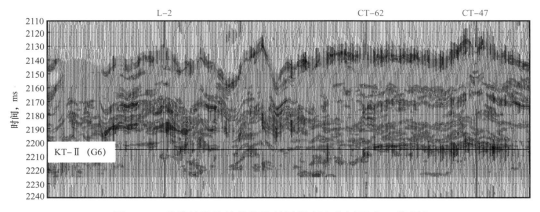

图 5-55　叠前地质统计学孔隙储层概率连井剖面（G6 拉平）

"穷举法"多参数反演是建立在传统的基于波阻抗反演的基础上，是对传统反演的扩展和补充。基于传统的波阻抗地震反演是以地震的几何运动学为基础，通过地震子波，把声阻抗和地震记录联系起来，其核心是先做正演，然后消除子波的影响，从地震记录中提取波阻抗信息。

其常用的数学模型是：

$$S（t）=R（t）\cdot W（t）\text{ 或写成 } S=F（R）$$

式中　S——地震记录；

　　　R——与波阻抗密切相关的反射系数；

　　　W——子波。

而多参数反演是以地震的运动学和动力学为基础。一方面，从测井系列上明确了不同测井资料是对地下地质体不同参数的描述：如伽马测井是放射性测井，常用于检测地质体的泥质含量，电阻率测井是电性测井，常用于检测地质体的流体变化等。另一方面，这些不同参数又或多或少地存在一定的联系，如泥质含量高会导致岩石骨架疏松，速度降低，不同流体（岩石本身）会引起电阻率变化，也会导致速度的变化，所以各种测井参数是存在联系的。地震勘探资料是对波阻抗最直接的反映，但也是地下地质体其他参数如泥质含量、流体变化等的间接响应。

因此笔者引入数学模型：

$$S=F（VEL，DEN，GR，RT\cdots\cdots）$$

式中　S——地震记录；

　　　VEL——速度；

　　　DEN——密度；

　　　GR——自然伽马；

　　　RT——电阻率。

亦即地震记录是速度、密度、自然伽马、电阻率等参数的综合响应，这是多参数反演预测的理论基础。

以上原理提到多参数反演是基于模型的算法。一方面，由于在模型中加入了井的高频和低频信息，使得反演结果分辨高，在井的附近更可靠；另一方面，也可能导致反演结果过分依赖模型，这对于非均质性强、变化剧烈的储层，可能会影响反演结果的可靠性。解决反演模型化的问题最关键是储层反演参数的选择。检验反演参数合理性、反演效果和可信度最直观和有效的方法是抽稀检验。

根据以上叠前反演参数，完成了三维数据体的岩性和速度反演。在反演的数据体基础上进行储层参数的提取。由于沉积环境的不同，KT–Ⅰ在研究区内位于局限台地相和蒸发台地相，岩性比较复杂，白云岩为主要储层，测井曲线在标准化后，储层统计参数为自然伽马小于 50API、速度小于 6900m/s；KT–Ⅱ位于开阔台地和台地边缘滩礁相，岩性比较简单，主要为大套致密灰岩，夹少量泥岩，储层测井参数为自然伽马小于 30API。根据以上储层参数成功预测了储层厚度、孔隙度、含油气性分布，如图 5–56 所示。

3）宽频地震勘探资料反演技术

从实际采集到的"两宽一高"地震勘探资料分析可以看出：目的层有效频带拓宽

20Hz 以上，含有更加丰富的频率成分（低频与高频），尤其是低频成分更加丰富，纵横向分辨率得到显著提高，目的层的波组特征与地层接触关系清楚。有利于后续开展波阻抗反演、油气检测等研究工作（图 5-57）。

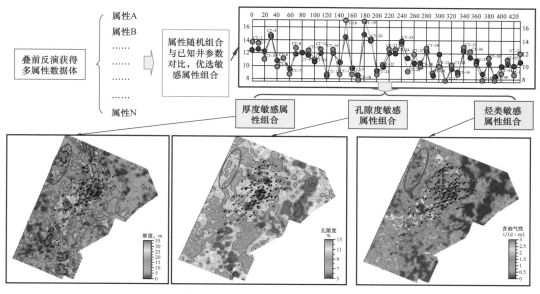

图 5-56　"穷举法"地震叠前属性反演预测储层分布图

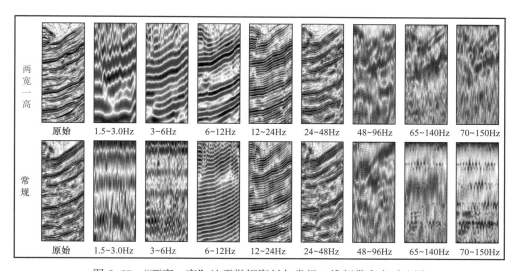

图 5-57　"两宽一高"地震勘探资料与常规三维频带宽度对比图

地震波阻抗反演的目的就是把反映岩石分界面信息的地震反射振幅转化为反映岩性信息的地震波阻抗。由于地震波在传播过程中高频成分被地层吸收和衰减，低频成分一部分没有记录下来，一部分和面波、直达波等混在一起，在处理中受到压制。因此，用于反演的地震数据主要包含的是中频段信息，缺少低频和高频成分，缺失高频成分只影响分辨率，缺失低频成分则失去了速度曲线基本的趋势。所以说要准确恢复波阻抗曲线或作定量解释时，必须补偿好地震数据中缺失的低频信息。在反演中构造准确的低频分量具有重要的意义。

随着油气勘探的不断深入，勘探目标已经转向寻找复杂构造油气藏、地层岩性油气藏、剩余油气藏，并已成为各油田增储上产的重要途径。为了满足甲方（油公司）对地震采集高密度空间采样（特别是横向高分辨率）的要求，地震仪器采集的数据应尽量做到全方位采样、充分采样、均匀采样、对称采样，以改善地震成像质量，提高岩性识别和油气预测符合率。随之地震勘探也由常规三维、精细三维发展到目前的"两宽一高"（即宽方位、宽频带、高密度）高精度三维。

频带宽度是评价地震数据分辨率的主要指标。因此，人们希望通过叠后反演方法来提高地震数据的分辨率，但从理论上讨论具有一定的挑战性。从叠前与叠后地震数据处理技术和方法的角度分析，在地震数据处理中补偿吸收衰减的方法和提高分辨率的方法有很多：如 Robinson 提出的预测反褶积方法；Goupmaud 提出的反滤波消除近地表影响方法；Clarke 提出的时变反褶积方法；Berkout 提出的最小平方（L2 模）反滤波和子波反褶积方法；wiggins 提出的最小熵（稀疏反射系数假设）反褶积方法；Kjartansson 提出的反 Q 补偿地震波传播衰减方法；Tayfo 等提出的基于 L1 模的反褶积方法；Morley 等提出的炮点和检波点域统计预测反褶积方法；Levin 提出的地表一致性反褶积方法。这些方法在补偿近地表与大地吸收衰减以及提高地震数据成像分辨率方面起到了重要作用，也涵盖了主要的叠后反演方法。

理论研究表明：当地震数据的频带宽度不低于两个倍频程时，才能保证获得较高精度的成像效果；频带越宽，地震成像处理的精度越高；增加低频分量的主要作用是减少子波旁瓣，降低地震勘探资料解释的多解性，提高解释成果的精度。图 5-58 形象地展示了低频分量的重要性：高频分量丰富但缺少低频分量的地震子波的主峰尖锐，却会产生子波旁瓣，使地震勘探资料的精确解释变得困难且多解；高分辨率子波是在低频和高频两个方向都得到拓展的宽频带子波，这样子波的主峰尖锐、旁瓣少且能量低，能分辨厚度极小的薄层，地震解释的精度高。

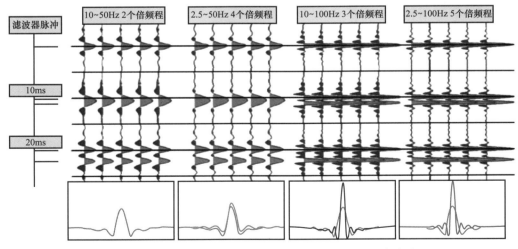

图 5-58 地震子波倍频程与分辨率和解释精度的对应关系

现今地震勘探资料反演处理大多是基于模型的地震反演，成功的关键是能否提取真实子波和建立精确的低频模型。常规地震数据中缺失低频信息，只能采用从测井数据中提取低频分量再与地震数据反演的相对波阻抗合并处理的方式得到绝对波阻抗。在目标地质体复杂、钻井少的探区，仅靠测井资料提取的低频分量难以反映复杂地质体横向变化，导致不精确或假的反演结果。为弥补该缺陷，一般采用从地震叠加速度提取低频分量方式，而叠加速度只能提供 0～5Hz 低频信息，无法弥补常规地震所缺少的 0～10Hz 低频分量。可见，地震数据中低频信息对保证地震岩性反演的精度意义重大。

低频在反演过程中起着重要的作用：图 5-59 中的高频反演结果使地层边界的定位比左图精确，但结果与真实值相比，与左图一样不能反映真实的岩石特性。而在右图的低频反演结果中，虽然地层边界与左图一样，但反演结果更接近岩性的真实值。可见低频在反演过程中能够：（1）降低地震勘探资料反演结果的多解性；（2）降低调谐效应；（3）降低子波旁瓣效应的影响；（4）提高岩性解释的精度；（5）提高横向解释的连续性。

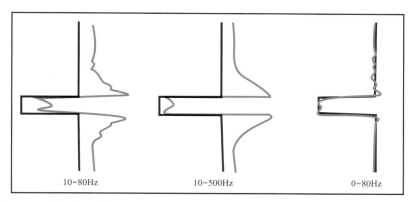

图 5-59　低频对地质解释的影响（黑色为原始波阻抗模型，红色为反演的波阻抗）

通过对目的层主力储层段的油气敏感参数分析，认为该区储层表现为低速度、块状低伽马的曲线特征，自然伽马小于 15API，波阻抗小于 14000。在自然伽马反演去除围岩的基础上，利用波阻抗反演提取储层（图 5-60）。

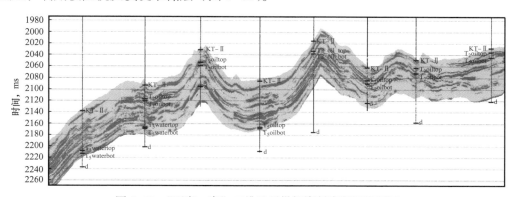

图 5-60　"两宽一高"三维地震勘探资料宽频反演剖面

可以看出"两宽一高"数据提供了丰富而准确的低频信息。首先，为波阻抗反演提供与地质构造一致的低频分量模型；其次，建立层位接触关系的信息并为其他功能函数提供层位限定格架，确保井曲线和解释层位匹配、合成地震记录和地震数据匹配，通过构造模型约束条件，使井间的权重分布遵从地震数据、构造模型的变化，从而根据参数模型中的权重分布、层位、地层接触关系等产生真实的低频模型。使反演结果减少多解性，更趋于地下真实地质情况，对于构造和岩性刻画的细节更丰富。

通过"两宽一高"地震勘探资料与常规三维地震勘探资料目的层的均方根属性对比可以看出：地下地质体分布规律更为明显（图 5-61）。

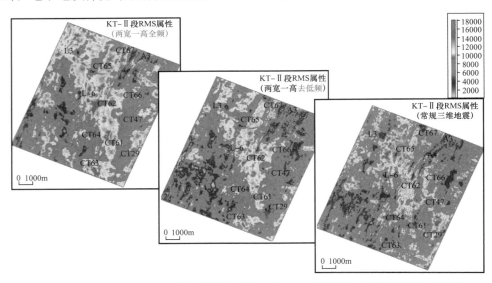

图 5-61 "两宽一高"地震勘探资料与常规三维地震目的层均方根振幅属性对比图

3. "两宽一高"地震勘探资料油气检测技术

常规储层含油气后引起的地震数据频率变化一直是地球物理学家热衷讨论的话题。围绕着储层含油气引起高频衰减、低频相对增强的特征形成了一系列的流体检测方法：谱梯度、流体衰减、低频伴影、谱积分及流体活动性等方法都在碎屑岩储层的流体检测中取得了明显的效果。

1）低频调谐流体检测技术

地震波在地层中传播时，地震波的弹性能量不可逆地转化为热能而耗散，地震波的振幅产生衰减，子波形态不断变化。因此，在反射地震记录中除了球面扩散和透射损失外，还存在着地层衰减和吸收衰减，这二者同时影响着地震波在实际地层中的传播，并且都是随频率而变化。Spencer 的研究表明：地震波在地层中的衰减为地层衰减和吸收衰减之和，在大于 10Hz 时随着频率的升高吸收衰减部分在二者中起主要作用。因此利用反射地震勘探资料求取的地震波的衰减可以反映地层的吸收性质。实验室研究证明：地层的吸收性质对岩性的变化具有很高的灵敏性，尤其是对于介质内流体性质的变化具有明显的反应。由此可知地层吸收性质与岩相、孔隙度、含油气成分等有密切关系，在有利的条件下可以用来直接预测石油和天然气的存在。

为了将含油气层的"低频增加、高频衰减"现象定量地描述出来，选取面积差值法、时频三原色法、瞬时带宽法等多种方法对地震数据进行含油气性检查。其中第一种方法是基于傅里叶变换的频谱分析，后两种方法是基于小波变换的频谱分析。其中的小波变换频谱分析是一种多尺度（MRA）方法，对不同频率用不同尺度进行分析，在低频区有很好的频率精度，而在高频区有很好的时间分辨能力，具有变时窗的特点，低频和高频信息都有很高的可靠性，在实际应用中还可以满足要求。而面积差值法又分为两种方法：低频增加检测（LFR）和高频衰减检测（HFA），分别对低频和高频进行面积变化分析和计算来检测地层的含油气性。

　　滨里海研究区的"两宽一高"地震数据体，宽频提高了地震波的穿透力和纵向分辨率。地震数据向低频（1.5Hz）方向不断延伸，实现超过6个倍频程（>100Hz）的激发频宽有利于检测地震数据的低频增加和高频衰减现象，以此来实现地层含油气性的检测工作。

　　从储层含流体性质情况看，本区储层可分为含油层、含水层和干层3种。从对低频增加和高频衰减大小与储层含流体情况交会统计来看（表5-8），含油储层衰减梯度值大于含水层和干层。确定低频增加和高频衰减异常的关键是相同的背景条件，一般来说，即沿层平面分析结果的背景条件差异较小。

表5-8　滨里海中区块不同地层地震高频衰减和低频异常范围统计表

产油情况	频率特征	
	衰减梯度范围	低频能量范围
油层（油气层）	-1.29~-1.15	（6.8~12.9）×10^6
差油层	-0.70~-0.35	（0.66~1.01）×10^6
油水同层	-1.05~-0.5	（1.1~4.6）×10^6
水层	-1.0~-0.3	（1.0~3.4）×10^6
干层	-0.28~0	（0.4~0.9）×10^6

　　首先提取井旁地震道属性（图5-62），选取对含油储层具有较好识别能力的属性作为下一步的研究基础数据。依据已钻井与试油情况的标定，优选叠后与流体有关的地震属性，高频衰减、低频调谐异常等。以CT-37、CT-48井为例，低频异常和衰减梯度属性对含油储层响应特征明显，最大能量、总能量属性对含油储层也具有较好的识别能力。

　　与钻井试油情况对比分析表明（表5-9），低频能量异常和高频衰减属性吻合率都比较高，因此可以应用这两个属性定性预测碳酸盐岩的油气分布特征。

表5-9　属性范围与井的吻合情况表

井名	属性		高频衰减属性	低频能量异常属性	井名	属性		高频衰减属性	低频能量异常属性
A1	油层	干层	吻合	吻合	CT37	油层		吻合	吻合
A2	油层		不吻合	吻合	CT47	油层		吻合	不吻合
A5	差油层		吻合	不吻合	CT48	含油水层	水层	吻合	不吻合
A3	干层		不吻合	吻合	CT61	油气层		不吻合	吻合
A4	干层		吻合	吻合	CT62	油层		吻合	吻合
AL1	干层		吻合	吻合	CT63	水层		吻合	不吻合
L2	油水同层		吻合	不吻合	CT64	可疑油层		吻合	吻合
CT31	差油层		吻合	吻合	CT29	测井解释油层		吻合	不吻合

　　所谓低频异常调谐，就是指远离正常频率规律的异常低频能量。具体做法是用平均频谱的低频段，与每个采样点的低频进行对比，找出距离正常频谱规律最远的能量，并把这段异常能量记录下来，就得到了低频异常检测数据体。在该数据体中，在含油层位的下部存在明显的低频谐振现象（有学者称为低频伴影）。比如 CT-62 井 KT- Ⅱ 段 9mm 油嘴产油 50m³/d，而在其下部存在明显的低频调谐异常。通过对低频油气检测数据体主要目的层提取均方根振幅属性可以得到有利含油气层的平面分布图。

　　衰减属性是指示地震波传播过程中衰减快慢的物理量，是一个相对的概念，衰减属性的分析可以反过来指示衰减因素存在的可能性和分布范围。这里的衰减属性分析就是要通过计算出的反映地震波衰减快慢的属性体来指示油气存在的可能性和分布范围。一般来说，在高频段，地质背景条件相同的情况下，由于油气的存在，使得地震信号的能量衰减增大（图 5-63）。

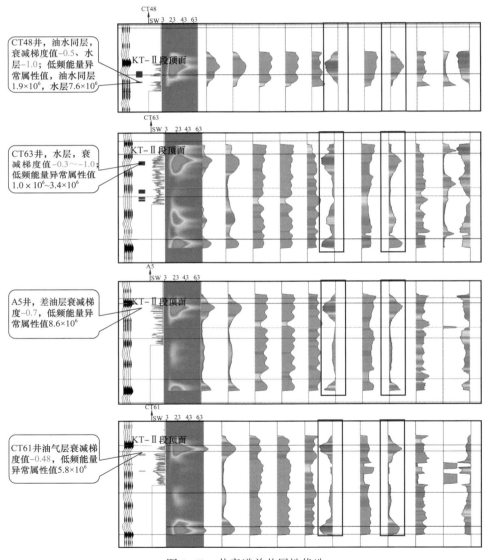

图 5-62　井旁道单井属性优选

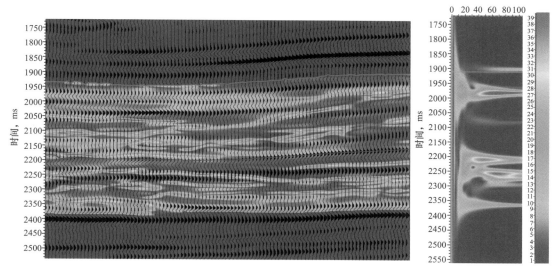

图 5-63 滨里海中区块低频油气检测剖面图及频谱特征

能量衰减可以通过能量随频率的衰减梯度、指定能量比所对应的频率、指定频率段的能量比等物理参数来进行指示，不同的物理参数从不同的侧面来反映油气存在的可能性。

衰减梯度是衰减属性之一，它表示了高频段的地震波能量随频率的变化情况，可以指示地震波在传播过程中衰减的快慢。地震波的衰减，除地震波在单相介质内传播过程中的扩散效应以及地震波在多相介质反射界面处的反射机理以外，如果存在油气等衰减因素，则衰减梯度值增大（图 5-64）。

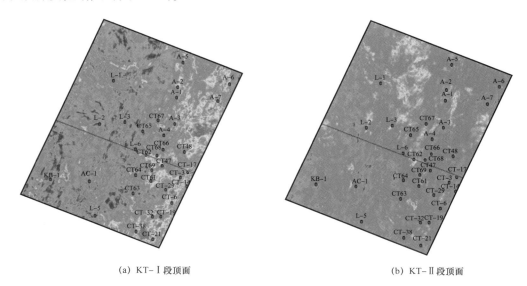

(a) KT-Ⅰ段顶面

(b) KT-Ⅱ段顶面

图 5-64 滨里海中区块低频油气检测主要目的层 RMS 分布图

综上所述，通过对研究区内 7 口井的衰减特征分析，认为衰减梯度属性的强弱能够较好地反映储层是否含有流体；因此计算出各层段储层的衰减梯度属性，结合地质及钻井资料分析其异常值，认为它指示的是流体的分布情况，红色或黄色异常区为储层流体的有利分布区。通过单井井旁道分析和过井剖面与试油结果对比可知，衰减梯度属性能够定性预测流体的平面分布规律。因此提取各小层段的衰减梯度平面，预测储层中流体的发育情况（图 5-65）。

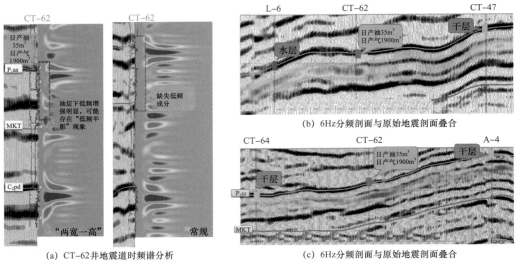

（a）CT-62 井地震道时频谱分析

（b）6Hz 分频剖面与原始地震剖面叠合

（c）6Hz 分频剖面与原始地震剖面叠合

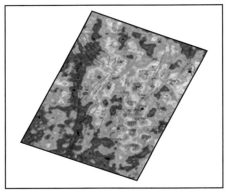

（d）KT-Ⅱ段Γ₂小层烃类检测构造叠合图

图 5-65　"两宽一高"宽频地震勘探资料油气检测剖面及平面图

2）质心频率及其相关属性

反射信号的频谱中能提取地下储层及流体的响应，但是如何对频谱及频谱形状进行量化表征是频谱类属性研究的重点。质心频率及相关属性技术是通过系统自动识别叠前道集资料的频谱的最大频率（f_{max}）和最小频率（f_{min}）来计算对比频谱的横向变化，进一步达到预测有利储层发育范围的目的。则有质心频率指示参数计算如下：

$$\Delta f_1 = \frac{f_{mean} - f_{mc}}{f_{max} - f_{min}}$$

式中　f_{max}——最大频率，Hz；

　　　f_{min}——最小频率，Hz；

　　　f_{mean}——中值频率，Hz，$f_{mean} = (f_{max} - f_{min})/2 + f_{min}$；

　　　f_{mc}——半能量频率，有效频带内频谱半能量对应的频率，Hz。

具体含义如图 5-66 所示。

对本工区井点处的道集资料每隔10°进行分方位角叠加，显示如图5-67a所示，然后分别对0~60°、60°~120°、120°~180°叠加的地震勘探资料开展频谱分析，对应频谱特征显示如图5-67b所示。可以看出由于储层各向异性的存在，同一位置，不同方位叠加的地震勘探资料的频带范围基本一致。但是该井点处，0~60°叠加的地震勘探资料的低频成分更为丰富。通过质心频率公式可以看出，同一位置，频带范围一致的情况下，低频

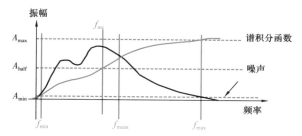

图5-66　质心频率及相关属性技术示意图
f_{max}——最大频率；f_{min}——最小频率；A_{half}——谱半能量；
f_{mean}——中值频率，$f_{mean}=(f_{max}-f_{min})/2+f_{min}$；$f_{mc}$——半能量频率，是有效频带内频谱半能量对应的频率

成分越丰富，值越小；因此，值越小，表示该方位的低频成分更稳定，说明了本工区符合值变小的情况。所以，利用叠前螺旋道集资料提取分方位最小质心频率，计算对比频谱的横向变化，来预测有利储层的发育范围更为可靠。

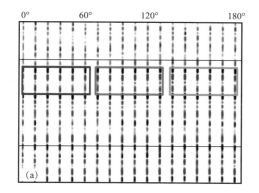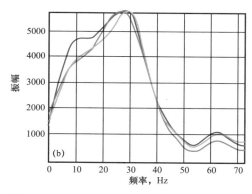

图5-67　CT-62井点处共反射点分方位角叠加剖面（按方位角显示）及对应的频谱特征图
线框内为目的层，且不同颜色的线框对应图（b）中与之相同颜色的频谱特征曲线

本次流体检测应用的数据是"两宽一高"采集、保方位角保低频处理的螺旋道集数据。应用多维解释技术在KT-Ⅱ段Γ_2小层提取了分方位质心频率，从分方位叠加剖面与提取的分方位质心频率剖面对比图上可以看出，不同位置点处，提取的质心频率属性值的大小跟其对应的方位存在不确定性（图5-68）。

因此，在提取的分方位质心频率的基础上，应用多维解释技术又分别提取了分方位最大质心频率和分方位最小质心频率（图5-69）。

从叠前道集资料提取的分方位最大质心频率和分方位最小质心频率平面图对比可以看出，由于储层各向异性的存在，不同方位提取的质心频率属性差别较大。通过对比分析预测结果与该区块的储层沉积特征及完钻井的实际资料，可以得出叠前分方位最小质心频率的预测效果更好，同时也与上述叠前质心频率技术理论分析相吻合。

4.叠前裂缝预测技术

（1）沉积型地层的各向异性：地层在成岩和成型过程中，会受到重力、高温、定向压力、水流等物理化学的各种作用，使岩石地层形成片状、层状、节理、孔隙、裂缝等结构引发各向异性。

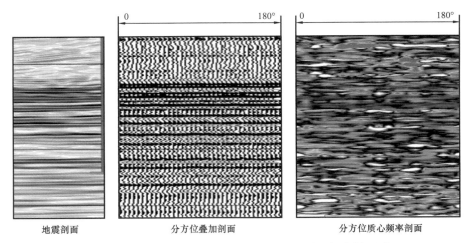

图 5-68　分方位叠加剖片及提取的分方位质心频率剖面图

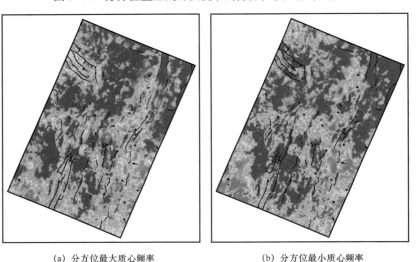

（a）分方位最大质心频率　　　　　（b）分方位最小质心频率

图 5-69　分方位最大质心频率与分方位最小质心频率平面图
由模型正演结果得出，该区块的碳酸盐岩含油气井的薄储层具有高频能量偏高的频谱特征，
因此图示结果中暖色调区域为有利区带

　　介质的各向异性性质指介质的物理或化学等特性随方向发生变化，反映到螺旋道集上表现为道集同相轴的幅值、剩余时差等特性随方位角发生"抖动"。正是通过有效提取这一响应特性，预测地下介质的各向异性特性，进而达到裂缝性储层预测的目的。

　　（2）海量数据抽取目标道集：对于动辄几十个 G 的单个 SEGY 数据文件，快速提取尤其是井点位置的叠前道集，以便于后续分析工作。由于现有软件提取道集，需要先将数据全部加载后再分选出需要位置的道集，十分耗费时间和磁盘空间，通过运行自有软件，可以大大提高工作效率。

　　（3）矩形数据规则化：常规分方位角数据规则化方法，按照方位角信息对道集数据分组分选，一定程度上保持了数据的方位角信息。但是由于近偏移距数据覆盖次数比较低，往往限制了方位角划分的个数。远偏移距数据有足够的覆盖次数且对方位角响应信息敏感，较少的方位角个数损失了这一部分信息。通过"矩形"数据分选、投影方法，保障了近、中、远偏移距数据有相同或相近样本采样个数，对原始覆盖次数要求比较低，能够实现任意小方位角间隔的数据规则化，利于共方位角道集或者共偏移距道集的抽取及道集的多维柱状显示。

（4）沿层剩余时差校正：叠前偏移道集上目的层位置依然存在剩余时差，影响后续解释方法的精度和准确度。具体做法是以道集叠加或部分叠加数据为模型道，将道集各道数据与模型道做相关，求取相关时差，利用此时差校正道集，从而达到消除目的层位置同相轴剩余时差的目的（图5-70）。也利于各向异性强度和方位各向异性玫瑰图的求取（图5-71）。

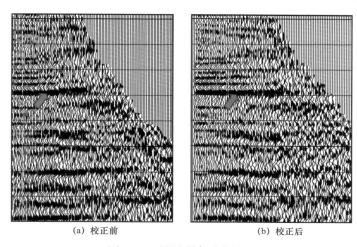

(a) 校正前　　　　　　　　(b) 校正后

图 5-70　沿层剩余时差校正
箭头位置为目的层

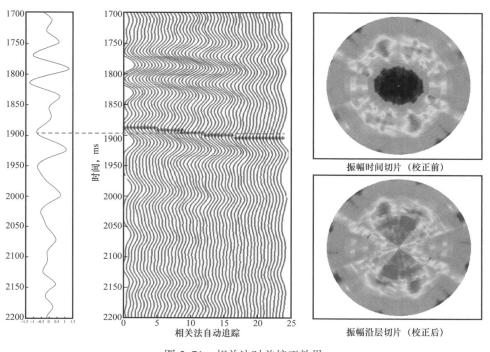

图 5-71　相关法时差校正效果

介质的各向异性性质指介质的物理或化学等特性随方向发生变化，反映到螺旋道集上表现为道集同相轴的幅值、剩余时差等特性随方位角发生"抖动"。软件通过有效提取这一响应特性，利用统计学方法求取各向异性强度和方位各向异性系数，并分别制作各向异性强度图和利用玫瑰图方式表征方位各向异性系数。

道集属性随方位角强弱变化反应各向异性在这个方向上的相对强弱，基于此而采用玫瑰图表征各向异性强弱方向性。

利用不同方位角的部分叠加数据开展 KT-Ⅱ中段 Γ₂小层储层裂缝预测研究，准确刻画裂缝密度、裂缝方向（图5-72）。

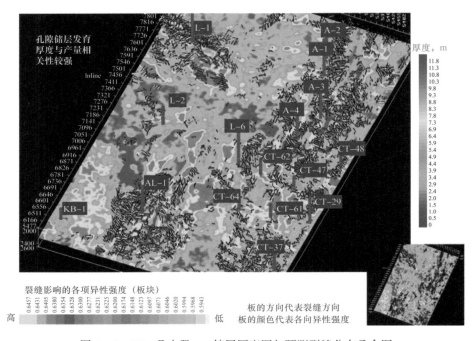

图5-72　KT-Ⅱ中段 Γ₂储层厚度图与预测裂缝分布叠合图

第三节　盐伴生圈闭勘探评价技术

盐伴生圈闭具有圈闭类型多、隐蔽性强、成藏机理复杂的特点。盐伴生圈闭评价技术以盐相关圈闭的4类输导体系模式和5种成藏模式理论为指导，攻关应用了叠前深度偏移处理技术实现高陡盐丘边界准确成像，形成了物理模拟、叠前深度偏移处理、地震属性分析等盐伴生圈闭识别与刻画配套技术（图5-73）。

一、盐伴生圈闭物理模拟

通过盐构造物理模拟及含盐盆地成藏模拟发现多种盐侧、盐上、盐间伴生圈闭。盐窗为盐下油气向上运移的优势通道，盐伴生圈闭为油气成藏的有利场所（图5-74）。具体的模拟过程、方法及结果分析见前面的章节，在此不再赘述。

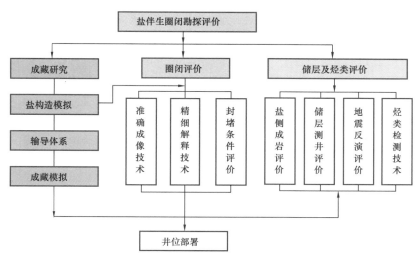

图 5-73 盐伴生圈闭勘探评价技术流程图

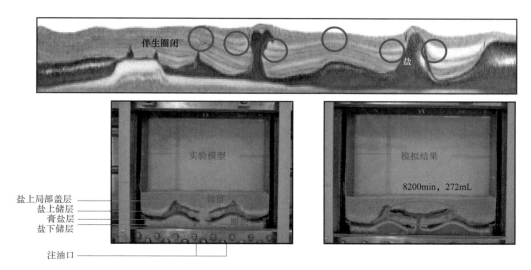

图 5-74 盐构造物理模拟示意图

二、盐丘边界的识别

盐伴生圈闭的识别首先需解决盐丘边界的准确识别问题。经过多年实践，基本形成了构造导向滤波 + 相干 + 瞬时相位 + 速度扫描的技术组合。

构造导向滤波的目的是沿着地震反射界面的倾角和方位角，利用有效的滤波方法去除噪声的同时，加强横向不连续特征[6]。Hoecker 和 Fehmers（2002）提出了各向异性弥散平滑算法。该算法的关键在于流程中增加了是否连续的判定功能（图 5-75），实际实施中，图中所示"是"与"否"极端值之间的平滑数是可变化的。之所以称之为各向异性是因为平滑只发生在平行于反射层面，而垂直于反射层面不发生平滑。

因此，第一步要估算数据体上的反射层倾角。第二步是估算连续性。Hoecker 和 Fehmers（2002）曾指出相干性就是这样的一项措施，但是其他的例如曲率（横向倾角变化）也能发挥同样的作用。对于强不连续面则不会发生平滑，对于弱不连续面则会发生平滑，如果不连续面适中，运算最后会将平滑结果和原始样本数据混合，这个过程对于所有的样点是反复进行的，直到所有的数据体完成平滑。最后，可以对平滑次数进行选择，通过迭代算法提高有效的平滑操作的权重。在构造导向滤波的流程中，最常用的平滑方法有平均滤波（mean filter）、中值滤波（median filter）及主分量滤波（简称 PC 滤波）等。

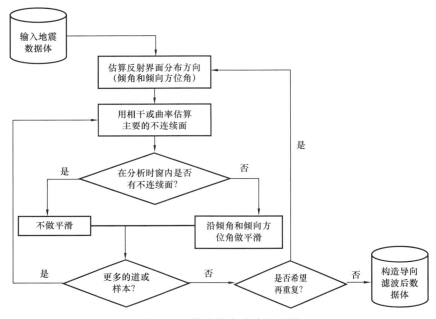

图 5-75　构造导向滤波流程图

对 2007 年常规采集和常规处理的地震数据、新采集的"两宽一高"保低频处理的地震数据及新采集的"两宽一高"去低频的地震数据选取相同的参数分别进行构造导向滤波处理，然后分别针对盐丘发育带提取时间切片进行分析对比。"两宽一高"地震数据相比于常规三维地震资料对盐丘边界的成像明显提高；同样，"两宽一高"地震数据与"一宽一高"地震数据相比，对盐丘边界的刻画也更清楚（图 5-76）。

在地震勘探中，几何类属性主要通过对地震勘探资料进行构造导向滤波处理之后，提取时间（或沿层）切片、相干属性、曲率属性等，用于刻画地质边界，识别断层、裂缝，帮助进行构造特征分析等。

相干属性主要用来检测断层、裂缝，以及刻画地质边界。在相干属性提取过程中，主要分析以目标点为中心的时窗内的相邻地震道波形的相似性。波形的相似性与地层的连续性密切相关，相干属性就是利用波形之间的这种相似性关系来反应地层的不连续性特征的。

曲率属性可以有效反映线性特征、局部形状变化。在反映断层、裂缝、地貌形态变化方面，与其他属性方法效果对比，具有明显优势。

倾角和方位角属性是仅次于构造和振幅的属性，Barnes 成功地用它来识别小于 10ms 的小断层。由于近年来算法的发展，倾角和方位角体属性的计算不再依赖于解释层位。

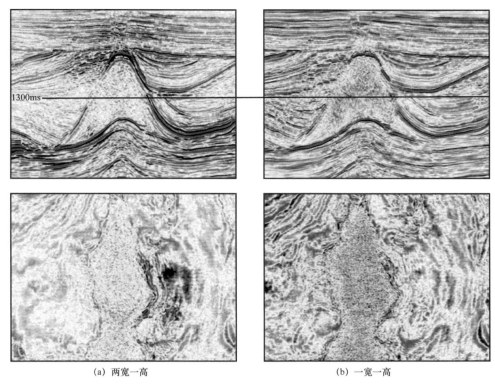

(a) 两宽一高　　　　　　　　　　　(b) 一宽一高

图 5-76　1300ms 构造导向滤波数据时间切片

主测线和联络测线倾角一起形成倾角向量场，在构造导向滤波、相干、曲率、纹理等体属性计算中起着至关重要的作用。目前有 3 种常用的倾角估算方法：基于复数道分析的相位对齐法、最大相关离散扫描法和梯度构造张量法。本次研究所使用的计算方法为最大相关离散扫描法。

对于盐丘陡倾角边界，可以尝试用倾角属性进行描述。在低频数据地震剖面上，盐丘的边界非常清晰，而在去低频数据上，边界变得模糊了，二者的地层切片也有同样的现象。通过对比分析可以看出，低频成分有利于盐丘边界的成像。

因为该盐丘呈南北向展布（即沿着联络测线方向展布），主测线倾角对其边界的描述会更为清晰。图 5-77 是通过大倾角扫描的方法得到的两套数据的主测线倾角属性切片，低频数据的倾角属性清晰地刻画了盐丘的边界。左边界按上倾计算，倾角为负值，切片上显示红色；右边界按下倾计算，倾角值为正值，切片上显示蓝色。

曲率属性是描述曲线弯曲程度的属性，可以有效反映线性特征、局部形状变化。在反映断层、裂缝、地貌形态变化方面，与其他属性方法效果对比，具有明显优势。

体曲率的计算方法是在倾角向量场的基础上进行的，可以理解为沿着反射轴计算曲率，所以曲率的结果受倾角属性的影响比较大。

笔者在该区应用了最正曲率和最负曲率对盐丘边界进行刻画，图 5-78 为应用图 5-77所示的倾角向量场计算的最负曲率，通过对比不难看出，低频数据的曲率属性刻画的盐丘边界清晰而连续，而去低频数据的曲率属性描述的盐丘边界在局部有模糊现象（粉色箭头），充分说明低频数据的几何属性对边界的描述更精准。

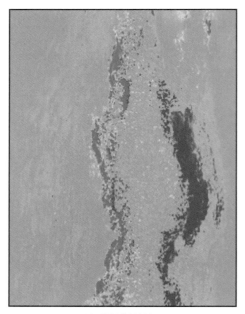

(a) 低频数据倾角　　　　　　　　　　(b) 去低频数据倾角

图 5-77　倾角属性时间切片

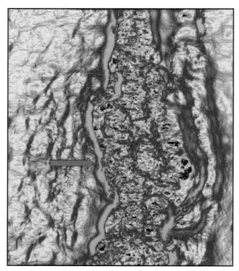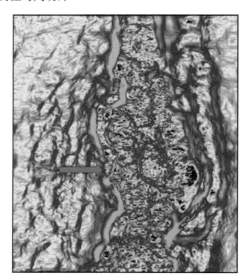

(a) 低频数据倾角　　　　　　　　　　(b) 去低频数据倾角

图 5-78　曲率属性时间切片

三、盐伴生构造刻画

滨里海盆地盐上层系发育齐全，为上二叠统—第四系，岩性主要是碎屑岩，厚5～9km。可以划分出大型的隆起区和坳陷区，由于含盐层系的上隆而在盐上层系形成许多正向构造[20]。空谷阶—三叠系多由陆源碎屑岩组成，颜色混杂，海相碳酸盐岩仅在盆地西部三叠系中分布，侏罗系—下白垩统主要为灰色的滨岸相沉积和杂色陆源沉积，上白垩统主要由石灰岩和粉砂岩组成，古近系—第四系主要为砂质泥岩和杂岩。

　　盐伴生圈闭大多与巨厚盐层的上隆有关（图5-79），类型多样，有与断层有关的断块圈闭和断背斜圈闭，有盐层遮挡的披挂式圈闭等[21]。盐上地层的继承性特征明显，构造格局呈凸凹相间的趋势。断层大多发育在盐丘上部，以正断层为主，基本上为北东向和北西向，圈闭发育在盐丘上部，圈闭类型为背斜圈闭、断块圈闭和断背斜圈闭[22]。

　　通过精细井震联合标定，运用构造导向滤波、曲率体分析等技术，完成了盐丘边界的刻画，以及侏罗系底、盐顶、盐底、三叠系底、P_2内幕5层目的层的构造解释。

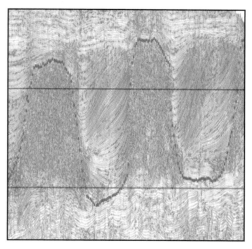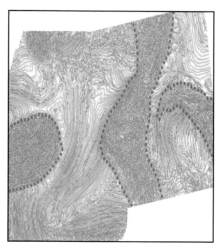

图5-79　相干剖面与切片识别盐丘和盐伴生圈闭

　　在精细构造解释的基础上，识别刻画各种类型的盐伴生圈闭，准确落实圈闭的发育范围及其规模。其中滨里海盆地主要发育盐上、盐间、盐内、盐下11种类型的圈闭（图5-80和图5-81）。

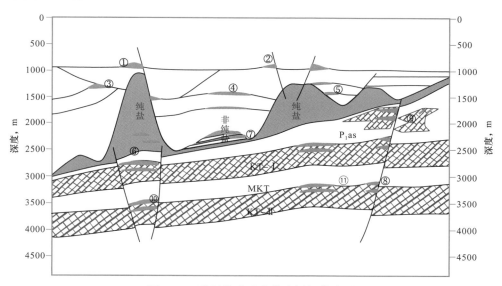

图5-80　滨里海盆地盐伴生圈闭模式图

盐上圈闭：①背斜圈闭，②断块圈闭；盐间圈闭：③不整合遮挡圈闭，④龟背斜圈闭，⑤盐顶、盐边侧向遮挡圈闭；盐内圈闭：⑥盐内包裹岩性圈闭，⑦碎屑岩与盐岩互层岩性圈闭；盐下圈闭：⑧断块圈闭，⑨生物礁，⑩地层—岩性圈闭，⑪断背斜圈闭

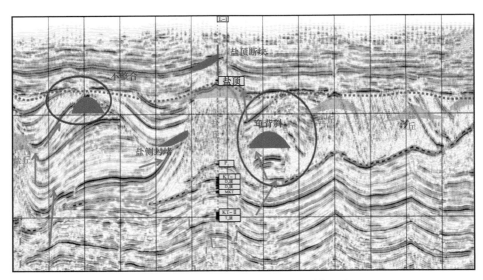

图 5-81　滨里海盆地盐伴生圈闭剖面图

　　盐内圈闭类型：盐内圈闭类型靠近烃源岩，断层沟通，为可能成藏的盐伴生圈闭研究类型。

　　盐上、盐间圈闭类型：为背斜和盐丘侧向披挂式，具有继承性，分布与盐丘有关，为盐丘上拱或刺穿形成。圈闭类型主要为背斜圈闭、断块圈闭、不整合遮挡圈闭、龟背斜圈闭、盐边侧向遮挡圈闭。

四、盐伴生构造评价

　　首先对发育的盐内圈闭盐上、盐间圈闭类型进行研究，通过对圈闭的包络面进行识别追踪，开展精细的构造解释和构造成图，落实圈闭规模（图5-82和图5-83）。

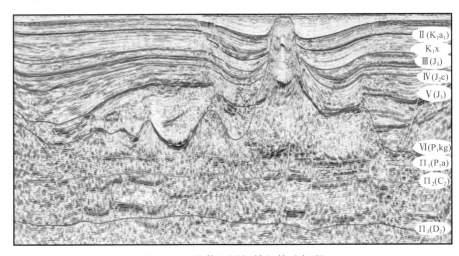

图 5-82　盐伴生圈闭精细构造解释

　　然后通过地震属性分析，运用谱分解技术、地震反演技术开展盐伴生圈闭储层预测工作，对盐伴生圈闭进行评价（图5-84）。

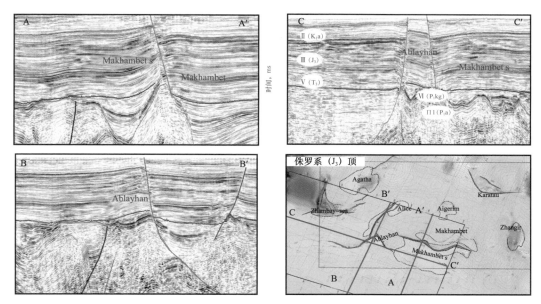

图 5-83　盐伴生构造落实及成图

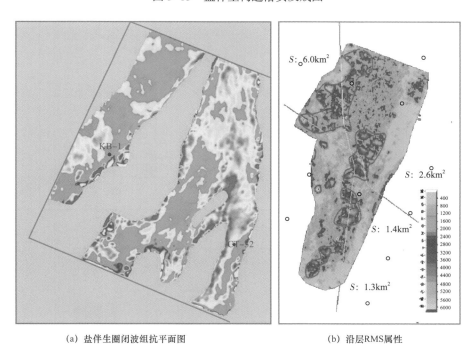

(a) 盐伴生圈闭波组抗平面图　　　　　　　(b) 沿层RMS属性

图 5-84　盐伴生圈闭评价图

　　根据整个滨里海盆地盐上钻井资料统计，地层从上二叠统—三叠系到侏罗系—新近系均以陆源碎屑沉积为主。主力含油气层中侏罗统和下白垩统的孔隙度一般为 17%～39%，渗透率则变化较大，最小低于 1mD，最大可达 3000mD，总体表现为中—高孔、中—高渗型。但盐上中生代烃源岩生烃潜力不大，盐上地层中发现的烃类主要来自深层盐下古生界烃源岩，由于巨厚盐丘的遮挡，所以在盐层发育较厚地区盐上地层圈闭具有一定的勘探风险。而在盐层较薄地区，盐下油气资源可以通过盐窗和盐焊接部位向上运移，在滨里海盆地已经发现了大量盐上油气田，如肯基亚克、库尔萨雷、塔日加利、马卡特、莫尔图克等。

通过盐上、盐间圈闭等盐伴生圈闭的研究，继续深化认识，总结盐伴生圈闭识别及盐伴生圈闭地震刻画技术，落实盐上、盐间圈闭规模（图 5-85、图 5-86，表 5-10）。滨里海盆地东缘刻画出 27 个圈闭。建议选择合适的位置对侏罗系进行录井。在滨里海盆地南缘发现 15 个盐伴生圈闭。面积大于 $50km^2$ 的圈闭有 8 个，总资源量 $2 \times 10^8 t$。

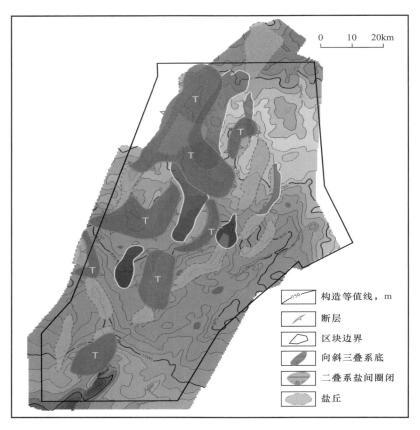

图 5-85　滨里海盆地东缘中区块伴生圈闭分布图

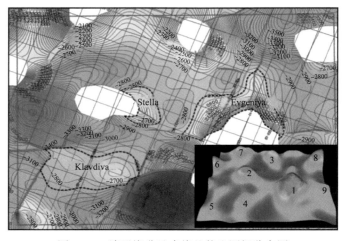

图 5-86　滨里海盆地南缘盐伴生圈闭分布图

表 5–10 滨里海盆地东缘盐伴生圈闭表

圈闭类型	圈闭数量，个	圈闭面积，km²
龟背斜圈闭	3	194.00
不整合—盐岩遮挡圈闭	8	771.30
断层遮挡圈闭	2	31.63
断块圈闭	14	311.00
合计	27	1307.93

第四节　盐下礁滩体识别与评价技术

阿姆河盆地盐下广泛发育礁滩体。这些礁滩体主要发育在大型堤礁向盆地方向的缓坡区，由于古地貌等的影响，其规模和厚度大小不一，预测难度大。

在盐膏岩与碳酸盐岩叠置模式建立的基础上，以礁滩体形成的古地貌背景为基础，以礁滩体厚度异常及内部反射特征为核心，以盐膏岩与碳酸盐岩叠置模式中的碳酸盐岩顶界面反射及上覆盐膏岩特征为线索，充分利用连片高精度三维地震勘探资料，形成了包括古地貌恢复、正演模型辅助解释、地震多属性、波阻抗反演、厚度镜像反射、地震波组特征、测井响应模式、等时地层切片、厚度镜相法等技术在内的盐膏岩下伏斜坡礁滩体识别配套技术。利用正演模拟、多属性分析与礁滩体成因分析有效开展了勘探目标优选，流程如图 5–87 所示。

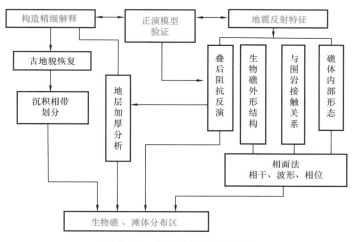

图 5–87　礁滩体识别流程图

一、礁滩体地震响应特征

为了研究礁滩体的地震响应特征，首先根据地震剖面、测井数据及 VSP 资料，建立与实际资料吻合的速度模型，并利用波动方程有限差分法进行模型正演，获得地震剖面，再与实际地震勘探资料进行对比，分析礁滩体在叠后地震勘探资料上的响应特征，为礁滩体的地震预测提供理论支持。

1. 模型正演分析礁滩体的地震特征

图 5-88 是阿姆河右岸地区过 Cha-21 井的主线 Line3260 的叠前偏移剖面及正演剖面，图中标识了 T_{12}、T_{14} 和 T_{16} 三个层位。Cha-21 井钻遇生物礁，其位于 T_{14} 层位的下方。根据地震、测井等数据建立了如图 5-89 所示的 Inline3260 的速度模型，其中的生物礁的顶界发育一套薄的伽马泥岩盖层（GAP 层），储层发育于生物礁的上部，其速度设定为 5300m/s。

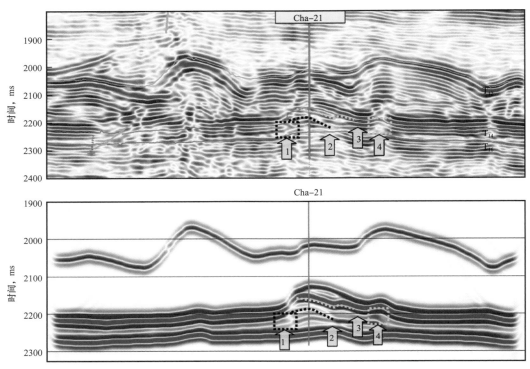

图 5-88　波动方程的数值模拟对比分析图（Inline3260）

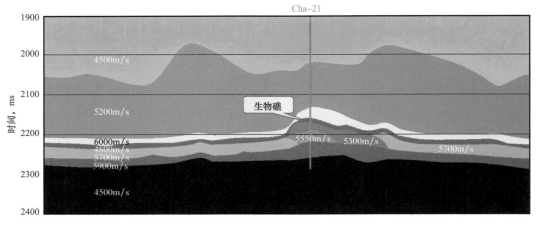

图 5-89　基于测井资料、地震剖面和反演结果建立的 Inline3260 的速度模型

对比分析了模拟记录与实际地震剖面的一致性，图 5-88 的上部为 Inline3260 的地震剖面，下部为模拟记录，清晰地模拟了生物礁的丘状隆起、内部弱成层性、边界调谐等现

象。图 5-88 中标识了生物礁的 4 个主要反射特征点：1 是生物礁左边界的调谐点；2 是生物礁内部的层状反射；3 是生物礁顶的隆起反射；4 是生物礁的右边界的调谐点。模拟记录的这些主要反射特征与实际地震剖面基本一致。

Inline3260 的数值模拟结果表明，该地震剖面上的生物礁的分布范围较小。下面进行 Inline2610 的生物礁的数值模拟，如图 5-90 所示的地震剖面上生物礁的分布范围较大，其分布范围介于 CDP1504—CDP1800 之间。图 5-90 中标识了 T_{12}、T_{14} 和 T_{16} 三个层位，Pir-21 井钻遇生物礁，其位于 T_{14} 层位的下方（T_{14} 为该生物礁的顶界面）。如图 5-90 所示的地震剖面上，可以看出生物礁的顶界面的反射或强或弱，内部有杂乱反射、空白反射、层状反射等，总的波场特征较复杂。

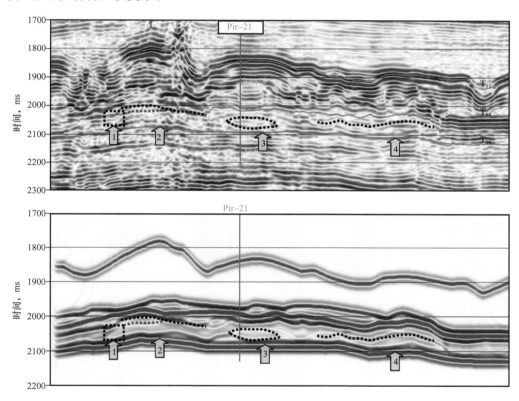

图 5-90　Inline2610 的数值模拟对比分析图

基于岩石物理分析资料和 Pir-21 井的测井资料，建立了如图 5-91 所示的 Inline2610 的速度模型。图 5-91 中的生物礁的顶界发育一套薄的伽马泥岩盖层（GAP 层），在图 5-91 中设定了 3 个储层：由左向右的第 1 个储层介于 CDP1504—CDP1560 之间（速度为 5300m/s），第 2 个储层介于 CDP1584—CDP1610 之间（速度为 5200m/s），第 3 个储层介于 CDP1704—CDP1800 之间（速度为 5250m/s），它们的速度均低于生物礁非储层段的速度。

对比采用波动方程数值模拟方法得到的正演记录，有效地模拟了储层顶底界面的中弱反射、生物礁顶非储层段的强反射、生物礁内部致密层顶界的层状反射，以及薄层调谐引起的杂乱反射等特征。图 5-90 中标识了生物礁的 4 个主要反射特征点：1 是生物礁左边界的调谐点；2是生物礁第1个储层的顶底反射；3是生物礁内部物性差异引起的层状反射；4是生物礁储层底界的反射。模拟记录的这些主要反射特征与实际地震剖面基本一致。

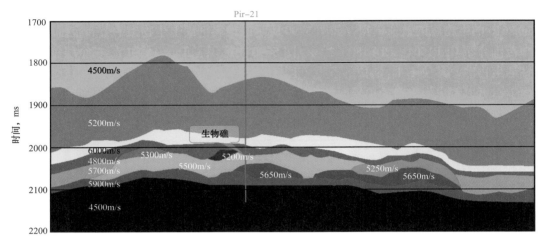

图5-91　基于岩心资料、测井资料和地震剖面建立的Inline2610的速度模型

通过典型生物礁模型的正演模拟剖面与实际地震剖面的对比分析，有效地模拟了生物礁储层与非储层的地震响应特征，为在地震剖面上识别生物礁提供了依据。研究区生物礁具有以下地震反射特征：（1）生物礁外形呈丘状隆起，两侧有调谐点；（2）生物礁顶部为中弱反射，内部由于岩性（或储层）物性差异，存在弱成层性；（3）位于生物礁上部的储层含气后速度降低，与上部泥岩盖层速度接近，所以储层顶界表现为中弱反射；下部生物礁灰岩存在物性差异，形成了生物礁内部的层状反射。

2.地震反射波形结构特征分析

生物礁是在特定的海洋地质环境中发育生长的，是造架生物从海底直立向上增殖而形成一个直立坚固的抗浪骨架，是其厚度在横向受限但很坚固的碳酸盐岩地质体。在波浪带筑起垂直幅度大于同期沉积的凸起构造，即与围岩形成明显的"地质不均匀体"。因此，生物礁体与其他正常沉积（体）具有明显区别的地质特征：（1）生物礁体由造礁生物组成，其内部结构具有一定的特殊性和杂乱性；（2）造礁生物具有原地生长堆积的特征，生物礁的发育对古地理环境要求较高，生长发育的范围有限，台缘斜坡是生物礁发育的有利场所；（3）生物礁体结构具有抗浪格架，外形上呈凸透镜、丘状或塔状，并突出于四周同期沉积物。生物礁独特的地貌、结构、构造和岩石学特征决定了来自生物礁的反射波振幅、频率、连续性等与围岩不同。因此，可以通过对生物礁外形特征、礁体内部结构以及与围岩的接触关系的分析来识别生物礁（图5-92）。

1）生物礁外形

生物礁厚度比同期四周沉积物明显增厚，因而在生物礁分布的层位上沿相邻两同相轴追踪时，厚度明显增大处则可能是礁块（或生屑滩）分布的位置。生物礁（滩）在地震剖面上的形态呈丘状或透镜状凸起，其规模大小不等。同期生物礁体内部因无明显的物性差异，且内部结构零乱，故礁体内地震相为空白或杂乱反射特征，称为生物礁地震反射"异常体"。因此，地震反射同相轴在时间剖面上出现"穿时"现象、反射界面间地层加厚、透镜状、杂乱弱反射，礁体顶部的上覆地层"披覆式反射"，下伏地层"上拉式反射"等是生物礁的显著地震响应特征（图5-93）。

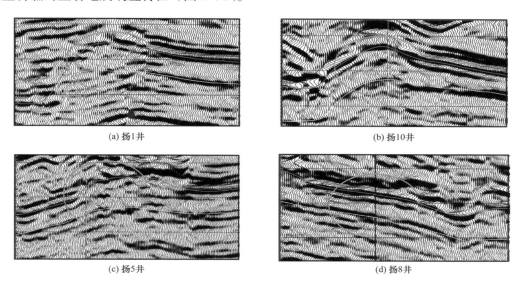

(a) 扬1井

(b) 扬10井

(c) 扬5井

(d) 扬8井

图 5-92　B区中部扬古伊区块生物礁中的异常体的地震响应特征

（a）丘状反射外形，顶底部能量较弱，礁体内部断续杂乱反射；（b）丘状反射外形，顶部能量弱，礁体内部弱反射，两翼非对称，有上超现象；（c）丘状反射外形，顶部能量较弱，礁体内部断续杂乱反射，有超覆现象；（d）平行反射外形，顶部能量较强，无礁体

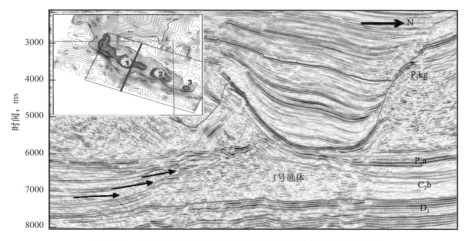

图 5-93　滨里海盆地B区块过1号生物礁体南北向剖面

2）生物礁顶、礁底反射界面

礁体顶面泥岩沉积薄，礁体与下石膏间为弱反射相位；而礁间GAP层沉积厚，泥岩和礁间石灰岩之间存在明显的波阻抗差，故出现强振幅反射相位。而礁体的底部由于多与砂泥岩接触，底部波阻抗差没有顶面那么大，故底部反射接口明显比顶部反射接口弱，且连续性也变差，甚至还可能出现断续反射现象。

3）礁体内部反射特征

生物礁是丰富的造礁生物及附礁生物形成的块状格架地质体，内部呈块状或杂乱状，成层性不强，故礁体内部呈杂乱反射。

4）礁体周缘反射特征

由于礁的生长速率远比同期周缘沉积物高，二者沉积厚度相差悬殊，因而出现礁翼沉积物向礁体周缘超覆的现象。

5）礁体上覆地层的披覆构造

因生物礁一方面其厚度比周缘同期沉积物明显增大，另一方面礁灰岩的抗压强度远比周围 GAP 层泥岩大，所以在礁体顶部由差异压实作用而产生披覆构造，其披覆程度向上递减。

生物礁所表现出的这些特殊的地震相反射结构特征，成为利用地震反射结构分析方法进行生物礁的地震识别和预测的基础。

以穿过阿姆河盆地 B 区中部扬古伊区块的北东向连井地震剖面图（Yan-10 井—Yan-6 井—Yan-1 井—Yan-11 井）为例（图 5-94）：

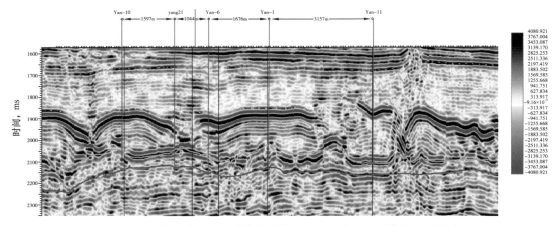

图 5-94　阿姆河盆地 B 区中部扬古伊区块地震剖面上礁体的地震响应

1）Yan-1 井区、Yan-10 井区为生物礁发育区，地震反射整体呈丘状结构，顶部为中弱反射振幅特征，礁体内部呈杂乱反射；

2）Yan-11 井地震反射都表现为强反射特征，没有明显生物礁地震识别标志；

3）Yan-1 井—Yan-10 井一线，生物礁发育，其地震反射特征表现为整体呈丘状结构，地层反射时差（厚度）较两侧明显增大，特征清楚。

阿姆河盆地 B 区中部主要位于桑迪克雷隆起构造带，卡洛夫阶—牛津阶发育斜坡相生物礁滩体。礁滩体发育区礁碳酸盐岩顶面地震反射横向连续性差，反射能量弱，顶面呈丘形或透镜状；内部为杂乱或断续弱反射；周边向礁体方向有上超现象；底面为中弱振幅、中等—断续反射特征，礁滩储层发育区底面较难识别。非生物礁滩发育区（礁间）为强反射、连续性好。整体碳酸盐岩地层厚度变化大，生物礁滩发育区地层厚度明显增加，如图 5-95 所示。

3. 礁滩体与周缘盐膏岩叠置关系

对阿姆河右岸钻井的碳酸盐岩厚度和下石膏厚度的统计表明，中部地区下石膏厚度存在异常，礁体之上下石膏厚度大，而礁间下石膏厚度薄。过别皮滩体的地震剖面经 Ber-21

井下石膏厚度明显增厚（图5-96），与平面上该滩体上下石膏厚度异常特征一致。石膏与碳酸盐岩沉积特征相似，在地貌相对较高的部位，沉积厚度也较大，形成礁滩体上方发育的"石膏帽"。

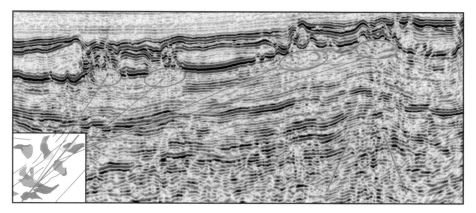

图5-95　阿姆河盆地过B区中部点礁或滩相任意线剖面——斜坡相

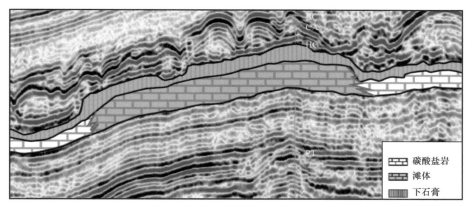

图5-96　别皮礁滩体上覆下石膏厚度明显增大
BC—上部盐层的底；CA—中部石膏的底；HC—下部盐层的底；PT—二叠—三叠的底

通过对盐膏岩沉积特征研究，海水在浓缩过程中，依次析出方解石、石膏、石盐等。盆地碳酸盐岩沉积后，演变成封闭蒸发盐潟湖，海水浓度变大，石膏开始析出。在石膏初始沉积阶段，盆地卤水纵向上存在浓度梯度，表层石膏浓度大，底层石膏浓度小。在石膏沉淀过程中，由于礁滩体上方为水下隆起，浓度较高被溶解得少；礁滩间低洼部位卤水饱和度低，石膏多被溶解；当低洼部位低于石膏溶解面时，甚至无法沉积。随着海水进一步浓缩，卤水均达到石膏沉淀浓度，石膏进入整体沉积阶段，不再被溶。因此礁滩体上方石膏沉积厚度大，礁滩间厚度薄，形成了礁滩体上方覆盖的"石膏帽"。进入石盐沉积阶段后，右岸填平补齐，在礁滩体两侧低洼部位形成了"眼球"状下盐。

利用模型正演，模拟礁滩体与上覆地层叠置关系以及地震响应特征，建立了盐膏岩与礁滩体叠置模式（图5-97）。在相对深水区礁滩体上，下石膏与碳酸盐岩厚度同相增厚、发育厚层的"石膏帽"。在礁滩体两翼由于地势较低，沉积厚层的盐岩，在后期沉积和揉皱变形作用下，形成下盐"盐眼球"。

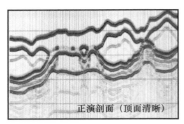
正演剖面（顶面清晰）

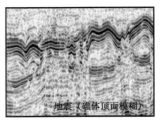
地震（礁体顶面模糊）

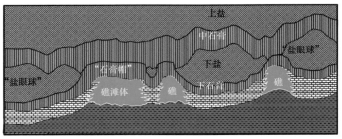

图 5-97　缓坡礁滩体与盐膏岩典型叠置样式

二、礁滩体地质地震综合识别

1. 古地貌恢复和地层厚度识别法

生物礁滩体的发育往往与古地貌形态密不可分：一方面，相对深水区古地貌高部位常常是礁滩体发育优先选择生长的有利位置；另一方面，礁滩体的发育在地貌上又形成一个相对高的隆起，形成的地貌高往往代表着礁滩体发育的主体部位（图 5-98 和图 5-99）[23]。因此研究地层或地质构造的发育历史，恢复古地貌和古地理环境有助于识别生物礁的位置和分布范围。其做法是在地震剖面上将最靠近地震反射异常体的上覆地层中比较稳定的标准地震反射同相轴拉平，观看地震反射异常体是否处于生物礁发育的古地貌有利部分，目标层段是否有地层加厚现象。图 5-100 展示了 B 区块的下二叠统亚丁斯克阶（P_1a）拉平后的地震剖面。从剖面上看，礁体底部（D_3）具有古隆起构造背景，周边凹陷碎屑岩沉积厚度大；C_2 层碳酸盐岩厚度增大，P_1a 碎屑岩厚度变薄；礁体内部反射杂乱，周边地层同相轴连续并上超在礁体侧翼。此外周边发育规模碳酸盐岩生物礁建造（如 Kashagan、田吉兹等）[24]。

生物礁滩体的发育厚度大多与上覆的下盐厚度呈镜像关系，碳酸盐岩厚度大时，下盐厚度薄，反之亦然。图 5-101 为碳酸盐岩厚度图，图中紫色、浅蓝色表示碳酸盐岩厚度薄，黄色、绿色表示碳酸盐岩厚度大。图 5-102 是 B 区中部下盐厚度图，图中黑灰色表示下盐厚度大，红色表示下盐厚度小，这与图 5-101 碳酸盐岩厚度正好是镜像反映。B 区中部地层厚度变化研究表明，地层厚度与沉积相带和古地形存在良好的对应关系。在地震剖面上，地层厚度的变化主要表现为反射时差和相位数的变化。

从 B 区中部下盐地震反射时间厚度与礁体叠合分布图看（图 5-103），礁体侧翼下盐厚度大的一侧能形成礁体的侧向封堵和遮挡，这样的礁体一般是高产井。从下石膏地震时间厚度与礁体叠合分布图看（图 5-104）：一般礁体处于高部位，其上面易于沉积下石膏，下石膏在地震反射特征上也是杂乱反射，这样给礁体的识别带来一定的困难，往往礁体发育的高部位下石膏也比较厚。

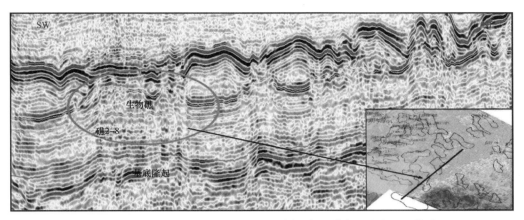

图 5–98　B 区中部杨东斜坡 Line3943 剖面古地貌高上发育的生物礁

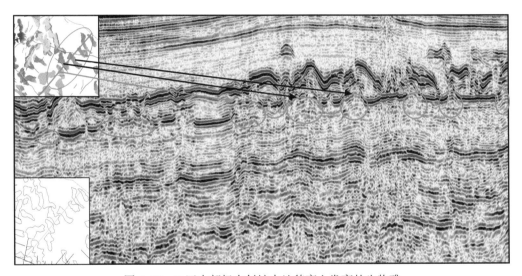

图 5–99　B 区中部杨东斜坡古地貌高上发育的生物礁

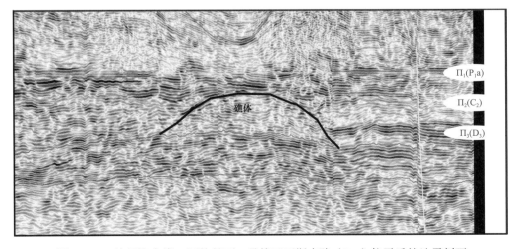

图 5–100　滨里海南缘 B 区块的下二叠统亚丁斯克阶（P_1a）拉平后的地震剖面

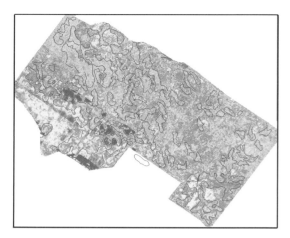

图 5-101　B 区中部碳酸盐岩厚度与礁体

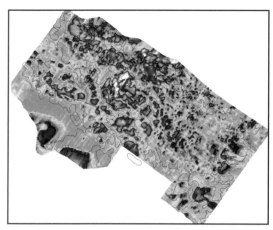

图 5-102　B 区中部下盐厚度与礁体

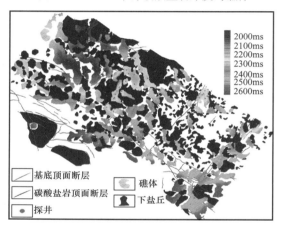

图 5-103　B 区中部地震异常体与上覆盐丘配置关系叠合图（深蓝色为下盐丘）

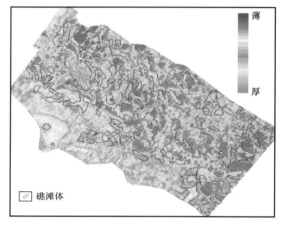

图 5-104　B 区中部地震异常体与下石膏厚度叠合图

2. 非连续性地震属性识别技术

地震属性能够比较直观地反映地质特征，从大量的地震属性中优选反映生物礁滩等地质异常体的地震属性，可以从横向上定性的分析礁滩体分布，确定礁滩体边界。

从滨里海盆地南缘 B 区块盐下地震剖面的瞬时相位和反射强度 × 瞬时相位余弦等属性（图 5-105）来看，礁体特征明显。对 B 区块盐下台地的范围应用地层厚度及波形分类地震相分析等方法进一步刻画。从 B 区块盐下中石炭统等厚图（图 5-106）、地震相图（图 5-107）及波形相关性图（图 5-108）综合来看，地层厚度加厚部位与地震相图急剧变化和波形相关性差的范围基本一致。

以阿姆河右岸区块碳酸盐岩层顶即卡洛夫阶—牛津阶顶界（T_{14}）为参考层，结合钻井地层厚度，对属性进行提取。通过属性敏感度分析，并结合钻井情况，主要选取了能够指示岩性变化的均方根振幅属性，显示地震相分布的波形分类属性和反映礁体与围岩关系的相干体属性进行分析，以期预测本区礁滩体的展布情况。

1）波形分类属性

由于生物礁滩体特殊的地震反射结构，其地震波形特征不同于周边围岩的地震反射。通过研究地震波形变化信息，可以有效进行礁滩体的预测。

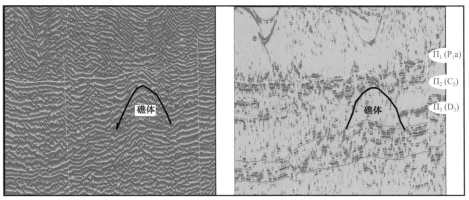

（a）瞬时相位 （b）反射强度×瞬时相位余弦

图 5-105 滨里海南缘 B 区块过礁体地震属性剖面图

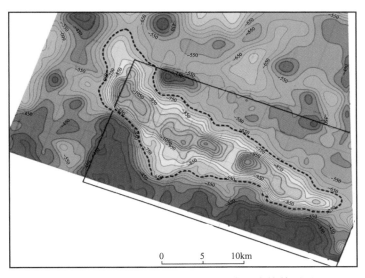

图 5-106 滨里海南缘 B 区块盐下中石炭统等厚图

图 5-107 滨里海南缘 B 区块盐下中石炭统
地震相图

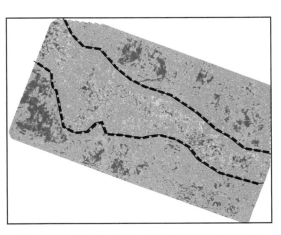

图 5-108 滨里海南缘 B 区块盐下中石炭统波形
相关性图

图5-109为阿姆河右岸B区块的波形分类属性图。结合地震剖面和已钻井情况的分析，图中黑色与绿色为背景，为岩层致密区域；而黄色与红色则为可能的礁滩发育区域。对黄色与红色展示的区域，大致可分为两种类型：一种是条带状；一种则是团块状或是扇形。条带状分布的礁滩发育带主要集中在B区中部的坦格古伊—鲍塔—别列克特利—皮尔古伊—扬古伊—恰什古伊—基尔桑—霍贾姆巴兹北部，其地震相特征相似；团块状或是分枝状的礁滩发育带主要集中于B区中部奥贾尔雷—别希尔—霍贾姆马兹南部，其地震相特征相似。这二者应该属于不同类型的沉积环境。

2）均方根振幅属性

图5-110为阿姆河右岸B区块碳酸盐层顶均方根振幅属性图。图中绿色、黄色、红色为低振幅的表示；背景为深蓝色，表示较高振幅。阿姆河右岸B区的储层主要为礁滩沉积，储层发育的区域，振幅显示为低异常。图5-110中低振幅异常区域呈有规律的分布，在坦格古伊—鲍塔—别列克特利—皮尔古伊—扬古伊—恰什古伊—基尔桑—霍贾姆巴兹北部一带，呈条带状分布，而在奥贾尔雷—别希尔—霍贾姆巴兹南部带呈分枝状分布。根据振幅属性所预测的储层范围与地震剖面上所表现的振幅异常范围基本一致。均方根振幅也可以很好识别礁核、礁翼等微相。如图5-111中红色为低振幅，代表礁核；黄绿色为中等振幅，代表礁翼；深蓝色为高振幅，代表礁间沉积。

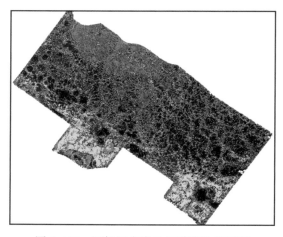 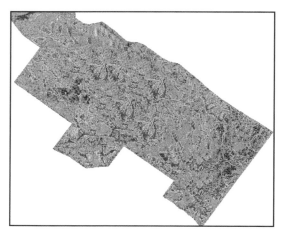

图5-109　阿姆河右岸B区碳酸盐岩层顶
波形分类属性图

图5-110　阿姆河右岸B区中部碳酸盐岩层
顶均方根振幅属性图

3）相干体属性

从相干沿层切片上分析（图5-112），扬1井、扬6井、扬10井等礁滩体发育的井均分布在相干性较弱的地方，不发育礁滩体且储层不好的井分布在高相干的区域。结合地震剖面，可以在平面上追踪可能的生物滩体的分布范围：扬1井生物礁滩相碳酸盐岩呈北西向条带展布；扬10井的礁滩体呈北西向条带展布；在扬5井，区域相干性较弱的区域主要呈北东向展布，该区生物礁滩相碳酸盐岩呈北东向展布。

在构造解释和生物礁滩储层地震响应特征分析的基础上，综合叠后波阻抗反演、属性分析、地震相分析、古地貌恢复、地层厚度及上覆膏盐层变形特点，对阿姆河右岸B区中部总共解释73个地震地质异常体，面积1229km²（图5-113）。

3. 礁滩体评价技术

以礁滩体成因分析为基础，结合沉积相、沉积微相及断裂分布评价储层类型与质量，从礁滩圈闭演化和侧向封堵条件评价其有效性，利用构造高点在礁滩体所处位置评价其产能大小。以阿姆河右岸为例，该技术有效指导探井、开发井部署。

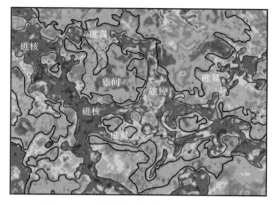

图 5-111　阿姆河右岸扬恰地区碳酸
盐岩层均方根振幅属性图

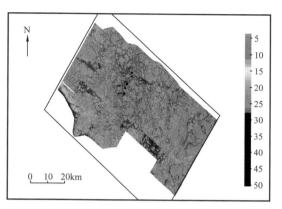

图 5-112　阿姆河右岸中部沿碳酸盐
岩顶界相干属性图

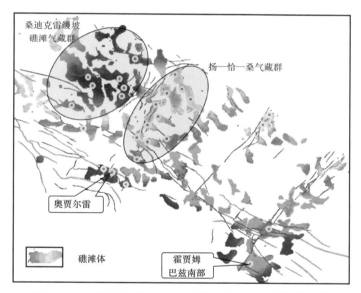

图 5-113　阿姆河右岸 B 区中部地震异常体与断裂叠合图

1）礁滩体地质成因与分布

阿姆河右岸发育潮流改造隐伏古隆起上的生屑滩体、潮流改造的沉积坡折带礁滩复合体、隐伏地垒断块上的礁滩体、隐伏掀斜式断块上的礁滩体等 4 种成因台缘斜坡礁滩体（图 5-114），合理解释了阿姆河右岸中部垂直于沉积相带的条带状储集体是潮流改造而形成。结合沉积相展布对礁滩储层进行初步评价，指出上斜坡② 类储层最优，下斜坡⑤ 类储层最差（图 5-115）。

2）圈闭有效性

在构造演化分析基础上，利用礁滩体分布、碳酸盐岩顶面构造、气源断层分布、下盐"盐坑"分布叠合图进行圈闭有效性评价。

以阿姆河右岸为例，中部扬古伊断裂以西发育大面积的缓坡礁滩群，裂缝—孔隙型储层平面非均质性、圈闭形成及气藏分布特征主要受缓坡礁滩体控制，继承性发育构造岩性圈闭更加有利于天然气聚集，围斜部位下盐盐丘有效遮挡是圈闭形成必要条件。

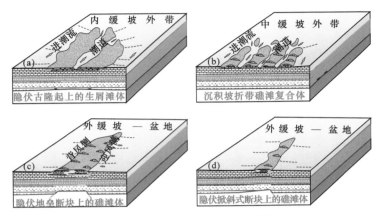

图 5-114　阿姆河右岸礁滩成因类型

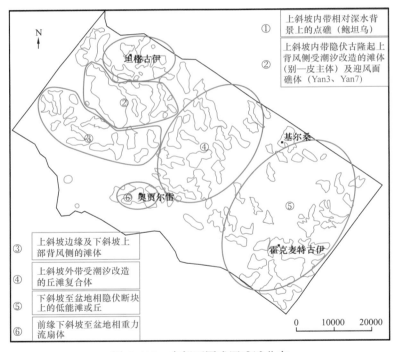

图 5-115　中部不同成因礁滩分布

　　继承性构造上覆礁滩体发育，储层条件较好，天然气成熟后优先聚集成藏，新近纪继承性隆升，油气成藏条件好；新生小型构造无基底古构造背景，礁滩体发育条件差，储层条件相应较差，后期构造调整过程中，缺乏油气运移通道，因此成藏条件也相对较差。

　　围斜部位下盐盐丘有效遮挡是圈闭形成必要条件。如奥贾尔雷地区上倾方向上巨厚盐丘遮挡及上覆膏盐岩盖层的组合，形成了高产气藏（图 5-116 和图 5-117）。而在上倾方向盐岩未形成有效封堵，或构造圈闭幅度很小，试井结果常常为微气井、干井或产水井，如桑迪克捷佩构造的 Sand-21 井。

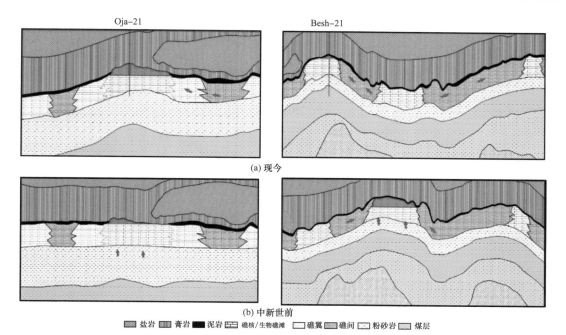

(a) 现今

(b) 中新世前

盐岩　膏岩　泥岩　礁核/生物礁滩　礁翼　礁间　粉砂岩　煤层

图 5-116　阿姆河右岸中部奥贾尔雷气田与莫拉朱玛构造演化模式图

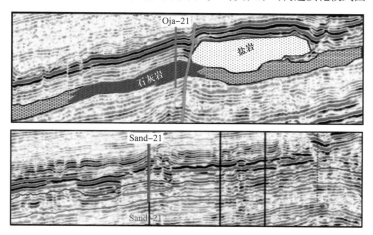

图 5-117　奥贾尔雷地区过 Sand-21 井地震剖面图

3）产能评价

缝洞型礁滩储层产能高，连通基底断层含气性强，充注不足低部位为水井，礁滩间多为干井或低产井。

阿姆河右岸气井分布受礁滩体控制：在礁滩体上多为气井或者气水井，礁间多为低产井或者干井。例如别皮气田主滩体 Pir-21、Ber-21、Ber-22 井测试均获得高产，Pir-22 井和 Pir-23 井由于处于构造低部位，测试产气在 100m³/d 以上，Pir-4 井和 Pir-5 井处于礁间，测试产气小于 10×10^4m³/d；鲍坦乌气田区发育较为典型的单体生物礁（图 5-118），现今构造为隐伏构造高与礁体厚度异常的叠加效应，气藏主要分布于构造高部位的礁体发育区，位于礁间的 Tan-1、Tan-7、Tan-10、Bota-2 井为干井；Ila-21 井未钻遇礁滩体，12.7mm 油嘴测试 10.6×10^4m³/d。

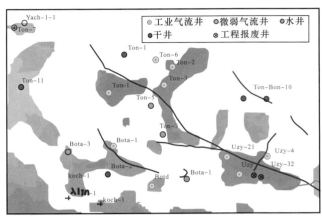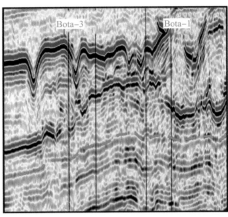

图 5-118　鲍坦乌气田礁体、碳酸盐岩顶面构造与气水井分布图

高产井多分布于逆冲断层和礁滩体叠合区：10 口测试产量高于 $100 \times 10^4 m^3/d$ 的井中有 7 口井临近逆冲构造主控断层，断层断至基底，断距大，碳酸盐岩侧向与盐膏岩封堵，沿逆冲断层不仅发育构造裂缝，而且深部流体和 TSR 反应酸性流体对礁滩储层进一步改造，形成缝洞型的储层，例如 Yan-21、Yan-22、Tel-21、Gir-22 和 SHojb-21 井等。

参 考 文 献

[1] 代双河，高军，臧殿光，等. 滨里海盆地东缘巨厚盐岩区盐下构造的解释方法研究 [J]. 石油地球物理勘探，2006，41（3）：303-307.

[2] 高军，刘雅琴，于京波，等. 滨里海盆地东缘中区块盐下构造识别与储层预测 [J]. 石油地球物理勘探，2008，43（增1）：98-102.

[3] 彭文绪，王应斌，吴奎吗，等. 盐构造的识别、分类及与油气的关系 [J]. 石油地球物理勘探，2008，43（6）：689-698.

[4] 杨敬磊，李振春，叶月明，等. 地震照明叠前深度偏移方法综述 [J]，地球物理学进展，2008，23（1）：146-152.

[5] 刘文卿，王西文，刘洪，等. 盐下构造速度建模与逆时偏移成像研究及应用 [J]. 地球物理学报，2013（2）：616-625.

[6] 赵明章，范雪辉，刘春芳，等. 利用构造导向滤波技术识别复杂断块圈闭 [J]. 石油地球物理勘探，2011，46（A01）：128-133.

[7] 梁爽，王燕琨，金树堂，等. 滨里海盆地构造演化对油气的控制作用 [J]. 石油实验地质，2013，35（2）：174-178，194.

[8] 徐洪斌，等. 地层、岩性油气藏地震勘探方法与技术 [M]. 北京：石油工业出版社，2012：285-287.

[9] 梁爽，郑俊章，张玉攀. 滨里海盆地东南缘晚古生代碳酸盐岩台地特征及控制因素 [J]. 地质科技情报，2013，32（3）：52-58.

[10] 裘亦楠，薛书浩. 油气储层评价技术 [M]. 北京：石油工业出版社，1997.

[11] 刘洛夫，郭永强，朱毅秀，等. 滨里海盆地盐下层系的碳酸盐岩储集层与油气特征 [J]. 西安石油大学学报（自然科学版），2007，22（1）：56-57.

[12] 武站国，张凤敏，孙广伯，等. 千米桥潜山碳酸盐岩凝析气藏储层评价方法 [J]. 天然气地球科学，

2003, 14（4）: 267-278.

［13］赵中平, 牟小清, 陈丽. 滨里海盆地东缘石炭系碳酸盐岩储层主要成岩作用及控制因素分析［J］. 现代地质, 2009, 23（5）: 828-834.

［14］刘洛夫, 朱毅秀, 熊正祥, 等. 滨里海盆地的岩相古地理特征及其演化［J］. 古地理学报, 2003, 5（3）: 279-290.

［15］金树堂, 等. 滨里海盆地东缘晚古生代层序地层与沉积相［M］. 北京: 石油工业出版社, 2016.

［16］刘春园, 魏修成, 朱生旺, 等. 频谱分解在碳酸盐岩储层中的应用研究［J］. 地质学报, 2008, 82（3）: 428-432.

［17］张晓燕, 彭真明, 张萍, 等. 基于分数阶 Wigner-Ville 分布的地震信号谱分解［J］. 石油地球物理勘探, 2014, 49（5）: 839-845.

［18］洪余刚, 赵华, 梁波, 等. 利用地震属性聚类分析技术预测辽河油田有利油气聚集带［J］. 西安石油大学学报（自然科学版）, 2007, 22（4）: 35-39.

［19］孙炜, 王彦春, 李玉凤, 等. 基于地质统计学反演的碳酸盐岩孔缝洞预测研究［J］. 现代地质, 2012, 26（6）: 1258-1264.

［20］刘洛夫, 朱毅秀, 张占峰, 等. 滨里海盆地盐上层的油气地质特征［J］. 新疆石油地质, 2002, 23（5）: 442-447.

［21］刘文彬, 王随继. 构造的形成时代及含油气性——以滨里海盆地为例［J］. 天然气地球科学. 1993, 6（5）: 119-123.

［22］史丹妮, 杨双. 滨里海盆地盐岩运动及相关圈闭类型［J］. 岩性油气藏, 2007, 19（3）: 73-79.

［23］黄先平, 张健, 谢芳, 等. 鲕滩储层预测技术、流体识别方法在川东北地区飞仙关组天然气勘探中的应用［J］. 中国石油勘探, 2003, 8（1）: 41-51.

［24］C&C Reservoirs. Zhanazhol Field, North Caspian Basin, Kazakhstan. Reservoir Evaluation Report, 2003.

第六章　含盐盆地勘探实践与成效

含盐盆地油气成藏理论研究及其勘探技术针对性的技术攻关，有效地指导了中国石油区块的勘探发现，并在实践中不断完善和优化技术方法与流程，既取得了良好的勘探效益，又具有推广价值[1]。经过"十一五"和"十二五"的攻关与实践，在滨里海、阿姆河等盆地获得重要发现，扩大了国家影响力，提升了公司价值和竞争力，为"十三五"发展奠定了坚实的物质和技术基础。

第一节　滨里海盆地勘探策略与部署

哈萨克斯坦共和国油气资源丰富，是中亚国家主要的石油生产国。该国紧邻中国，是中国最直接最现实的油气能源保障，已经建成了中亚天然气、中哈原油、中哈天然气等重要的战略能源通道，有效地保障了中国国内能源安全。哈萨克斯坦油气资源主要分布在滨里海盆地，目前已经发现了 200 多个油气田，探明原油可采储量超过 $40 \times 10^8 t$，天然气 $5.1 \times 10^{12} m^3$。

埃克森美孚公司、英国石油公司、荷兰皇家壳牌公司、道达尔公司、埃尼国家石油公司、雪佛龙公司等国际石油公司均在滨里海盆地开展油气合作，中国石油于 1997 年在哈萨克斯坦才开始第一个油气合作项目——阿克纠宾油气股份公司，油气资产位于滨里海盆地东缘（图 6-1），油气藏类型复杂，多家外国石油公司勘探未获得商业发现而退出[2]。中国石油获得该区块时，只有二维地震勘探资料（图 6-2），由于国内当时也缺乏成熟的技术可以借鉴，因而难度极大。

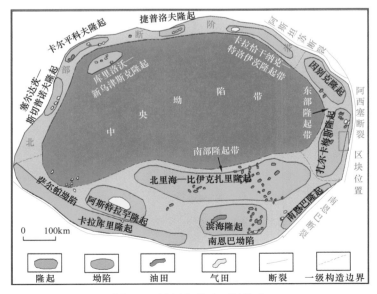

图 6-1　滨里海盆地区域构造

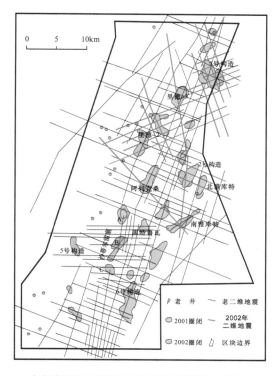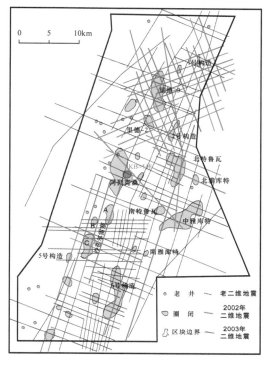

（a）滨里海盆地东缘中区块2002年勘探程度与部署图　　（b）滨里海盆地东缘中区块2003年勘探程度与部署图

图 6-2　阿克纠宾合作区块初期勘探概况

2002 年中国石油与哈萨克斯坦政府签订"滨里海盆地东缘中区块风险勘探"合同，这也是中国石油在中亚俄罗斯地区签订的第一个风险勘探合同。合同区总面积 3262km²，该区块二叠系发育盐丘，盐丘厚度 100～2600m，勘探目的层为盐下的碳酸盐岩储层（图6-3）[3]。中国石油接手时，多家外国石油公司经过近百年多轮勘探，打了 18 口干井，未获得勘探发现，均认为该区域没有规模勘探的潜力，因此纷纷退出。

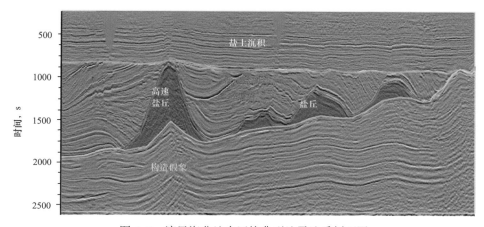

图 6-3　滨里海盆地中区块典型地震地质剖面图

中国石油的海外团队没有被困难吓倒，而是通过精心的研究、科学的论证，大胆突破前人的固有观点，找准了"速度变异"这个瓶颈问题，坚定了寻找盐下大构造的信心。通过多轮攻关，基本解决了盐丘速度变异问题，在区块东缘两个盐丘之间发现了北特鲁瓦。部署的第一口井即获得高产工业油流，从而发现了 3P 储量达 2.4×10^8t 的北特鲁瓦整装大油田，探明可采储量发现成本仅为 1.02 美元 /bbl。该油田是哈萨克斯坦独立近 20 年来陆上最大的油气发现，极大提升了中国石油的声誉和国际竞争力，也为中哈原油管线稳定运行提供了后备资源[4]。

一、勘探策略与部署

1. 勘探策略

中方进入中区块之前，该区已完成二维地震约 4000km（但有数据体的测线仅有 2000km），测网密度 0.5km×0.5km 至 3km×3km。

近百年的勘探实践表明，滨里海盆地是一个油气富集的古生代克拉通边缘断陷和中生代整体坳陷的复合盆地。通过对研究区内已有的二维地震勘探资料和已钻的 18 口井资料进行初步评价，认为区块的勘探机遇与挑战并存，其机遇大于挑战。经过综合评价研究，认为区块的勘探前景主要表现在以下几个方面。

（1）烃源岩明确。本区存在三套烃源岩，即石炭系巴什基尔阶、莫斯科阶和二叠系阿瑟尔阶底部。

（2）主要目的层清楚。本区存在四套目的层系：下二叠统砂岩或（和）碳酸盐岩、上石炭统 KT–Ⅰ 段和下石炭统 KT–Ⅱ 段的碳酸盐岩以及下石炭统维宪阶砂岩。

储层主要分布在滨浅海环境下的局限台地、开阔台地相的生物碎屑灰岩中，储层的储集空间主要为各类溶蚀孔隙、孔洞。

① KT–Ⅰ 段：岩性主要为生物碎屑灰岩、细晶白云岩、泥晶灰岩、泥晶白云岩等；储集类型以孔隙、孔洞及裂缝为主；孔隙度为 10%～16%，渗透率为 60～140mD。

② KT–Ⅱ 段：岩性主要为生物碎屑灰岩、内碎屑灰岩、团块灰岩等；储集空间以孔隙性为主；孔隙度为 12%，渗透率为 12～50mD。

（3）盖层条件优越。KT–Ⅰ 段之上有巨厚的下二叠统泥岩和盐岩层可以成为盐下油气藏的有效盖层，且分布稳定。

（4）该区块长期处于油气优势运移路径之上。区域研究结果表明，该区隆起部位，存在三个区域性假整合—不整合：巴什基尔阶与莫斯科阶之间、莫斯科阶与卡西莫夫阶之间、格舍尔阶和下二叠统阿瑟尔阶之间，为盆地内油气的运移提供重要通道。

（5）从已发现的油气藏看，该区主要为构造油气藏以及构造控制下的岩性油气藏。而岩性油藏内幕包括了以下诸多油气藏类型：① 岩溶—假整合—风化壳破碎带（包括喀斯特溶洞）油气藏；② 透镜状岩性油气藏；③ 淋滤蚀变的岩性油气藏；④ 白云岩油气藏；⑤ 岩溶岩（包括海滩岩）油气藏。

（6）初步识别出 18 个盐下圈闭，从已知扎纳若尔油田地质条件类比评价区块资源量，预测圈闭资源量约 3.3×10^8t。

尽管有上述有利条件，但勘探面临如下严峻挑战：

① 盐丘多、规模大，盐间和盐上存在大倾角高速层，盐下成像差，圈闭识别难[5]；

② 中区块不发育礁相碳酸盐岩储层，以原生孔和裂缝为主，预测难度大；

③ 前作业者累计钻探了 18 口井均未获得工业油气流，成藏条件不清。

2. 勘探决策及部署

针对中区块油气勘探的上述有利条件和技术难题，在决策和部署前，开展了先前综合油气地质、成藏条件和勘探技术研究，为决策部署提供了重要的理论和技术支持。

1）主要地质研究与认识

勘探区块位于盆地东缘隆起带。研究认为该区块地质风险主要来自两方面：盐下构造落实程度及储层预测。

构造上主要是受二叠系空谷阶巨厚盐丘的影响，使得盐下石炭系目的层反射特征不清楚，同相轴不连续，反射能量较弱，不仅给解释工作也给储层预测工作带来困难。现在的钻井都证实了盐下圈闭的存在，但幅度的确受到盐丘的影响，统计结果表明中区块每1000m 的盐丘可以引起 40～63ms 的盐下地层上拉。同时盐下弧型断层的存在干扰了对盐下真实断层的剖面解释，加大了对盐下断层识别的难度，研究中必须结合多种技术方法综合分析，才能去伪存真。地震勘探资料上盐丘边界不清楚，不仅影响了对盐丘的认识，而且由于对盐丘边界认识的差异必定造成盐下构造识别的不同；上二叠统地层岩性变化（盐丘和围岩）较大，因此给时深转换带来很大困难；储层表现在非均质性是非常强的，储层分布分散、单层厚度小，储层预测难度很大；岩溶发育区的分布也是变无定数，井与井之间的距离较大，储层预测更是难上加难。

中方进入后，经区域到区带含油气系统研究认为：首先，油源存在，除已证实的盆内成熟烃源岩外，古乌拉尔洋被动边缘也可能发育烃源岩；其次，礁体虽不发育，但台地相碳酸盐岩也可能作为储层，盆地西南部阿斯特拉罕巨型气田即为该类储层；最后，即使不发育大型构造，构造—岩性复合型圈闭在碳酸盐岩地层中也已在其他地区被证实。在近10 年的勘探研究中主要开展了盆地区域研究、区块构造识别和构造演化研究、沉积体系研究、储层预测、烃源岩研究、成藏组合研究、区带划分与评价、勘探部署等八个主要方面的研究。从区域板块运动到局部圈闭的形成，从宏观的地层展布到微观的孔渗分析，在石油地质理论指导下，科学、系统、深入的综合研究为该区油气勘探的发现奠定了坚实基础。

中区块盐下古生界碳酸盐岩勘探的各个环节中应用的较成功的关键技术与成果总结如下，供今后类似地区油气勘探借鉴。

（1）区域研究和已发现油气田石油地质条件的分析。

滨里海盆地下二叠统空谷阶普遍发育一套盐岩层，该套地层是盆地内良好的区域性盖层，同时也把盆地分为盐上和盐下两大复合成藏组合[6]。在滨里海盆地东部地区，盐上共发现 8 个油田，探明石油可采储量 7240.9×10^4t。盐下发现了 11 个油田，探明石油可采储量为 3.311×10^8t，是盐上已探明石油可采储量的 4～5 倍，说明盐下下二叠统—石炭系是本区的主要勘探开发目标。目前在滨里海盆地发现的油气储量中 90% 来自盐下组合。根据勘探经验和油气地质研究结果，建立了"坚持勘探盐下寻找规模油气藏"的勘探思路。

（2）盐下碳酸盐岩储层研究

盐下碳酸盐岩储层受沉积、成岩、构造等影响，纵、横向储层发育非均质性严重，准确预测优质储层的分布是需要攻克的一个技术难点。以下的储层分析和预测技术在中区块的储层评价预测中取得了良好的效果[7]。

① 首先开展碳酸盐岩层序地层分析。根据有关层序地层学的基本原理，在地层、沉积相研究及构造综合分析的基础上，重点通过岩性剖面、测井和地震勘探资料的综合研究，把石炭系主要目的层进行了层序划分。通过对每个小层的解剖，从而确定生、储、盖的变化规律。储层主要发育于三级层序高位体系域的中上部，少数在高位体系域下部。横向上储层连通性比较差，呈透镜状分布。

② 其次开展古沉积环境分析。从中区块石炭系储层的实际情况出发，精细的地质描述、测井处理解释、先进的测试技术和大量实验室分析化验资料相结合，建立了适合于该区的沉积相模式，详细划分了主要目的层的沉积微相，预测优质储层可能的分布范围。将中区块石炭系划分了4个相带、11种亚相和24个微相。最有利储集相带为白云坪和台内浅滩亚相。沉积相平面展布的刻画，有效预测了优质储层可能发育的范围，为储层地球物理预测和井位部署提供了依据。

应用储层微观分析技术有效地进行储集空间类型识别与成因判断、成岩作用识别和储集性能受控因素分析及分布规律研究。

除了传统的薄片和铸体薄片分析技术外，荧光薄片、扫描电镜、阴极发光、层析、包裹体和储层物性等分析技术均在碳酸盐岩储层研究中得到广泛应用。通过这些技术揭示了六大类储集空间和储层发育的三个主控因素，对勘探部署和储层评价具有指导作用。

（3）时深转换和叠前深度偏移等技术的配套使用基本消除了盐丘的影响，较真实地反映盐下的构造形态，钻井成功率有了很大提高。

滨里海盆地东缘中区块下二叠统空谷期发育大量高速盐丘（4500m/s），造成下伏地层在时间剖面上产生不同程度上拉现象，时深转换技术难度大，盐下构造落实困难。针对该技术难点，在反复试验基础上，制定攻关流程和具体方法。通过精细地震部署，优化地震施工参数，使得地震勘探资料品质不断提高。通过模型正演技术、叠前深度偏移技术、射线追踪法＋模型迭代垂向比例时深转换等技术的综合应用，总结了一套适合复杂盐丘地区的圈闭识别方法，使盐下构造的落实程度大大提高。

（4）应用并集成了一套碳酸盐岩储层综合预测技术，在勘探中取得了良好应用效果。通过综合模型正演、地震属性分析、多属性叠合分析、约束稀疏脉冲反演、随机模拟与随机反演、特殊敏感参数反演等技术的集成应用，预测了碳酸盐岩储层分布、厚度和孔隙度，为评价井的部署奠定基础。

薄片鉴定认为：① KT-Ⅰ段储层的孔隙、裂缝、溶洞均发育，三者配置良好，储层物性较好。② KT-Ⅱ段油组则以孔隙占绝对优势，无溶洞，孔隙、溶洞、裂缝三者配置不如 KT-Ⅰ段。其中，储层中体腔孔分布最普遍，在 KT-Ⅰ段和 KT-Ⅱ段均有大量分布，晶间（溶）孔集中分布在 KT-Ⅰ段中的泥—粉晶白云岩中，而粒间孔集中分布在 KT-Ⅱ段的生物灰岩中。③ 结合岩心裂缝描述，中区块裂缝分层统计有如下规律：KT-Ⅰ段的裂缝较KT-Ⅱ段发育。裂缝类型 KT-Ⅰ段以溶蚀缝最为发育，另外有少量构造缝、粒裂缝和缝合线发育；而 KT-Ⅱ段以粒裂缝最发育，另有少量构造缝、溶蚀缝和缝合线发育。缝隙度为0.01%～1.27%，平均为0.13%。

针对不同类型的储层采用了模型正演技术、地震属性分析技术、裂缝识别技术、多属性分析技术、地震切片技术、地震数据的稀疏脉冲反演技术、随机模拟和反演技术、储层敏感参数反演技术等，效果较好，成功地预测了储层分布范围和厚度变化，满足了生产的要求。

（5）通过储层、盖层、圈闭条件等综合，首次把本区划分为三个成藏带，即西部剥蚀带、中部斜坡带和东部异常体带。并详细评价了各个区带的主要成藏组合和潜在成藏组合，确定了中部生物灰岩带为重点勘探区带，东部下二叠统地震异常体和西部深层为该区勘探的新领域，为下步勘探部署提供了重要依据。

东部异常体带，其东部边界延伸出工区，西部边界为下二叠统斜坡骤然变化结束位置；中部斜坡带，其东部界限为下二叠统斜坡变化带，西部边界为 KT–Ⅰ 地层剥蚀尖灭线；西部剥蚀带，东部边界为 KT–Ⅰ 地层缺失线，西部边界已出工区。三个构造成藏带呈近南北向展布。所划分出的区带是该区构造运动和沉积环境变化的综合反映，每个区带具有不同的构造特征、沉积环境等，因此形成不同的含油气组合。

① 西部剥蚀带位于滨里海盆地东缘古隆起上，后期石炭系 KT–Ⅰ 碳酸盐岩层以及 MKT 碎屑岩层在此遭受剥蚀，所剩无几。石炭系的 KT–Ⅱ 段直接不整合于 P₁ 的泥岩之下，维宪阶和泥盆系抬升较高。因此该带可能发育下二叠统砂岩成藏组合、中—下石炭统 KT–Ⅱ 成藏组合、下石炭统维宪阶成藏组合和上泥盆统四套成藏组合。其中 KT–Ⅱ 成藏组合配置良好，储量丰度大，勘探前景非常好。

② 中部斜坡带现在是一个西倾的斜坡，但在早古生代，是一个东倾的斜坡。该带上地层沉积齐全，发育了下二叠统砂岩成藏组合、中—上石炭统 KT–Ⅰ 成藏组合、中—下石炭统 KT–Ⅱ 成藏组合、下石炭统维宪阶成藏组合四套成藏组合。西涅里尼科夫、扎纳若尔油气田位于中部斜坡带上。其中 KT–Ⅰ 成藏组合和 KT–Ⅱ 成藏组合是主要的目的层。中部斜坡带是今后勘探的重点。

③ 东部异常体带地层沉积齐全，发育了下二叠统碳酸盐岩成藏组合、中—上石炭统 KT–Ⅰ 成藏组合、中—下石炭统 KT–Ⅱ 成藏组合、下石炭统维宪阶成藏组合等四套。该区带下二叠统发育一套礁滩沉积，地震上表现为异常体，因而得名。主要的成藏组合为下二叠统礁滩、KT–Ⅰ 碳酸盐岩和 KT–Ⅱ 碳酸盐岩。

（6）通过对周边已发现油气藏的解剖分析，首次明确了本区新发现的北特鲁瓦油气藏类型：KT–Ⅰ 和 KT–Ⅱ 分别为受构造和岩性双重控制下的复合油藏（KT–Ⅱ 油藏带气顶）。在此认识的指导下，本区坚持构造圈闭勘探与岩性圈闭勘探相结合。

通过地质综合研究，确定中部斜坡带为重点勘探区带，并优选了系列钻探目标，在 2 号构造、北特鲁瓦构造均获得高产油气流。尤其是亿吨级大型北特鲁瓦含油构造的发现，使中区块勘探获得历史性突破，取得了良好的勘探效果和经济效益，充分展示综合地质研究工作成果对项目立项和勘探部署具有至关重要的指导作用。

2）勘探实践与成效

由于海外合同区块勘探期较短，为了早日实现勘探的突破，2002 年接手之后首先利用老资料进行快速解释与评价，就地震测网较稀的地区和重点目标进行补充加密地震部署，然后利用先进的处理技术对新、老资料统一处理参数重新处理。勘探初期部署思路均围绕合同规定的义务工作量进行钻井和地震部署，后期根据勘探发现的进程和经济效益，及时调整或加大勘探力度。在勘探获得突破之后采取三维地震部署详探含油面积、加快评价井的钻探落实储量规模、深入石油地质研究总结油气成藏规律、对落实的构造加快甩开勘探扩大勘探成果等措施。

滨里海盆地东缘中区块勘探项目自接手以来，突出"合理规划、科学部署、大胆探索、及时调整"的勘探思路，全面完成了油气勘探地质任务和各项指标，取得重要勘探突破，发现大型油气田，取得了良好的勘探效果和经济效益。本项目制定的长远规划、年度规划和调整计划，使勘探工作有序实施。项目运作期间，充分重视技术集成与攻关研究，并有效地指导了勘探规划和勘探部署，实现了探明储量和产能建设的良性循环，同时为该区勘探持续发展奠定了坚实的基础。

二、理论及技术突破

滨里海盆地东缘盐下勘探主要面临三个方面的挑战：（1）油气成藏控制因素复杂，膏盐层对油气成藏具有重要控制作用；（2）盐岩层存在六类速度异常体，给盐下圈闭刻画带来难度；（3）由于巨厚盐丘的"屏蔽"效应，盐下地震勘探资料分辨率低，加上碳酸盐岩储层非均质性强，盐下储层预测非常困难。针对以上难题，总结了滨里海盆地东缘阶梯式成藏规律，有效地指导油气勘探突破。同时建立了盐下构造圈闭识别及碳酸盐岩储层预测集成配套技术。

1. 建立含盐盆地阶梯式成藏模式

含盐盆地膏盐层分布、厚度及其变形特征对油气成藏具有重要控制作用，其影响贯穿油气生成、运移、聚集和保存的整个过程。

在综合多年对中亚俄罗斯地区含盐盆地研究及国内外主要含盐盆地调研以及盐构造变形和成藏模拟的基础上，分析了含盐盆地盐构造与烃源岩、储层、盐相关输导体系、盐相关圈闭和油气成藏规律的关系。认为滨里海盆地东缘油气输导体系除常见的断裂、储层、不整合等运移通道外，还存在四类盐相关输导体系，即盐刺穿缩颈通道、盐焊接薄弱带、盐溶滤残余通道、硬石膏晶间孔隙；储层成岩作用研究得出了盐对储层影响的 6 种机理，即石膏形成孔隙空间、盐丘间形成新容纳空间、盐下压实程度低和成岩作用慢、石膏与烃反应生成有机酸、超压裂缝保持孔隙、盐充填孔隙。通过总结含盐盆地已发现油气藏分布规律，认为从盆地中心到边缘具有阶梯式成藏规律，且石炭系从斜坡到高部位具有从薄层岩性到构造的油气聚集序列，浅部预测发育二叠系礁滩体。这一认识指导了勘探思路转变及勘探目标优选：滨里海盆地东缘勘探目标由构造油气藏逐渐转变为斜坡部位岩性油气藏及浅层礁滩体（图 6-4）。

2. 提升盐下构造圈闭识别技术精度

一是陡翼地震波反射造成偏移处理困难，使盐下目标成像发生水平偏移；二是盐体使盐下地层普通地震勘探方法的反射能量弱，给复杂目标解释带来困难；三是高速盐体造成盐下地层反射同相轴上拉，深度归位困难。为了准确识别与刻画盐下圈闭，首次攻关使用了叠前双聚焦逆时偏移处理＋叠后分体建模技术，实现盐下地震勘探资料准确成像，并完善了物理模拟、构造导向滤波等盐下构造圈闭识别配套技术。

双聚焦偏移技术提高反射波准确归位，逆时偏移技术的优点是考虑激发和接收双程波路径，减少了对速度的依赖性，大大提高图像成像效果。从攻关效果来看，盐下地震勘探资料成像的信噪比和成像精度得到有效提高，盐丘侧翼和边界刻画及盐下碳酸盐岩内幕成像更为清晰（图 6-5）。

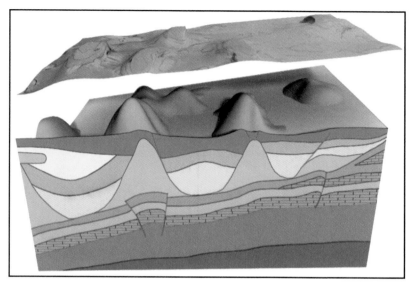

图 6-4 滨里海盆地东缘阶梯式成藏模式图

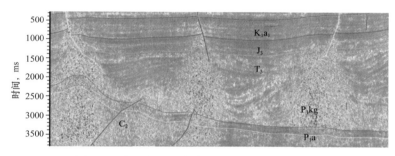

图 6-5 滨里海盆地东缘叠前逆时偏移处理剖面

　　叠后分体建模是针对滨里海盆地存在的六类速度异常体（高速盐丘体、生物礁建造、砾岩沉积区、盐丘间膏盐、碳酸盐岩台地、低速度泥岩）分别进行识别和刻画（图 6-6），采用变形系数对速度异常体进行速度求取，建立准确构造。

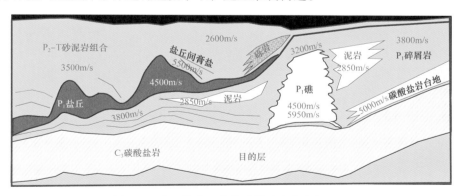

图 6-6 滨里海盆地东缘建模速度分布剖面图

　　通过以上技术的应用，盐下地层圈闭形态得到了有效恢复，盐下构造成图精度由 2% 提高到 1.5%，发现南北两个新构造油藏（图 6-7）。

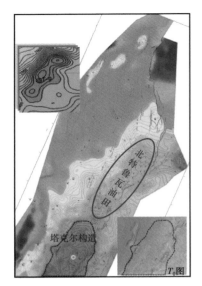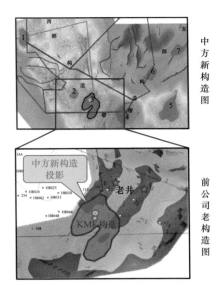

图 6-7　滨里海盆地东缘盐下构造识别效果

3. 提高盐下碳酸盐岩储层预测符合率

针对中亚含盐盆地盐下地震勘探资料分辨率低，碳酸盐岩储层非均质性强，油气成藏控制因素复杂的特点，发展完善了叠前反演多属性"穷举法"、谱分解、地质统计学反演等盐下碳酸盐岩储层和流体预测配套技术。

叠前反演多属性"穷举法"是将叠前反演获得的多属性数据体随机组合，再与已知井的参数进行对比，优选敏感属性组合对储层进行预测（图 6-8）。"穷举法"地震叠前属性反演能够实现物性和烃类综合预测。谱分解技术是将地震勘探资料从时间域转换到频率域，利用不同频率数据体反映各种地质异常体敏感程度的差异，定量表征地层厚度变化、刻画地质异常体的不连续性。该技术在该区碳酸盐岩储层预测和岩性油气勘探中起到重要作用。同时采用"两宽一高"地震低频及宽方位角信息进行裂缝及薄层预测，充分利用方位和低频信息，优选方位和频率信息进行储层预测。

通过攻关盐下碳酸盐岩储层配套技术的应用，发现了希望油田西部斜坡岩性油气藏（图 6-9）和二叠系礁（图 6-10）、砂体油藏（图 6-11），储层厚度预测的符合率达到 80%。

三、勘探效果

中国石油在该区经过了十几年的勘探工作，获得了重大勘探发现，取得了良好的勘探效果和经济效益。

首先摆脱前人结论的束缚，突破前人认识，转变勘探思路。不断加强盐下碳酸盐岩成藏机制研究，在勘探进程中，及时转变勘探领域和技术思路。

（1）确定了"坚持盐下勘探寻找规模油气藏"的勘探思路和方向；突破 40 年禁锢，发现 3 个构造油气田及 1 个岩性油气藏（图 6-12）。

（2）由于初期速度研究精确度低，因此首先勘探盐丘间的盐下构造，在勘探失利后，及时转变方向，开展盐丘正下方圈闭识别研究，从而突破了出油关。2005 年在 2 号构造上部署的第一口探井（A-1井）首获工业油流，实现了该区勘探的重要突破，将该构造命名为乌米特油田。

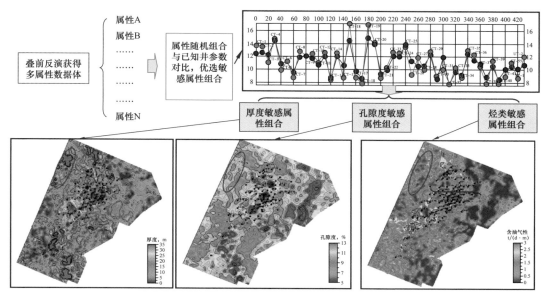

图6-8　"穷举法"地震叠前属性反演预测储层

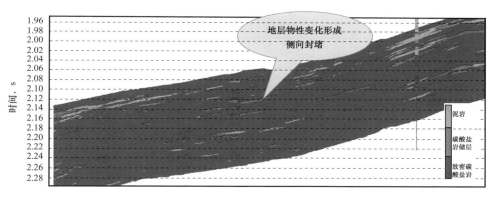

图6-9　地质统计学反演预测薄储层

（3）认识到还有其他速度异常体后，尤其是发现区块东缘二叠系泥岩相变为高速的碳酸盐岩礁滩体后，认识到其速度上拉可能"屏蔽"了其下的构造。因此确定了由盆地向边缘的勘探思路，同时加强盆地边缘速度建模攻关，从而在远离盆地中心的地带发现了大油田——北特鲁瓦油田。

（4）发现大油田后，又返回盆地方向勘探，但由于当时储层预测技术精度不高，导致钻探目标构造与优质储层区不配套，部署的探井均未获得工业油流。经过这一低谷期，又再次把目标转向盆地边缘，即斜坡区的盐下岩性地层圈闭，北特鲁瓦构造西斜坡发现多个岩性油藏（3P地质储量约3000×10^4t），从而为区块开辟了广阔的新领域。

（5）在区块即将到期之时，中方并未放弃远端的"半构造"（许可证区域内为鼻状构造，许可区外无资料）。充分利用区域资料，开展乌拉尔造山带演化及前隆区构造恢复，坚信区块东南端发育构造或岩性—构造复合圈闭。结果部署的 T-1 井获得工业油流，从而发现塔克尔新构造油田，不仅保住了区块，还使得中区块继续向南扩大许可区。

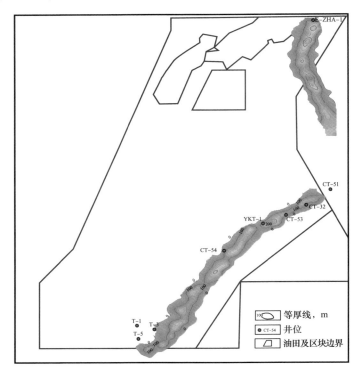

图 6-10　滨里海中区块下二叠统礁滩体厚度图

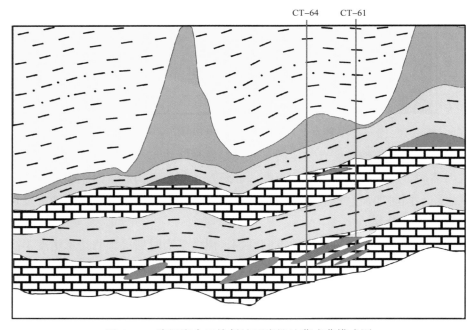

图 6-11　滨里海中区块斜坡区岩性油藏成藏模式图

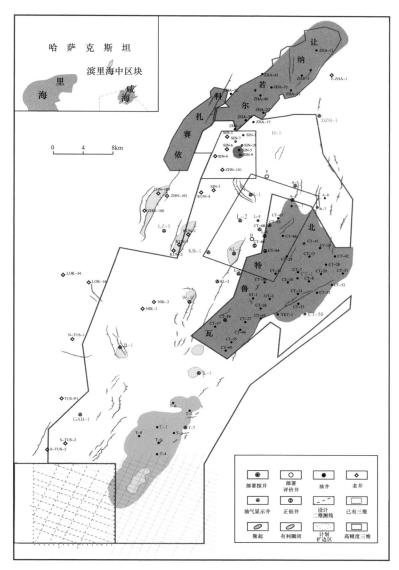

图 6-12 滨里海中区块油田分布图

第二节 阿姆河盆地勘探实践

阿姆河盆地处于中亚腹地，地理位置上主体位于土库曼斯坦东部，部分属于乌兹别克斯坦西南部和阿富汗北部。阿姆河右岸区块位于阿姆河盆地东北部，西南以阿姆河为界，东北以土库曼斯坦和乌兹别克斯坦两国国界为界，隶属于土库曼斯坦列巴普州。中国石油在阿姆河右岸盐下天然气的勘探，是一部曲折而辉煌的历史，是勇于探索、善于创新、不懈攻关的结果，是"为国争气"的新时代铁人精神的体现，也是我国在海外盐下油气勘探成功的典型实例[8]。

原苏联和土库曼斯坦经过半个世纪的勘探开发，在右岸累计完成二维地震 19364km，三维地震 500km²，发现构造圈闭 130 个（已钻圈闭 65 个），共钻探井和评价井 192 口，探井成功率小于 30%。

2007 年 8 月，中国石油天然气集团公司获得右岸区块的勘探开发许可证，开始进行右岸盐下碳酸盐岩天然气的全面勘探开发。经过 6 年的持续探索，西部叠合台内滩气田、中部缓坡礁滩气藏群及中东部缝洞型碳酸盐岩气田勘探开发都获得重要突破，盐下浅层及深层勘探开发均进入快速发展阶段。累计采集二维地震 4300km、三维地震超过 8000km²，钻探了 30 多个圈闭，发现了 4 个天然气富集区带，新探明阿盖雷、霍贾古尔卢克、捷列克古伊、东伊利吉克等 8 个气田（图 6-13），圈闭钻探成功率达 80% 以上。重新评价了萨曼杰佩等 8 个老气田，天然气储量都有所增加，全区落实天然气三级储量接近 $8000 \times 10^8 m^3$ [9]。

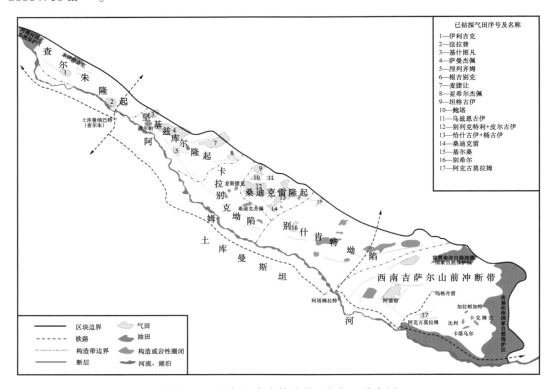

图 6-13　阿姆河右岸构造单元与气田分布图

一、勘探策略与部署

1. 勘探策略

（1）解放思想，超前研究。

与国内碳酸盐岩主要勘探台缘礁滩及风化壳岩溶型储层不同，阿姆河右岸主要发育被巨厚变形盐膏岩直接覆盖的缓坡礁滩体及台内滩储层，盐下天然气勘探开发无成熟技术可借鉴。理论是实践的先导，为了快速完成规模增储上产的任务，阿姆河石油人开展扎实的地质研究，解放思想，不断创新。"石膏帽""石膏台地"和礁滩体分布规律等地质认识指导了圈闭目标评价；提出了继承性隆起上缓坡礁滩气藏群、叠合台内滩气田和逆冲断块缝洞型气田三种大型碳酸盐岩气田新类型，打破了原苏联及土库曼斯坦方面的地质认识，拓展了阿姆河盆地勘探领域，发展了含盐盆地碳酸盐岩天然气地质理论，指导了阿姆河右岸勘探部署，推动了 3 个千亿立方米气区的发现与落实。

（2）三维地震先行，高效安全钻井，高效规模勘探的手段。

在 2007 年中国石油进入前，右岸地区勘探程度低，仅阿尔金地区采集了 $500km^2$ 的三维地震，右岸近 200 口钻井中工程报废率 23%，地质报废率 41%。中国石油进入后，果断决策，地震勘探先行，全面部署并实施了三维地震勘探。在山区采用宽方位三维地震采集，针对台内薄储层采用高精度采集处理，中部盐下缓坡礁滩发育区采用逆时偏移成像技术，共落实圈闭 112 个和礁滩体 73 个，推动勘探成功率由原苏联及土库曼斯坦的 21% 提高到 82%。集成高压巨厚盐膏岩高效安全钻完井、浅层次生高压气藏安全钻井、高压高产酸性缝洞型气藏钻完井等技术，刷新了多项土库曼斯坦纪录，中西部钻井周期平均缩短 70% 以上，钻井成功率和井身质量合格率 100%。

（3）地质与地震一体化，高效规模勘探的催化剂。

阿姆河项目勘探期仅 10 年，但要保障年产天然气 $130 \times 10^8 m^3$ 所需的资源基础，时间紧、难度大。为了缩短勘探周期，保障勘探成功率，坚持地质与地震一体化研究，节约成本，提高效率。地震部署过程中，地质人员全面跟踪，参与地震采集和处理方案的设计。地质认识以地震技术为手段，最为成功的实例为中部盐下缓坡礁滩体的识别，形成了以礁体地质成因分析为基础、多种地震技术为手段、礁体勘探开发潜力评价为目标的盐下礁体识别与地质评价专有技术，为中部气田勘探提供了指导。阿姆河公司也坚持勘探开发一体化：探井、评价井部署前考虑开发方案，探井转变成开发井；充分利用地质认识部署开发井，礁滩体地质认识成功指导了中部大角度斜井和水平井的部署[10]。

2. 勘探决策及部署

阿姆河公司按照中国石油"集约化、专业化、一体化"及对口支持的战略构想和总体部署，充分借鉴多年实施海外项目的经验，形成了一套既适合项目实际，又符合资源国要求的"13341"管理模式。按照项目总体规划，勘探部提出勘探部署三步走：第一阶段（2007—2010）"加强研究、超前部署、落实储量"；第二阶段（2011—2014）"主攻中区、甩开勘探、突破东西"；第三阶段（2015—2017）"突破工艺、挖掘潜力、实现目标"。在中国石油国际勘探开发有限公司和地区协调组的统一领导下，各技术支持单位牢固树立"同举一面大旗、齐树一个目标、共维一种形象"的理念，充分发挥中国石油整体优势，团结协作、各单位平行研究，地震地质一体化、勘探开发一体化，坚持解放思想、打破常规，提前谋划、提前介入、提前准备、提前实施，有效地保障了项目快速规模增储。

二、理论及技术突破

阿姆河右岸区块内普遍发育上侏罗统厚层盐膏岩，盐上白垩系油气藏不发育，勘探目标主要是盐下中—上侏罗统碳酸盐岩气藏。自西北向东南，右岸横跨查尔朱断阶带、别什肯特坳陷和西南吉萨尔山前冲断带等构造单元，碳酸盐岩顶面埋深总体加大，上覆盐膏岩厚度及变形程度逐渐加大（图 6-14），由此造成盐下构造落实、礁滩体预测及安全钻井难度也逐渐加大。

（1）转变思路，重新认识盐下特大型台内滩。

通过岩石微相与地震相分析，打破了萨曼杰佩气田产层为"台缘堤礁"的地质认识，揭示了萨曼杰佩气田牛津阶下部产层为隐伏古隆起上叠置连片的厚层台内生屑滩，首次发现牛津阶下部薄层台内滩也具备勘探潜力，建立了隐伏古隆起上叠合台内滩地质模式（图6-15）。台内滩纵横向连通性受基底隆起控制的沉积古地貌影响。隐伏古隆起上发育规模性滩体，滩体单层厚度大，垂向叠置，横向连片；古地貌低洼处的台内洼地滩体规模小，单层厚度薄。受海平面变化及古地貌影响，在古地貌低洼部位，滩体主要发育于各级层序的顶部；在古地貌高部位，滩体主要发育于各级层序的中上部，顶部为极浅水低能相沉积。台内各相带台内滩体与碳酸盐岩厚度的关系不同。开阔台地相古地貌高、碳酸盐岩厚度大的地区滩体发育，滩体主要分布于古隆起及其背风一侧；半局限—局限台地相，古地貌高、碳酸盐岩厚度小的地区滩体发育，由于局限台地环境风浪作用弱，古地貌高部位可容纳空间小，滩体主要在古地貌高地的四周发育。总的来说，隐伏古隆起上的古地貌高部位可形成高能滩与低能滩叠置的规模性台内滩体，而古地貌低洼部位的低能滩不具备形成规模性滩体的条件。

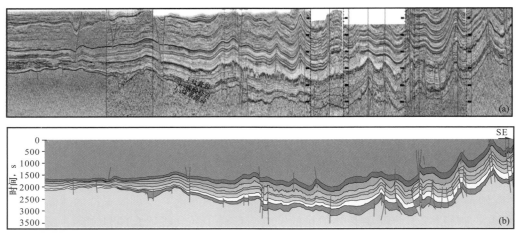

图6-14　阿姆河右岸北西—南东向地震剖面（a）及地质剖面（b）

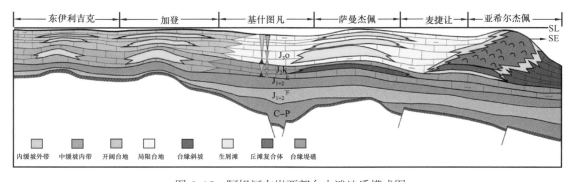

图6-15　阿姆河右岸西部台内滩地质模式图

台内滩储集体发育的主控因素包括沉积环境、早期淡水淋滤、白云化作用、生烃酸性水的溶蚀作用和TSR产生H$_2$S导致的溶蚀作用等。台内只有继承性隐伏古隆起的地区具备规模性储集体的基本物质条件。古地貌高部位的台内高能滩体也是同沉积期淡水淋滤最强区域，是储层原生孔隙保持最好的区域。卡洛夫—牛津阶晚期发育为局限—蒸发台地沉积，沉积的石膏和滩体交互，扩大了烃类和硫酸盐的接触面，是后期TSR反应的重点区域，也就是硫化氢溶蚀作用的有利区域。

规模台内滩储层发育模式指导了西部风险探井的部署，发现隐伏古隆起上的加迪恩、北加迪恩等规模性台内滩气田，形成西部千亿立方米气区。

（2）建立缓坡礁滩群发育地质模式，变零散断块为大型构造。

根据层序演化与岩相古地理研究，揭示了中—晚侏罗世镶边碳酸盐岩台地经历了卡洛夫期碳酸盐岩缓坡向牛津期镶边台地的演变，发现了卡洛夫期碳酸盐岩缓坡高能相带，突破了右岸只发育镶边台缘高能相带的传统地质认识。首次发现了台缘斜坡带卡洛夫期碳酸盐岩缓坡上的礁滩在牛津期前缘缓斜坡上继承性生长形成的缓坡礁滩复合体，突破了台缘斜坡只零星发育"斜坡点礁"地质模式，拓展了中东部台缘斜坡区有利礁滩体的分布范围。

通过对缓坡礁滩体成因和分布规律分析，创建了缓坡礁滩分布地质模式。在继承性发育的基底古隆起上的古地貌高部位发育了成片分布的缓坡礁滩群发育，迎风面发育礁滩复合体，背风面发育连片分布的生屑滩及粒屑滩，被潮道切割成宽带状。在桑南斜坡带查尔朱断裂引起的沉积坡折上发育的成带分布礁滩体，由于沉积地形坡度较大，受地震、海啸等因素诱发，易在礁前形成小型海底扇体。风浪也可将隆起背风面的滩体携带至相对深水区形成扇体，但总体规模不大。

缓坡礁滩储集体发育于台缘缓坡沉积环境。在继承性古隆起上成片分布的规模性礁滩是储集体发育的物质基础。缓坡礁滩体缝合线、成岩缝、断裂及其伴生的裂缝是生烃期酸性水和地壳深部热液的渗滤通道，酸性流体优先从渗滤通道进入礁滩体，溶蚀碳酸盐岩形成溶蚀孔隙，成为有利储集体。阿姆河右岸别列克特利—皮尔古伊地区具备缓坡礁滩规模储集体发育的所有有利条件，是缓坡礁滩规模储集体发育的有利区域。

为保障勘探进度，科研人员利用处理阶段成果资料迅速跟进，加紧了地质和地震一体化研究，开展了平衡剖面制作、岩石物理模拟实验等研究，创建了"塑性滑脱—双层构造"模式，发现别列克特利—皮尔古伊背斜和恰什古伊—扬古伊背斜分别为两个完整的大型背斜构造，打破了中部为孤立的小断块气田的认识，揭示了中部气田的良好勘探前景。

阿姆河右岸复杂"三膏两盐"结构对盐下构造精细成图带来挑战，碳酸盐岩储层非均质性强，分布规律不清，勘探难度骤然变大。为准确刻画礁滩体，研究人员开展地震地质一体化研究，识别技术从单纯地震属性到"摸鼻子、找眼睛、戴帽子"（图6-16），形成了以礁体地质成因分析为基础、多种地震技术为手段、礁体勘探开发潜力评价为目标的盐下礁体识别与地质评价专有技术，识别礁滩体73个，提出了3类6种礁滩体类型。别列克特利—皮尔古伊—扬古伊—恰什古伊气田周围相继发现希林古伊、桑迪克雷、雅兰加奇和奥贾尔雷等气田，实现了B区中部规模探明储量的快速增长。

古隆起上规模性缓坡礁滩体的发现与证实，突破了前人斜坡点礁储集体零星分布的认识（图6-17），极大拓展了阿姆河盆地卡洛夫—牛津阶碳酸盐岩的勘探领域。缓坡礁滩发育模式指导了查尔朱断裂边缘沉积坡折带的滚动勘探，"十二五"发现了布什鲁克、南霍贾母巴兹和萨拉尔卡克等高产气田。

（3）明确山前逆冲构造带盐下大型碳酸盐岩气田成藏条件，剑指缝洞型气藏。

前人认为阿姆河右岸东部地区古地貌低，沉积环境低能，礁滩不发育；喜马拉雅期山区强烈隆升，盐下油气藏遭到破坏，保存条件差。前作业者在东部部署探井24口，仅3

口获气，成功率 13%，发现小型气田 1 个。

　　通过岩相古地理恢复，明确了东部山前总体处于低能沉积环境。在卡洛夫期与中部沉积环境类似，东部缓坡礁滩体普遍发育；但牛津期由于库基坦格山区堤礁带阻挡，东部水体快速加深，处于背风低能的陆棚沉积环境，大量生物礁消亡。从识别的礁滩来看，远离堤礁带的召拉麦尔根—阿盖雷一带缓坡礁滩体可继承性发育，形成规模性礁滩群，但其规模和幅度远小于中部。通过中部老井复查发现了沿逆冲断层发育的缝洞型储层，深化储层成因研究，揭示中东部缝洞储层的形成受构造样式、沉积相带及埋藏溶蚀作用控制，提出了逆冲构造、缓坡礁滩群、TSR 反应场所叠合区易形成规模优质缝洞储集体的新认识。逆冲断块发育缝洞储层，断弯褶皱顶部发育裂缝储层，指导发现了东部山前冲断带 3 个优质储层发育区。

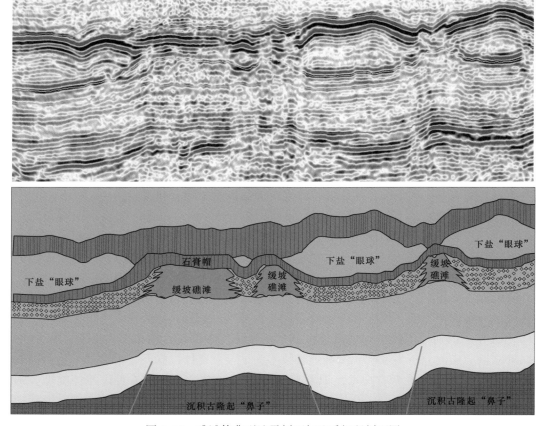

图 6-16　礁滩体典型地震剖面与地质解释剖面图

　　东部山区大型气田形成还具备一项重要条件：较弱的压扭变形。西南吉萨尔基底构造楔楔入，沉积盖层根植于"构造楔"顶部滑脱面，被动反向逆冲，纵向隆升幅度大，但横向缩短率小于 6%；西南吉萨尔隆升使盆地东北部压扭变形相对塔吉克盆地明显减弱，且西南吉萨尔缓翼（阿姆河右岸东部山前）后期沉降量小。因此较弱的压扭变形有利于山前带大型断展、断弯褶皱发育，对盐下气藏破坏作用也相对较弱。

　　通过对盐膏岩封闭性分析，确定了影响盐膏岩封闭性的三种因素。硬石膏脆塑性：埋深 0～80m 表现为脆性变形；800～1300m 脆—塑性变形，大于 1300m 塑性变形。从变形特征来看，东部山区盐焊接有两种成因：盐上地层重力滑脱和盐下断展褶皱前翼挤压变形。盐上地层重力滑脱引起的盐焊接构造对盐下气藏破坏作用更强。在东部地区油气强烈的隆升作用，高尔达克地区碳酸盐岩出露。基于以上认识，提出了 5 种构造背景下盐下气藏改造程度：① 挤压隆升引起地层出露；② 重力滑脱形成盐焊接（戈克米亚尔南侧）；③ 埋深小于 800m 断展褶皱顶部盐焊接（高尔达克北）；④ 埋深 800～1300m 断展褶皱前翼盐焊接（加拉北）；⑤ 埋深大于 1300m 断展褶皱前翼盐焊接（东霍贾古尔卢克）。其中埋深小于 800m 区域盐膏岩脆性变形为主，重力滑脱形成的盐焊接构造和断展褶皱顶部盐焊接破坏作用强；埋深在 800～1300m，仅在构造活动期，盐焊接构造中硬石膏裂缝发育，形成油气运移通道；埋深大于 1300m，硬石膏在高应力作用下可以形成裂缝，由于硬石膏的塑性，可以将形成裂缝重新充填，从而盐下油气仅有极少量散失。由此确定了东部地区 5 种构造样式中破坏性由大到小为①＞②＞③＞④＞⑤。

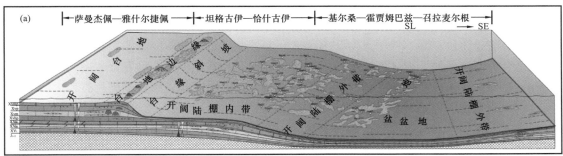

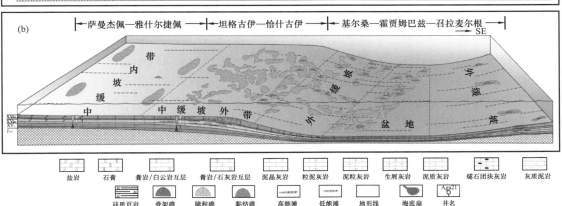

图 6-17 阿姆河右岸中部缓坡礁滩体继承性生长沉积环境演变图

基于上述认识，在阿姆河右岸东部山前北侧逆冲构造带部署风险探井 4 口，发现霍贾古尔卢克、召拉麦尔根和东霍贾古尔卢克等气田，储层类型、测试产能结果与地质认识吻合，新增 3P 地质储量 $1242 \times 10^8 m^3$，形成新的千亿立方米气区。

三、勘探效果

2008 年阿姆河公司率先开展右岸区块中部主力气田详探，在总结原苏联和土库曼斯坦勘探经验基础上，决定三维地震先行，转换单纯以构造控藏为模式的指导思想。经历 6

年艰苦勘探，中部缓坡礁滩气藏勘探取得突破性成果，除了别列克特利—皮尔古伊、扬古伊—恰什古伊规模较大的气田外，还发现包括周边的基尔桑、奥贾尔雷和桑迪克雷等10个中小型气田，合计三级地质储量2000多亿立方米。

为配合公司2011—2014年"主攻中区、甩开勘探、突破东西"勘探策略，地质人员迅速开展西部地质研究，从地层入手，相继解决了地层对比、层序划分演化等难题，最后大家的焦点集中到萨曼杰佩沉积相。多数研究人员与土库曼斯坦专家意见一致，萨曼杰佩处于台缘堤礁带，但勘探院提出了萨曼杰佩为台内高能滩相。为说服其他专家，打破前人台缘堤礁认识，从区域到局部、地震到测井、岩心到薄片找证据，最终确定了萨曼杰佩处于开阔台地相，加迪恩、伊利吉克等地区为局限台地—蒸发台地浅滩发育区，同时深化气藏地质认识，重新落实了萨曼杰佩气田的储量规模，也为西部地区伊利吉克、加迪恩和北加迪恩规模气田发现奠定了坚实基础。

与中西部平缓沙漠不同，东部地表山地崎岖，给地震、钻井都带来了极大困难。原苏联及土库曼斯坦在吉萨尔山前至召拉麦尔根—杜戈巴构造带钻井25口，仅3口获气，成功率仅12%，工程报废率高达48%，发现阿克库姆拉姆小型气田，揭示的储层致密，对该区的勘探前景评价不高。但中方专家不这么认为，该区尽管基质储渗条件相对较差、气水分布复杂等不利条件，但该区具有靠近烃源岩、裂缝及其伴生的溶洞发育、圈闭规模大且具有较好的保存条件、含油气条件匹配较好等有利条件。因此，该区域仍具有较大的含油气前景，决定战略选区山前带，甩开勘探发现规模储量。2009年公司决定甩开勘探找场面，制定了东部"逼近烃源岩、靠近大断裂、优选大圈闭"的勘探策略，力争在阿盖雷构造有重大发现。2012年完钻的Hojg-21井测试获日产几百万立方米高产工业油气流；同时临近逆冲断层的Aga-23井和Tag-21井测试获得高产，其中Aga-23井测试日产气几百万立方米，未见底水，山前带千亿立方米气区已经形成[11]。

阿姆河天然气项目作为我国万里能源大动脉——西气东输二线的主供气源，是集团公司历时十年精心构建的中亚天然气网络的开篇之作。在实现我国能源进口多元化、保障国家能源安全中发挥了重要作用，对我国产业结构调整和经济社会发展、减少污物排放、建设"美丽中国"有重要意义。

阿姆河右岸天然气项目运行6年来，突破了盐下碳酸盐岩大型气田勘探开发的诸多理论与技术瓶颈，将接近停滞状态的阿姆河右岸建成为发现与落实三个千亿立方米气区的区块，探井成功率由33%大幅提高到92%，为中亚管线长期稳定供气奠定了资源基础，也为海外复杂盐下碳酸盐岩气藏高效勘探提供了成功经验和启示。

参 考 文 献

[1]徐可强.滨里海盆地东缘中区块油气成藏特征和勘探实践[M].北京：石油工业出版社，2011.

[2]薄起亮.海外石油勘探开发技术及实践[M].北京：石油工业出版社，2010.

[3]高军，刘雅琴，于京波，等.滨里海盆地东缘中区块盐下构造识别与储层预测[J].石油地球物理勘探，2008，43（增1）：98-102.

[4]郑俊章，黄先雄，金树堂，等.哈萨克斯坦含盐盆地大油田的发现与启示[M]//薛良清.海外油气勘探实践与典型案例.北京：石油工业出版社，2014.

[5]陈洪涛，李建英，范哲清，等.滨里海盆地B区块盐丘形成机制和构造演化分析[J].石油地球物理

勘探, 2008, 43 (增 1): 103-107.

[6] 刘东周, 窦立荣, 郝银全, 等. 滨里海盆地东部盐下成藏主控因素及勘探思路 [J]. 海相油气地质, 2004, 9 (1-2): 53-58.

[7] 方甲中, 吴林刚, 高岗, 等. 滨里海盆地碳酸盐岩储集层沉积相与类型——以扎纳若尔油田石炭系 KT-Ⅱ含油层系为例 [J]. 石油勘探与开发, 2008, 35 (4): 498-508.

[8] 孟庆璐, 王晓晖. 中国石油土库曼斯坦阿姆河天然气项目建设启示录 (N). 中国石油报, 2010-04-23.

[9]   推进阿姆河天然气项目跨越式发展. 天然气工业 [J], 2010, 30 (5): 1-5.

[10] 孟萦. 阿姆河天然气公司发挥一体化优势加强项目运营纪实 (N). 中国石油报, 2013.

[11] 孟庆璐. 阿姆河右岸勘探喜获重要发现——合同区 B 区块 Oja-21 井日产天然气 143.9 万立方米 (N). 中国石油报, 2010-09-28.

第七章　含盐盆地面临的挑战与发展方向

第一节　含盐盆地油气勘探研究现状

膏盐层的可塑性、致密性及导热性等特征，使其不仅可作为油气藏的良好盖层，受构造挤压变形也可形成特殊运移通道，并在其周围形成多种盐伴生圈闭。另外，盐层也对储层成岩后生作用产生影响。因此，盐层对含盐盆地的油气成藏具有重要控制作用[1]。膏盐层形变导致的复杂速度结构也给准确落实盐下构造带来极大困难。加强含盐盆地石油地质理论及勘探技术研究将会大大提高国内外含盐盆地油气勘探效率，对于国内外含盐盆地的快速发现具有非常重要的意义。

理论上，目前的研究主要体现在盐层与油气成藏要素的关系、盐构造模拟及相关圈闭模式的建立等方面。在含盐盆地油气成藏方面，主要探讨了盐构造与油气聚集的关系，总结盐构造油气成藏主控因素，提出了盐构造油气成藏模式。在主力烃源岩位于盐层之下的地区（如滨里海盆地、库车前陆褶皱—冲断带），有利于油气的封盖和保存，烃源岩和盐构造演化与油气运聚和成藏期具有良好的配置关系。盐岩层的发育一般导致形成上、下叠置的三种储盖组合和油气成藏模式，即盐上型（如塔里木油田的大宛齐油藏）、盐间型（如滨里海盆地肯基亚克油藏）和盐下型（如滨里海盆地东缘北特鲁瓦油藏）储盖组合和油气藏成藏模式。盐构造模拟主要通过建立地质模型、实验模型和合理选择模拟材料，在实验室对盐岩卷入的逆冲推覆构造、盐枕构造等进行物理实验模拟，证明盐岩塑性流动、盐构造形成与构造作用时间和速率密切相关。总体来说，含盐盆地盐构造的研究目前仍然处于描述性阶段，对盐及其相关构造的变形样式、三维地质建模和三维可视化、盐构造形成机理和动力学演化的研究是薄弱环节。盐岩层对储层、压力系统、成岩及伴生圈闭的影响探讨较多，但对烃源岩、输导体系的影响研究重视不够。

勘探技术上，速度建模方法发展较快，尤其是三维地震勘探资料叠前深度偏移处理技术突飞猛进，但普适性较差。对于成本较低的叠后速度建模技术，研究越来越少。当盐体较厚或存在倾斜边缘等复杂地貌时，盐下成像就比较困难[2]。高起伏的盐顶受不规则的沉积物/盐体界面能量散射的影响会降低盐下成像质量。任何盐体本身或附近岩体的三维特性都会产生非平面反射，用二维时间处理就无法分辨，因此这种情况下必须用三维数据并在深度域内进行处理。目前一般使用叠前深度偏移技术，包括 kirchhoff、波动方程、逆时偏移等方法获得盐下构造形态，叠前深度偏移处理精度大大提高。同时通过采集高精度地震勘探资料，比如滨里海盆地东缘中区块采集了"两宽一高"（宽频、宽方位、高密度）地震勘探资料[3]，采用地震属性融合、叠前叠后联合反演、叠前地质统计学反演、基于AVAZ的裂缝预测、低频伴影及"低频增加、高频衰减"油气检测等技术进行有利储层发育区的预测。含盐盆地研究与勘探主要集中在墨西哥湾、大西洋两岸等勘探难点和热点地区，塔里木等盆地也开展了相关工作，并取得了重要勘探突破。中亚含盐盆地研究不够系统。对于盐下构造圈闭识别，由于高陡盐丘对盐下构造成像的影响，对于无钻井区域识别精度有待于提高，需要进一步加强速度建模方法的研究。同时由于高陡盐丘的屏蔽作用，盐下碳酸盐岩薄储层预测难度大，需要三维地震、测井和生产动态相结合，开发针对性储层预测技术[4]。

膏盐层的可塑性、致密性及导热性等特征，使其不仅可作为油气藏的良好盖层，受构造挤压变形也可形成特殊运移通道，并在其周围形成多种盐伴生圈闭。另外，盐层也对储层成岩后生作用产生影响[5]。因此，盐层对含盐盆地的油气成藏具有重要控制作用。膏盐层形变导致的复杂速度结构也给准确落实盐下构造带来极大困难[6]。加强含盐盆地石油地质理论及勘探技术研究将会大大提高国内外含盐盆地油气勘探效率，对于国内外含盐盆地的快速发现具有非常重要的意义。

第二节 含盐盆地油气勘探的理论及技术发展方向

含盐油气盆地分布广泛，随着理论认识的深化和地球物理等勘探技术的提高，其油气勘探将不断开辟新领域。与盐构造相关的油气藏及盐下岩性地层圈闭将是今后极为重要的油气储量增长点，预计在近期及更远的将来，含盐盆地勘探将继续成为热点。"十二五"中国石油对含盐盆地的研究在盐盆成盆机制、盐膏层形变机制、成藏机理与富集规律、盐下构造圈闭识别和碳酸盐岩储层预测技术等方面有了进一步的深化和提高，同时攻关研发了盐伴生圈闭、盐下岩性地层圈闭等新领域和相应勘探技术。含盐盆地的石油地质理论和勘探技术虽然取得长足进展，但仍有待继续深化和发展创新，以便不断发现新领域，并提高勘探效率。在含盐盆地石油地质理论方面，需要进一步研究含盐盆地生储盖分布与控制因素、油气输导体系和充注机制、油气相态控制因素和演化模式等；在含盐盆地石油勘探技术方面，需要通过地质地球物理技术攻关，以继续提高预测精度为目标，完善盐下构造识别、盐下碳酸盐岩储层预测技术、盐伴生圈闭和盐下岩性地层圈闭评价配套技术。

一、成藏动力学研究

成藏动力学研究的核心是流体形成、排替的化学动力学和流体运移物理动力学过程。动力学过程的研究必须在盆地的演化历史过程中、特定的输导格架下和不断变化的能量场中进行。成藏动力学的进一步发展有赖于地质过程及其机理和主控因素研究的深入，在进一步认识与油气成藏密切相关的化学动力学和流体动力学过程和机理的基础上，实现盆地温度场、压力场、应力场的耦合和流体流动、能量传递及物质搬运的三维模拟，是成藏动力学研究的重要发展方向[7]。

随着与油气成藏密切相关的各种化学动力学和流体动力学过程及其模型研究的不断深入，盆地演化和油气生成、运移和聚集过程的模拟技术也不断改进，并由二维发展为三维。目前的模拟技术对稳态流体的模拟较为成熟，对幕式流体的模拟尚待改进；同时，大多数模拟系未考虑流体流动过程中的化学物质搬运和沉淀及其对流体流动的影响。然而，尽管目前的模拟技术作为预测油气分布的有效工具尚待完善，但计算机模拟为石油地质学家认识和再现地质历史中油气成藏的化学动力学和流体动力学过程提供了有效的工具。

二、重磁电震多种地球物理方法的综合应用

开发盐下构造成像的高效方法是石油勘探所面临的主要挑战之一。传统的地震成像方法在实际应用中存在着能量损失大、数据覆盖不完全和成像精度低等一系列问题，需要在地震激发技术、数学模拟算法、数据处理及成像技术等方面不断加以针对性的改进。作为应用最广的勘探方法，地震技术发展迅速，新技术和新手段及其组合不断涌现，还有巨大发展潜力。

1. 重、磁、电、震联合研究

重、磁、电法虽显"老旧"，但也在不断创新和发展，且在解决特殊地质体的某些问题时，比地震具有一定的优势，至少可以辅助地震提高可靠度和精度[8]。电法勘探对解决盐下储层和流体预测问题在俄罗斯取得较好效果，甚至在油田开发过程中有创新性的应用。

美国有多家实验室和石油公司与服务公司合作，正在研究海上大地电磁勘探方法改进盐体勘探的可靠性问题。由于盐体的电阻率比周围沉积岩高出十倍，这种差异有可能很容易确定盐体构造的范围和厚度，从而提高盐相关油气藏的勘探效率。

三维全张量梯度成像（FTG）是一项旨在提高地震勘探精度的新技术。这项技术利用三维重力仪拾取大地重力场的微小变化，每个层面的信息直接与地下地质体的形态和质量相关。FTG成像方法可提供所有地质构造的深度和形状，使地学专家可以不依赖于地震速度建立复杂盐体地层的完整图像。最近在墨西哥湾进行的两次现场试验表明，这种方法明显改善了对盐下构造的成像能力。此外，FTG方法还可加强现有三维地震成像技术的效果。

目前，国际上的一些联合研究项目正在致力于三维地震叠前深度偏移等技术在速度方面的研究，以改善其可靠性及经济性。三维成像技术的进步，尤其是三维地震数据叠前深度偏移和海上大地电磁技术，可以对盐下沉积层构造与厚度进行准确成像。这些技术的综合应用能为确定新的油气储量提供可靠信息。

2. 高精度地震勘探技术

地震采集、处理、解释一体化技术是保障准确刻画含盐盆地勘探目标的基础。盐下勘探技术既涉及地质对象本身，又涉及与地震勘探资料品质和勘探技术方法的结合过程，既要符合地质及地球物理学的基本原理，又要满足油气勘探生产的要求，任何一个环节都会影响其最终的预测结果。其中最关键的因素之一就是需要高质量（即"三高"要求——高信噪比、高保真、高分辨率）的地震勘探资料。因此，地震勘探资料信噪比越高、保真度越好，反射振幅越能反映地下地质界面的真实特征，最终预测的储层参数就越可靠；地震勘探资料分辨率越高，层位解释就越细，初始模型就越可靠，圈闭的识别质量就越高。要求在地震勘探资料的采集过程中，做到"三个均匀"，即目的层覆盖次数均匀、炮检距分布均匀、方位角分布均匀。为了满足储层地震预测及圈闭识别需要，对地震勘探资料空间采样的要求是方形小面元，对最大炮检距的要求是大于目的层埋深的1.2倍。地震勘探资料"三高"处理要求是一个相互关联的相对概念，而做好精细的静校正工作是实行"三高"处理的大前提，高信噪比处理是基础，高分辨率处理是核心，高保真度是关键，三个环节必须统一考虑，不可偏废。盐下勘探技术应用的最终目标是识别圈闭，预测油气藏。研究人员在实现这一目标的过程中，首先要具有强烈的找油意识；其次要善于将地质、物

探两大学科研究思路与方法有机地结合起来，要在地质认识指导下有针对性地优选技术，从不同角度将地球物理信息转换成地质信息，达到深化地质认识的目的；同时，要有良好的团队精神，充分发挥不同专业的技术优势，形成合力。此外，研究人员在技术层面还必须具备扎实的理论基础、一定的实践经验和综合分析能力。

3. 多波多分量和全波形反演等前沿地震勘探技术

多波多分量技术基础在于利用纵波和横波受储层流体的影响不同，进而分析储层岩石物理和识别烃类显示[9]。多分量地震要求用三分量或四分量检波器来记录地震数据。地面三分量测量通常是以两个水平方向和一个垂直方向进行测量的，在海底测量中，第四个分量是压力。多分量地震使地下一些细微的成岩变化变得更易识别，从而给岩性地层油气藏勘探提供了更加有效的手段。多波多分量技术另一个很重要的作用是预测裂缝性储层。例如，在盐下碳酸盐岩储层中，裂缝的溶蚀增大形成多孔孔隙层段，应用多分量地震可以识别它们，而且多分量地震技术有助于识别地下储层中包括饱和度在内的流体特性。

全波形反演近年来受到油气地震勘探界的高度重视。一方面得益于计算机技术的高速发展；另一方面也是因为全波形反演基于描述地震波在地下传播的波动方程，自动考虑了地震波在地下传播的各种行为（如反射、透射、绕射、波型转换等），且能充分利用接收到的地震波的振幅、频率和相位信息，是解决复杂地质问题的有效手段[10]。近些年，全波形反演在实际应用中也取得了很大的突破，但基本上都集中在为偏移提供高精度速度模型方面，以改善叠前偏移成像（即构造成像）的质量。实际上，全波形反演包含了逆时偏移部分，且其复杂程度和计算量远远超过后者，全波形反演结果不但包含了构造形态信息，同时给出了地质体的弹性参数，具有更大的应用潜力。

三、深层岩性地层油气藏勘探与评价技术

随着勘探程度的提高和相关技术的进步，含盐盆地勘探目标逐渐向盆内深层非构造油气藏发展[11]。其中地震采集、处理技术是保障准确刻画深层岩性地层油气藏勘探目标的基础，需要进一步的加以攻关。

在滨里海盆地东缘，除目前的主力层系外，深部的下石炭统维宪阶及更深的泥盆系也具有形成油气藏的基本石油地质条件。而且以岩性油气藏为主，推测埋深4000～5000m。

阿姆河盆地中—下侏罗统已获得少量发现，是下一步的重要勘探新领域。该层系为阿姆河盆地的主要烃源岩系。在盆地边部和斜坡区，可能发育一些砂岩储层，形成近油气源的岩性地层油气藏。

东西伯利亚盆地属于古老克拉通，发育新元古界原生含油气系统，目前已发现大量油气田。该盆地油气藏类型以岩性型为主，如巨型气田科维克金、恰扬金为物性上倾封闭型，上乔、中鲍图奥宾等油藏为构造—岩性复合型，尤鲁布钦—托霍姆油气田为潜山型油气藏。

四、深层非常规油气成藏理论与勘探技术

非常规油气泛指那些在成藏过程、赋存方式、分布丰度及开发技术等方面与常规油气存在显著差异的油气资源[12]。非常规油气资源类型较多，包括致密砂油气、煤层气、页岩油气、重油、沥青砂、油页岩、生物气、天然气水合物等。在目前经济技术条件下，致

密砂岩油气、煤层气、页岩气和重油（沥青砂）是最为现实的非常规油气资源，也是世界各国竞相加大勘探、开发和研究的对象。近年来，非常规油气藏成藏理论和勘探技术取得长足进步，包括深盆气、页岩油气、连续性油气藏等。中国油公司在海外已开始涉足该领域。含盐盆地中同样存在非常规油气藏，需要结合含盐盆地基本地质特征加以针对性研究。

参 考 文 献

［1］Voloz h Y A, Antipov M P, Brunet M F, et al. Pre-Mesozoic geodynamics of the Precaspialn basin（Kazakhstan）［J］. Sedimentary Geology, 2003, 156（1-4）: 35-58.

［2］张军华，朱焕，郑旭刚，等.宽方位角地震勘探技术评述［J］.石油地球物理勘探，2007，42（5）：603-609.

［3］王学军，于宝利，赵小辉.油气勘探中"两宽一高"技术问题的探讨与应用［J］.中国石油勘探，2015，20（5）：41-53.

［4］赵政璋，赵贤正，王英民，等.储层地震预测理论与实践［M］.北京：科学出版社，2005.

［5］李明，侯连华，邹才能，等.岩性地层油气藏地球物理勘探技术与应用［M］.北京：石油工业出版社，2005.

［6］邹才能，张颖.油气勘探开发使用地震新技术［M］.北京：石油工业出版社，2002.

［7］吴孔友，查明.多期叠合盆地成藏动力学系统及其控藏作用——以准噶尔盆地为例［M］.东营：中国石油大学出版社，2010.

［8］吴顺和.石油地球物理勘探［M］.北京：石油工业出版社，1996.

［9］董敏煜.多波多分量地震勘探［M］.北京：石油工业出版社，2002.

［10］石玉梅，曹宏，李宏兵，等.多参数声学全波形反演及气藏检测［J］.石油学报，2016，37（23）：214-218.

［11］贾承造.中国岩性地层油气藏、前陆冲断带油气藏与深部油气藏的地质学特征与勘探实例［M］.杭州：浙江大学出版社，2011.

［12］邹才能.非常规油气地质［M］.北京：地质出版社，2011.